品质铸就卓越

积淀孕育创新

Excel

高效办公 市场与销售管理 修订版

Excel Home 编著

人民邮电出版社

北京

图书在版编目（CIP）数据

Excel高效办公. 市场与销售管理 / Excel
Home工作室编著. -- 2版（修订本）. -- 北京 : 人民邮
电出版社，2012.7
    ISBN 978-7-115-28630-7

Ⅰ. ①E… Ⅱ. ①E… Ⅲ. ①表处理软件－应用－市场
管理②表处理软件－应用－销售管理 Ⅳ. ①
TP391.13②F713-39

中国版本图书馆CIP数据核字(2012)第123976号

内 容 提 要

本书以 Excel 在市场营销和销售领域中的具体应用为主线，按照市场营销人员与销售人员的日常工作特点谋篇布局，通过介绍典型应用案例，在讲解具体工作方法的同时，介绍相关的 Excel 常用功能。

本书分为 8 章，分别介绍了产品管理、客户管理、销售业务管理、促销管理、销售数据管理与分析、仓库数据管理与分析、单店数据管理与销售分析以及零售业市场调查分析等内容。

本书附带一张光盘，包含"职场对话"、"循序渐进学 Excel"和"本书示例文件"3 个部分的内容。"职场对话"旨在向读者展示如何运用 Excel 提高工作效率，如何用 Excel 将原本复杂甚至人工难以完成的工作变得轻松易做；"循序渐进学 Excel"是由 Excel Home 站长亲自讲授的、总长约 6 个小时的 Excel 系列课程，助您全面了解 Excel；"本书示例文件"包含了本书实例所涉及的源文件，供广大读者借鉴使用。

本书案例实用，步骤清晰。本书面向市场和销售管理等需要提高 Excel 应用水平的从业人员，书中讲解的典型案例也非常适合职场人士学习，以提升读者的电脑办公应用技能。

Excel 高效办公——市场与销售管理（修订版）

◆ 编　　著　Excel Home
　　责任编辑　马雪伶

◆ 人民邮电出版社出版发行　　北京市崇文区夕照寺街 14 号
　　邮编　100061　电子邮件　315@ptpress.com.cn
　　网址　http://www.ptpress.com.cn
　　北京艺辉印刷有限公司印刷

◆ 开本：787×1092　1/16
　　印张：26　　　　　　　　　　彩插：2
　　字数：677 千字　　　　　　　2012 年 7 月第 2 版
　　印数：1- 4 000 册　　　　　　2012 年 7 月北京第 1 次印刷
　　　　　　ISBN 978-7-115-28630-7

定价：59.00 元（附光盘）

读者服务热线：**(010)67132692**　印装质量热线：**(010)67129223**
反盗版热线：**(010)67171154**
广告经营许可证：**京崇工商广字第 0021 号**

前　言

在 Excel Home 论坛上，会员们经常讨论这样一个话题：**掌握了 Excel，我能做什么？**

要回答这个问题，我们首先要明确为什么要学习 Excel？我们知道 Excel 是应用性很强的软件，多数人学习 Excel 的主要目的是为了能更高效地处理工作，更及时地解决问题，也就是说，学习 Excel 的目的不是要精通它，而是要通过应用 Excel 来解决问题。

我们应该清楚地认识到，Excel 只是我们在工作中能够利用的一个工具而已，和笔、纸、订书机、透明胶带没有本质的区别。从这一点上看，最好不要把自己的前途和 Excel 捆绑起来，行业知识和专业技能才是我们更需要优先关注的。Excel 的功能强大是毫无疑问的，每当我们多掌握一些它的用法，专业水平也能随之提升，至少在做同样的工作时，比别人更有竞争力。

在 Excel Home 上我们经常可以看到高手们在某个领域不断开发出 Excel 的新用法，这些受人尊敬的、可以被称为 Excel 专家的高手无一不是各自行业中的出类拔萃者。从某种意义上说，Excel 专家也必定是某个或多个行业的专家，他们拥有丰富的行业知识和经验。**高超的 Excel 技术配合行业经验来共同应用，才有可能把 Excel 发挥到极致**。同样的 Excel 功能，不同的人去运用，效果将是完全不同的。

基于上面的这些观点，也为了回应众多 Excel Home 会员与读者提出的结合自身行业来学习 Excel 的要求，我们编写了这套 "Excel 高效办公" 丛书。

本书特色

■　由资深专家编写

丛书的编写者都是相关行业的资深专家，他们同时也是 Excel Home 上万众瞩目的 "明星"、备受尊敬的 "大侠"。他们往往能一针见血地指出你工作中最常见的疑难点，然后帮你分析面对这些困难应该使用何种思路来寻求答案，最后贡献出自己从业多年所得来的宝贵专业知识与经验，并且通过来源于实际工作中的真实案例向大家展示利用 Excel 进行高效办公的绝招。

■　　与职业技能对接

丛书完全按照职业工作内容进行谋篇布局，以 Excel 在某个职业工作中的具体应用为主线。通过介绍典型应用案例，在细致地讲解工作内容和工作思路的同时，将 Excel 各项常用功能（包括基本操作、函数、图表、数据分析和 VBA）的使用方法进行无缝的融合。

本书力图让读者在掌握具体工作方法的同时也相应地提高 Excel 技术水平，并能够举一反三，将示例的用法进行"消化"、"吸收"后用于解决自己工作中的问题。

本书读者对象

本书主要面向市场与销售管理人员，特别是职场新人和亟需加强自身职业技能的进阶者。同时，也适合希望提高现有实际操作能力的职场人士和大中专院校的学生阅读。

关于本书光盘

本书附带一张光盘，光盘包含"职场对话"、"循序渐进学 Excel"和"本书示例文件" 3 个部分的内容。

■　　职场对话

由从事相关职业的资深专家和 Excel 技术高手录制的互动节目，在轻松愉快的谈话中向您充分展示如何运用 Excel 提高工作效率，如何用 Excel 将原本复杂甚至人工难以完成的工作变得轻松易做。

■　　循序渐进学 Excel

由本丛书的技术总策划、资深微软全球最有价值专家、Excel Home 站长周庆麟亲自讲授的"循序渐进学 Excel"系列课程，共 6 集，总长约 6 个小时，助您全面了解 Excel。

第一集：成为高手的捷径	第二集：数据操作
第三集：函数与公式	第四集：图表与图形
第五集：数据分析	第六集：宏与 VBA

■　　本书示例文件

本书实例所涉及的源文件可供广大读者借鉴使用，在日常工作中，只要稍加改动即可应用，方便且操作人性化，助您轻松解决工作中所遇到的表格制作、数据统计及技术分析等难题。

修订版说明

《Excel 高效办公——市场与销售管理》一书自出版以来得到了广大读者的喜爱及认可。在这段时间内，我们收到很多读者的意见和建议，在不断整理这些反馈信息的同时，我们有了对其进行修订的想法，于是，就有了您看到的这本书。与上一版相比，本书主体构架并没有变化，主要改正了一些错误，完善了一些疏漏和知识点的讲解。希望我们的不断努力能为读者带来更好的阅读体验。

声明

本书及本书光盘中所使用的数据均为虚拟数据，如有雷同，纯属巧合。

感谢

本书由 Excel Home 策划并组织编写，本书的技术作者为 Excel Home 的贵宾苏雪娣，编写者为丁昌萍，参与本书编写工作的还有邱光宇、吴晓平、史和光等人，特别感谢周元平、朱尔轩、顾斌和陈军等多位 Excel Home 版主的支持和帮助。

在本书的编写过程中，尽管我们的每一位团队成员都未敢稍有疏虞，但纰缪和不足之处仍在所难免。在本书付梓前，我们还请了多位不同职业的用户进行预读，并根据他们中肯的意见进行不断完善和改进，确保书中的内容能够真正对读者有所帮助，在此对他们表示感谢。敬请读者提出宝贵的意见和建议，您的反馈是我们继续努力的动力。我们已经在 Excel Home 上开设了专门的版块（http://club.excelhome.net/）用于本书的讨论与交流，您也可以发送电子邮件到 book@excelhome.net，我们将竭力为您服务。

Excel Home
2012 年 5 月

目　录

知识点目录

一、Excel 基本操作与数据处理

二、Excel 数据分析

数据的查找与筛选

三、Excel 工作表函数与公式计算

逻辑函数的应用

四、Excel 图表与图形

图表的基础知识

图表的应用

1. 饼图

2. 三维饼图

3. 甘特图

4. 柱形图

5. 折线图

6. 圆环图

7. 条形图

8. 动态图表

第 **1** 章　产品管理

对企业而言,经常需要制作丰富多彩的产品资料清单来统计和汇总各种产品的类型、条码、型号、规格、属性、价格和外观等。产品基础信息表格纳入的元素越全面,在做销售分析等工作时就能从更多的角度得到反馈信息。

1.1　产品资料清单表

案例背景

某零售店每年销售鞋类产品若干。为了便于了解产品信息，需要创建一张美观的表格，并实现以下功能：

1. 创建产品资料清单；
2. 打印产品资料清单。

关键技术点

要实现本案例中的功能，读者应当掌握以下 Excel 技术点。

● 重命名工作表，设置单元格格式，设置行高、列宽和边框，压缩图片，添加币种符号等　New!
● Excel 的基本功能，如插入图片、冻结窗格、打印预览、设置打印区域、设置打印标题行和列　　　　New!

最终效果展示

序号	产品型号	产品名称	产品条码	年份	季节	性别	零售价	图片
1	0PS713-1	板鞋	6925900312357	2007	秋冬	男	￥39.00	
2	0PS713-2	板鞋	6925900313415	2007	秋冬	男	￥39.00	
3	0PS713-3	板鞋	6925900317581	2007	秋冬	男	￥39.00	
4	0PS713-4	休闲鞋	6925900307018	2007	秋冬	男	￥39.00	
5	0PS713-5	休闲鞋	6925900307087	2007	秋冬	男	￥39.00	
6	0TS701-3	板鞋	6925900307100	2007	秋冬	男	￥29.00	
7	0TS702-3	休闲鞋	6925900307025	2007	秋冬	男	￥29.00	

8	OTS703-3	板鞋	6925900307056	2007	秋冬	男	¥29.00	
9	OTS710-3	板鞋	6925900307148	2007	秋冬	男	¥29.00	
10	OTS711-3	板鞋	6925900317611	2007	秋冬	男	¥29.00	
11	OTS720-3	板鞋	6925900312531	2007	秋冬	男	¥29.00	
12	AST500-1	休闲鞋	6925900313477	2007	秋冬	男	¥49.00	
13	AST500-2	休闲鞋	6925900312319	2007	秋冬	男	¥49.00	
14	AST500-3	板鞋	6925900312364	2007	秋冬	男	¥49.00	
15	AST500-4	板鞋	6925900312333	2007	秋冬	男	¥49.00	
16	AST500-5	休闲鞋	6925900319769	2007	秋冬	男	¥49.00	
17	AST500-6	板鞋	6925900306783	2007	秋冬	男	¥49.00	
18	JBS010-1	休闲鞋	6925900306806	2007	秋冬	男	¥59.00	
19	JBS010-2	休闲鞋	6925900306721	2007	秋冬	男	¥59.00	
20	JBS010-3	休闲鞋	6925900306813	2007	秋冬	男	¥59.00	

示例文件

光盘\本书示例文件\第 1 章\1-1 产品资料清单表.xls

1.1.1　创建产品资料清单

　　本案例应首先建立一个新的工作簿，实现工作簿的保存、对工作簿中的工作表重命名、删除工作簿中的多余工作表等功能，然后创建并打印产品资料清单。下面先完成第一个功能，即创建产品资料清单。

Step 1 创建工作簿

单击 Windows 的"开始"→"程序"→"Microsoft Office"→"Microsoft Office Excel 2003"启动 Excel 2003，此时会自动创建一个新的工作簿文件 Book1。

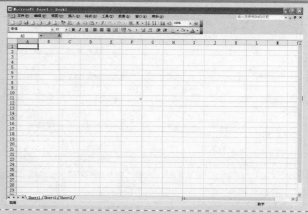

Step 2 保存并命名工作簿

①单击菜单"文件"→"保存"打开"另存为"对话框，此时默认的"保存位置"是"我的文档"。

技巧　快速打开"另存为"对话框

单击"常用"工具栏中的"保存"按钮或者按<Ctrl+S>组合键也可以打开"另存为"对话框。

②单击"保存位置"右侧的下箭头按钮▼展开电脑盘符的列表，选择欲保存文件的路径，如本例的保存路径为"本地磁盘(D:)"。

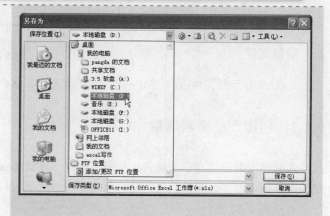

③单击"新建文件夹"按钮 。

④在弹出的"新文件夹"对话框中输入文件夹的"名称"为"销售管理"，然后单击"确定"按钮。

我们假定本书中所有的工作簿和相关的文件均存放在这个文件夹中。

⑤在"文件名"文本框中输入文件名"1-1产品资料清单表"，然后单击"保存"按钮即可完成新建工作簿的命名。

Step 3 重命名工作表

双击 Sheet1 工作表标签进入标签重命名状态，输入"产品资料清单表"后按<Enter>键确认。

Step 4 设置工作表标签颜色

①右键单击工作表标签"产品资料清单表"，从弹出的快捷菜单中选择"工作表标签颜色"，弹出"设置工作表标签颜色"对话框。

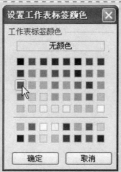

②在"设置工作表标签颜色"对话框中选择"红色"作为标签背景色，然后单击"确定"按钮，工作表标签颜色就被设置成了"红色"。

Step 5 删除多余的工作表

在默认状态下一个新的 Excel 工作簿中包含有 3 个工作表，删除多余无用的工作表能够减小文件的体积，突出有用的工作表。

按<Ctrl>键不放，分别单击工作表标签 "Sheet2" 和 "Sheet3" 以同时选中它们，然后右键单击其中的一个工作表标签，从弹出的快捷菜单中选择 "删除" 即可。

Step 6 输入表格标题

在 A1:I1 单元格区域的单元格中分别输入表格各个字段的标题内容。

Step 7 调整表格列宽

①单击 B 列的列标以选中 B 列，按<Ctrl>键不放，单击 C、E、F 和 G 列，以便同时选中 B、C、E、F 和 G 列，然后单击菜单 "格式" → "列" → "列宽" 弹出 "列宽" 对话框。

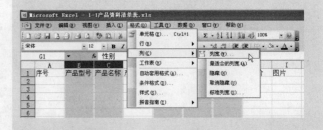

②在 "列宽" 文本框中输入 "11.88"。

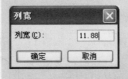

③单击 "确定" 按钮即可调整 B、C、E、F 和 G 列的列宽。

④将鼠标指针移至 D 列和 E 列的列标交界处当鼠标指针变为✛形状时按住左键不放向右拖曳，当显示的"宽度"为18.00(149 像素)时松开鼠标即可。使用此种方法可以更加方便地调整列宽。

使用同样的方法调整 I 列的列宽为14.00(117 像素)。

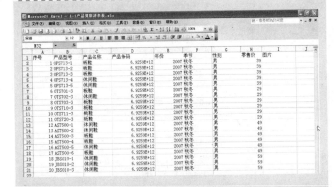

Step 8　输入表格数据

依次在表格中输入每一款鞋的基本信息。

Step 9　设置字体

选中需要设置字体格式的 A1:I1 单元格区域，单击"格式"工具栏中的"字体"文本框 宋体 的下箭头按钮 ▼，然后在其下拉列表中选择字体样式"华文楷体"。

Step 10　设置字号

选择需要设置字号的 A2:H21 单元格区域，单击"格式"工具栏中的"字号"文本框 12 ▼ 的下拉箭头按钮 ▼，然后在其下拉列表中选择字号为"10"，也可以在"字号"文本框中直接输入数字"10"。

技巧 显示工具栏

工具栏中包含有可执行命令的按钮和选项。若要显示工具栏，可以单击菜单"工具"→"自定义"打开"自定义"对话框，单击"工具栏"选项卡，勾选需要添加的工具栏左侧的复选框，这时需要添加的工具栏即会在当前的 Excel 工作簿中出现，然后单击"自定义"对话框中的"关闭"按钮即可。

Step 11 插入图片

①选择要插入图片的单元格 I2，单击菜单"插入"→"图片"→"来自文件"。

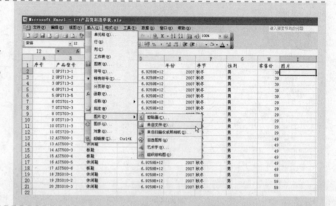

②打开"插入图片"对话框，此时默认的"查找范围"是"图片收藏"文件夹。

③单击"查找范围"文本框右侧的下箭头按钮 ▾ 展开电脑磁盘的列表，在其下拉列表中找到要插入的图片在本机的存储路径。

④单击"文件类型"文本框右侧的下箭头按钮 ▾，在其下拉列表中选择"所有图片"文件类型，然后在图片列表框中选择合适的图片。

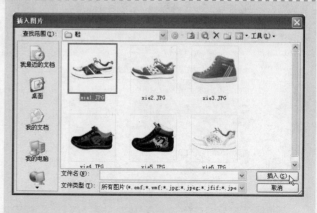

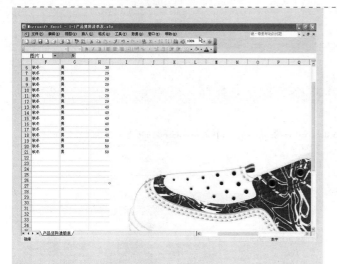

⑤单击"插入"按钮即可完成图片的插入，如左图所示，此时插入的图片太大，下面来调整图片的大小。

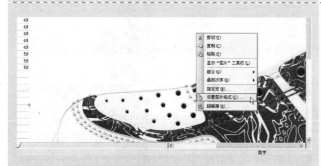

Step 12 调整图片大小

由于单元格中直接插入的图片尺寸与图片的实际尺寸有关，往往不合适，所以图片插入后还需要对它的大小进行调整。

①右键单击图片，从弹出的快捷菜单中选择"设置图片格式"。

②在打开的"设置图片格式"对话框中选择"大小"选项卡。

③在"比例"组合框中的"高度"文本框中输入"6%"。

④因为默认勾选了"锁定纵横比"，所以"宽度"与"高度"的内容自动同步成6%而不需要手动修改。

⑤单击"确定"按钮。

此时图片的大小即调整完毕。

技巧 更简便地压缩图片

单击图片使其处于选中状态，图片周围会出现 8 个控制点。将光标移近图片右下角的控制点，当光标变为 ↖ 形状时拖动鼠标调整到所需的尺寸即可。

Step 13 移动图片

单击图片使其处于选中状态，当光标变为 ✛ 形状时拖动鼠标就可以移动图片。

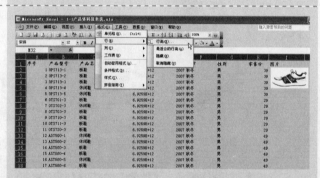

Step 14 调整行高

①按<Ctrl+A>组合键选中全部的单元格，然后单击菜单"格式"→"行"→"行高"弹出"行高"对话框。

②在"行高"文本框中输入"64.5"。

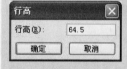

③单击"确定"按钮即可调整行高。

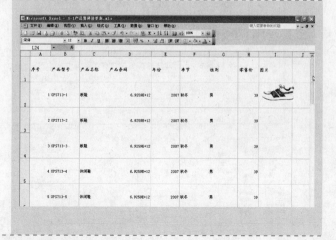

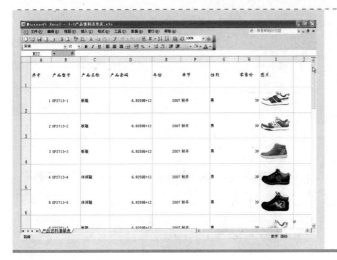

Step 15　插入其他图片

　　参阅本小节 Step11 至 Step13，插入
其他产品的图片。

1.1.2　设置表格格式

　　经过以上的步骤，表格的主要功能已经实现，但是这样的表格还比较原始，可读性较差，因
此需要进行一定的设置让表格变得更加美观。

Step 1　设置文本居中

　　用鼠标选中 A1:I21 单元格区域，单
击"格式"工具栏中的"居中"按钮，
设置文本居中显示。

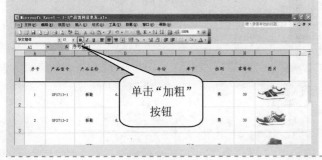

Step 2　设置字形加粗

　　选中 A1:I1 单元格区域，单击"格式"
工具栏中的字形"加粗"按钮 **B**，设置
单元格标题内容加粗。

Step 3　设置单元格背景色

选中 A1:I1 单元格区域，单击"格式"工具栏中的"填充颜色"按钮右侧的三角，在弹出的颜色面板里选择"灰色–50%"。

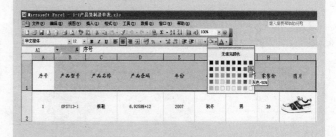

Step 4　设置字体颜色

选中 A1:I1 单元格区域，单击"格式"工具栏中的"字体颜色"按钮右侧的三角，在弹出的颜色面板里选择"白色"。

Step 5　设置单元格的数字格式

①选中 D2:D21 单元格区域，单击"格式"→"单元格"弹出"单元格格式"对话框。

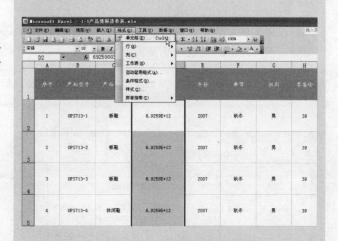

②单击"单元格格式"对话框中的"数字"选项卡。

③在"分类"列表框中选择"数值"，在右侧的"小数位数"微调框中选择"0"。

此时在"示例"里可显示格式的预览效果。

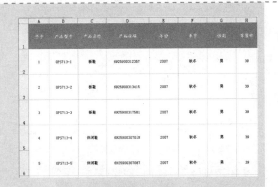

④单击"确定"按钮，D2:D21 单元格区域中的数字将显示"数值"样式。

Step 6 添加币种符号

①右键单击 H2 单元格，从弹出的快捷菜单中选择"设置单元格格式"弹出"单元格格式"对话框。

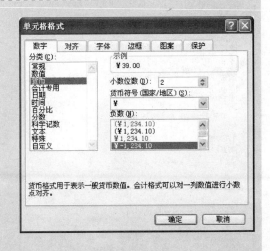

②单击"单元格格式"对话框中的"数字"选项卡。

③在左侧的"分类"列表框中选择"货币"。

④在右侧的"小数位数"里单击右侧的按钮 ➡ 调整小数位数为"2"，也可以直接输入"2"。

⑤在"货币符号（国家/地区）"下拉列表中选择人民币符号"￥"。

⑥在"负数"列表框中选择"￥-1234.10"。

此时在"示例"里可显示格式的预览效果。

⑦单击"确定"按钮，H2 单元格区域中币种符号的效果即可呈现出来。

技巧 "货币样式"按钮

在"小数位数"、"货币符号"、"负数"不变的情况下，选中相应的数值区域，然后单击"格式"工具栏中的"货币样式"按钮即可为数值添加上货币符号。

Step 7 使用格式刷

选中 H2 单元格，单击"常用"工具栏中的"格式刷"按钮 ，此时 H2 单元格的边框变为虚框，光标变为 形状，表示处于格式刷状态，准备将此单元格的格式复制给表格中的其他单元格。

Step 8 复制格式

此时选中的目标区域将应用源区域 H2 单元格的格式。

选中 H3:H21 单元格区域，然后松开鼠标格式即复制完成，光标恢复为常态。

Step 9 设置单元格文本水平对齐方式

①选中 D2:D21 单元格区域，单击菜单"格式"→"单元格"。

②单击弹出的"单元格格式"对话框中的"对齐"选项卡。

③在"文本对齐方式"中的"水平对齐"下拉列表框中选择"靠右（缩进）"。

④单击"确定"按钮。

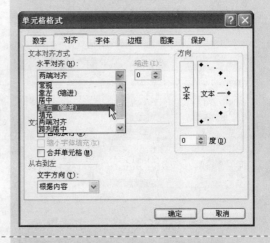

Step 10 设置单元格文本垂直对齐方式

①选中 B2 单元格，单击菜单"格式"→"单元格"。

②在弹出的"单元格格式"对话框中单击"对齐"选项卡。

③在"文本对齐方式"中的"垂直对齐"下拉列表框中选择"居中"。

④单击"确定"按钮。

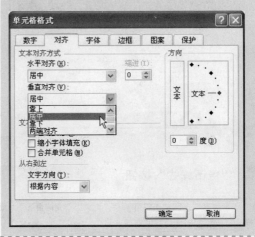

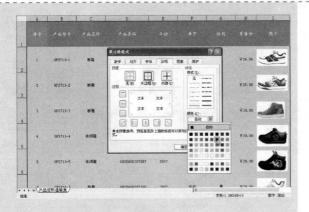

Step 11 设置单元格外边框颜色和样式

为了使表格更加明显，可以为表格设置边框，并对边框的颜色和样式进行设置。

①选择要设置边框的 A1:I21 单元格区域，单击菜单"格式"→"单元格"打开"单元格格式"对话框，然后切换到"边框"选项卡中。

②从"颜色"下拉列表框中选择"蓝色"。

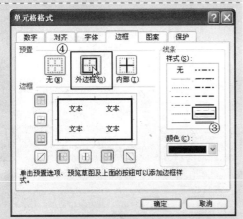

③在"线条"的"样式"列表框中选择第 12 种样式。

④单击"预置"组合框中的"外边框"。

Step 12 设置单元格内部样式

①在"线条"的"样式"列表框中选择第 3 种样式。

②单击"预置"组合框中的"内部"。

③单击"确定"按钮。

至此就完成了单元格边框的设置。

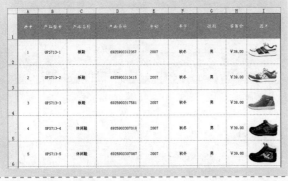

经过以上步骤就完成了单元格格式的基本设置，效果如左图所示。

Step 13 水平冻结窗格

当编辑过长或过宽的 Excel 工作表时需要向下或向右滚动屏幕，这时表头也会相应地滚动，而不能在屏幕上停留。

冻结窗格，即指在滚动数据表的数据记录时，将部分数据固定在窗口的上方或左侧，使表头始终位于屏幕上的可视区域。这种操作分为水平冻结窗格和垂直冻结窗格两种。

使用冻结窗格功能后，无论怎样拖动滚动条，被冻结的行将永远保持显示在窗格中原来的位置上，这样便于输入或查看后面的数据内容。

单击第 2 行的行标以选中第 2 行，然后单击菜单"窗口"→"冻结窗格"。

这时在第 2 行的上方就会插入一条冻结线，之后拖动上下滚动条即可查看数据的详细情况，而表头行则始终在屏幕显示。

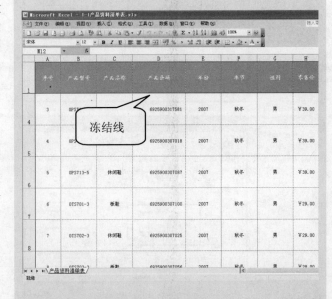

Step 14 取消冻结窗格

单击菜单"窗口"→"取消冻结窗格"即可。

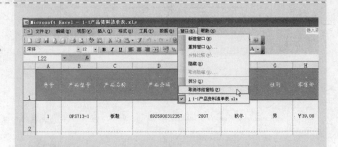

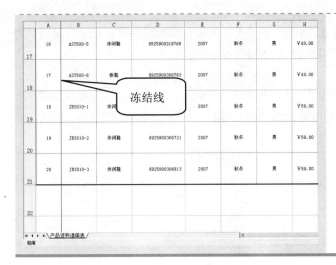

Step 15　垂直冻结窗格

选择 B 列，然后单击菜单"窗口"→"冻结窗格"。

这时在 B 列的前面就会插入一条冻结线，之后拖动左右滚动条即可查看数据的详细情况，而表头列则始终显示。

如果要清除冻结窗格功能，那么单击菜单"窗口"→"取消冻结窗格"即可。

技巧　同时水平、垂直冻结窗格

当需要同时水平、垂直冻结窗格时，然后选择 B2 单元格，然后单击菜单"窗口"→"冻结窗格"，这时会同时插入水平冻结线和垂直冻结线，实现两个方向的同时冻结。

关键知识点讲解

数字格式的种类

Excel 的数字格式有下面 12 种类型。

（1）"常规"格式

这是默认的数字格式。可根据用户输入的内容自动判断。如输入文本，系统将以文本格式存储和显示内容；输入数据，系统则以数字格式存储内容。如果更改输入内容，系统将按照最后一次输入的内容判断格式。

（2）"数值"格式

在"数值"格式中可以设置 1 至 30 位小数点后的位数，选择千位分隔符，以及设置 5 种负数的显示格式：红色字体加括号、黑色字体加括号、红色字体、黑色字体加负号、红色字体加负号。

（3）"货币"格式

它的功能和"数值"格式非常相似，另外添加了设置货币符号的功能。

（4）"会计"格式

在"会计"格式中可以设置小数位数和货币符号，但是没有显示负数的各种选项。

（5）"日期"格式

以日期格式存储和显示数据，可以设置 24 种日期类型。在输入日期时必须以标准的类型（指 24 种类型中的任意一种）输入，这样才可以进行类型的互换。

（6）"时间"格式

以时间格式存储和显示数据，可以设置 11 种时间类型。在输入时间时必须以标准的类型（指 11 种类型中的任意一种）输入，这样才可以进行类型的互换。

（7）"百分比"格式

以百分比格式显示数据，可以设置 1 至 30 位小数点后的位数。

（8）"分数"格式

以分数格式显示数据。

（9）"科学记数"格式

以科学记数法显示数据。

（10）"文本"格式

以文本方式存储和显示内容。

（11）"特殊"格式

包含邮政编码、中文小写数字、中文大写数字等 3 种类型。如果选择区域设置还能选择更多的类型。

（12）"自定义"格式

自定义格式可以根据需要手工设置上述所有的类型。除此之外还可以设置更为多样的类型（将在以后的内容中介绍）。

1.1.3 打印产品资料清单

通过上述步骤，产品资料清单已制作完毕。为了便于销售商品，需要将其打印出来。这时需要编辑打印页面，以使打印出来的产品资料清单美观大方。

Step 1 分页预览

在当前的工作表中单击菜单"视图"→"分页预览"。

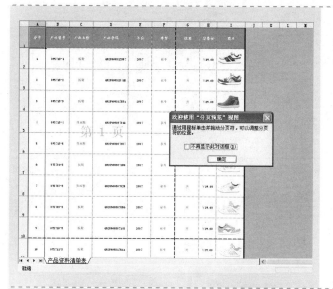

工作表即会从普通视图转换为分页预览视图，同时屏幕上会显示一个 "欢迎使用'分页预览'视图"的提示对话框。

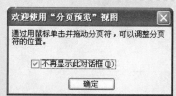

为了避免每次都显示此对话框，可以勾选 "不再显示此对话框"复选框，然后单击 "确定"按钮，分页预览的视图即可呈现出来。

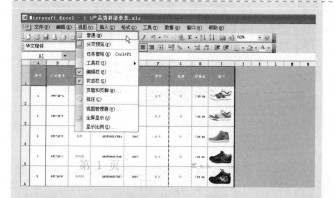

如果想恢复到普通视图状态，单击菜单 "视图"→ "普通"即可。

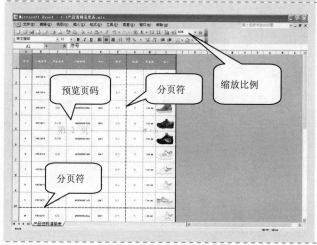

Step 2 设置打印区域

工作表中蓝色边框包围的区域为打印区域，灰色区域为不可打印的区域。工具栏中的 "显示比例"里显示的是工作簿的缩放比例。如果打印区域不符合要求，则可通过拖动分页符来调整其大小，直到合适为止。

将光标移到垂直分页符上，当光标变为 ↔ 形状时向右拖动分页符可以增加水平方向的打印区域。

拖动分页符和改变缩放比例的大小都能调整页面的比例，但拖动分页符的方法更为简便。

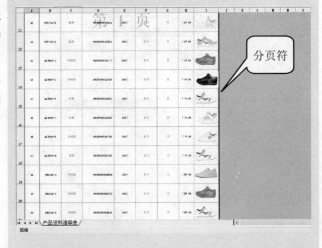

将光标移至水平分页符上，当光标变为 ↕ 形状时向下拖动分页符可以增加垂直方向的打印区域。

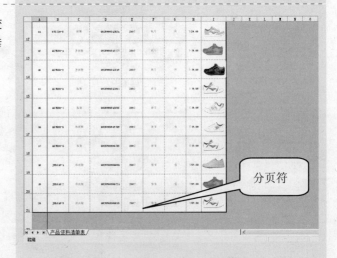

Step 3 调整缩放比例

单击工具栏中的"显示比例"右侧的下箭头按钮，然后选择"25%"。

此时整个工作簿都能显示在预览窗口中。

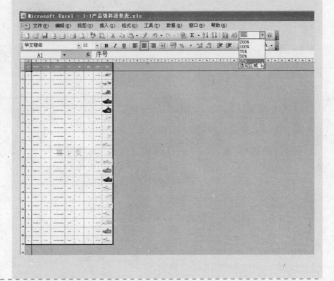

Step 4 设置打印标题行、列

Excel 表格经常会包括几十、几百行的数据，正常打印输出时只有第一页能打印出标题行，单独看后几页内容又会让人不知所以然，这时需要设置打印标题行、列。

①单击菜单"文件"→"页面设置"。

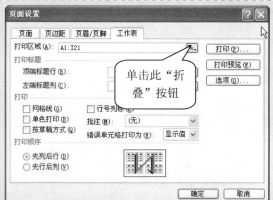

②在打开的"页面设置"对话框中单击"工作表"选项卡。

③单击"打印标题"组合框中"顶端标题行"文本框右侧的"折叠"按钮。

④打开"页面设置－顶端标题行："对话框。

⑤在工作表中选择需要在每一页都打印输出的标题行：第 1 行，这时"页面设置－顶端标题行："对话框中会出现"$1:$1"，意思是第一行到第一行作为每页打印输出时的标题行。

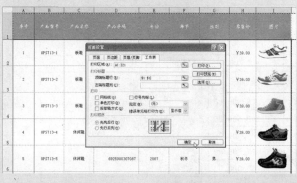

⑥单击对话框"关闭"按钮或对话框中的"展开"按钮退出"页面设置－顶端标题行："对话框，然后单击"页面设置"对话框中的"确定"按钮，这样在打印输出时每一页上就都会显示标题行。

用户可以采用类似的方法打印标题列。

1.2　产品定价分析表

案例背景

某制衣总厂下属若干个分厂均生产 T 恤，生产的数量与成本之间存在一定的相关性。为了便于总厂进行产品定价分析，需要创建一张美观的表格，并实现以下功能。

1. 统计产品成本项目以计算产品的毛利。
2. 对产品定价进行分析。

关键技术点

要实现本案例中的功能，读者应当掌握以下 Excel 技术点。

- 设置单元格格式，如日期格式、百分比、合并单元格　　　New!
- 基本的四则运算　　　New!
- SUM 函数的应用　　　New!

最终效果展示

产品定价分析

					日期	2007年3月6日	
产品名称	T恤	型号	AU-303		规格	s-xxx	
成本分析	成本项目	生产数量	成本占比	生产数量	成本占比	生产数量	成本占比
		10000		30000		50000	
	原料成本	￥100,000.00	33%	￥280,000.00	33%	￥400,000.00	33%
	物料成本	￥25,000.00	8%	￥70,000.00	8%	￥90,000.00	8%
	人工成本	￥20,000.00	7%	￥55,000.00	6%	￥80,000.00	7%
	制造费用	￥5,000.00	2%	￥13,000.00	2%	￥30,000.00	2%
	制造成本	￥15,000.00	5%	￥40,000.00	5%	￥55,000.00	5%
	毛　利	￥140,250.00	46%	￥389,300.00	46%	￥556,750.00	46%
	合　计	￥305,250.00	100%	￥847,300.00	100%	￥1,211,750.00	100%
	参考单价	￥30.53		￥28.24		￥24.24	

	生产公司	产品名称	品质等级	售价	估计年销量	市场占有率	备注
产品竞争状况	1	A	优	￥49.00	70000	21.21%	
	2	B	优	￥48.00	80000	24.24%	
	3	C	良	￥39.00	70000	21.21%	
	4	D	良	￥36.00	60000	18.18%	
	5	E	良	￥30.00	50000	15.15%	

	定价	估计年销量	估计市场占有率	利润			
订价分析	￥49.00	70000	17.50%	￥2,275,000.00	确认价格	批发价	￥32.00
	￥48.00	75000	18.52%	￥2,362,500.00			
	￥40.00	80000	19.51%	￥1,880,000.00		零售价	￥48.00
	￥38.00	85000	20.48%	￥1,827,500.00			
	￥36.00	90000	21.43%	￥1,755,000.00		促销价	￥38.00

分析人：		审核人：			审批人：		

示例文件

光盘\本书示例文件\第 1 章\1–2 产品定价分析表.xls

Step 1 创建工作簿

　　启动 Excel，然后保存新建的工作簿并命名为 "1–2 产品定价分析表.xls"。

Step 2 重命名工作表、删除多余的工作表

　　①单击 "Sheet1" 的工作表标签，右键单击弹出快捷菜单，选中 "重命名" 进入标签重命名状态，输入 "产品定价分析表"，按<Enter>键确认。

　　②参阅 1.1.1 小节 Step5 删除多余的工作表。

Step 3 输入表格标题、合并单元格

　　①在 A1 单元格中输入表格标题 "产品定价分析"，单击 "格式" 工具栏中的 "加粗" 按钮 **B** 设置字形为 "加粗"。

　　②选中 A1:H1 单元格区域，右键单击弹出快捷菜单，选中 "设置单元格格式" 打开 "单元格格式" 对话框，然后切换到 "对齐" 选项卡中。

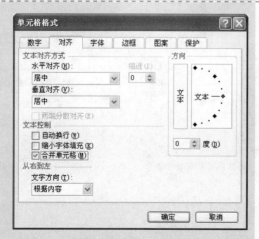

　　③单击 "水平对齐" 右侧的下箭头按钮 ▼，在其下拉列表中选择 "居中"，然后在 "文本控制" 组合框中勾选 "合并单元格" 复选框。

④单击"确定"按钮表格标题的效果即可呈现出来。

	A	B	C	D	E	F	G	H	I
1				产品定价分析					
2									
3									
4									
5									

Step 4 设置日期格式

①在 F2 单元格中输入"日期"。

②在 G2 单元格中输入"2007-3-6"，按<Enter>键确认。

	A	B	C	D	E	F	G	H	I
1				产品定价分析					
2						日期	2007-3-6		
3									
4									

③再选中 G2 单元格，按<Ctrl+1>组合键打开"单元格格式"对话框，切换到"数字"选项卡中，在"分类"列表框里选择"日期"，在"类型"栏里选择"2001年3月14日"，此时在"示例"里会显示格式的预览效果，然后单击"确定"按钮。

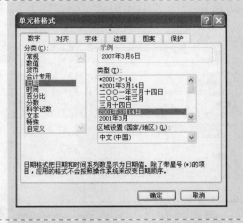

效果如右图所示。

	A	B	C	D	E	F	G	H
1				产品定价分析				
2						日期	2007年3月6日	
3								
4								

Step 5 输入各字段标题

①在 A3:H3 单元格区域的各个单元格中分别输入表格各字段标题。选中 D3:E3 单元格区域，设置格式为"合并及居中"。

②选中 G3:H3 单元格区域，设置格式为"合并及居中"。

	A	B	C	D	E	F	G	H
1				产品定价分析				
2						日期	2007年3月6日	
3	产品名称	T恤	型号	AU-303		规格	s-xxx	
4								
5								

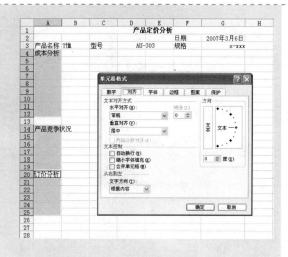

Step 6 输入原始数据

①选中 A4 单元格，输入 "成本分析"；选中 A14 单元格，输入 "产品竞争状况"；选中 A20 单元格，输入 "订价分析"。

②拖动鼠标选中 A4:A12 单元格区域，按<Ctrl>键不放同时选中 A14:A19 单元格区域，再选中 A20:A25 单元格区域，然后按<Ctrl+1>组合键弹出 "单元格格式" 对话框。

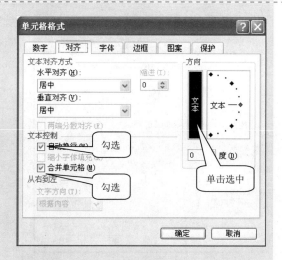

③切换到 "对齐" 选项卡，单击 "文本对齐方式" 组合框中的 "水平对齐" 右侧的下箭头按钮，在弹出的下拉列表中选中 "居中"。在 "文本控制" 复选框中勾选 "自动换行" 和 "合并单元格"，单击 "方向" 下左侧的 "文本"。最后单击 "确定" 按钮。

此时，A4:A12、A14:A19 和 A20: A25 单元格区域的格式即设置完毕，效果如左图所示。

④在 B4:B13 单元格区域输入各列字段标题。在 C4:H4、B14:H14、B20:G20 单元格区域，G22、G24、A26、C26 和 F26 单元格中输入各行字段标题。

⑤按 <Ctrl> 键同时选中 B4:B5、G20:21、G22:G23、G24:G25、H20:H21、H22:H23 和 H24:H25 单元格区域，设置格式为"合并及居中"。

⑥在 C5:C10、E5:E10、G5:G10、B15:F19、B21:C25 和 H20:H25 单元格区域输入相关的原始数据。

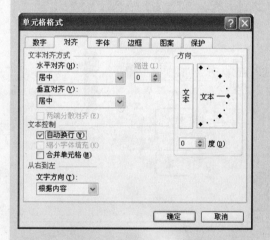

⑦选中 D20 单元格，按<Ctrl+1>组合键弹出"单元格格式"对话框，切换到"对齐"选项卡。单击"文本对齐方式"组合框内的"水平对齐"右侧的下箭头按钮，在弹出的下拉列表中选中"居中"。在"文本控制"组合框中勾选"自动换行"，然后单击"确定"按钮。

⑧选中 F20:F25 单元格区域，按<Ctrl+1>组合键弹出"单元格格式"对话框，然后参阅 Step6③进行单元格格式设置。

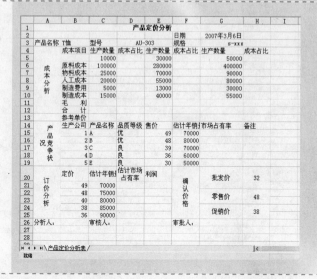

至此原始数据即输入完毕，效果如右图所示。

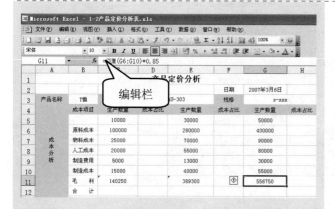

Step 7　设置表格格式

①参阅 1.1.1 小节 Step10，选中 A1:H1 单元格区域，设置字号为 "14"；选中 A2:H26 单元格区域，设置字号为 "10"；参阅 1.1.2 小节 Step1，设置文本居中显示。

②参阅 1.1.1 小节 Step14，选中 A2:H26 单元格区域，调整行高为 "18"；调整第 20 行行高为 "24"；参阅 1.1.1 小节 Step7，适当调整表格列宽。

③参阅 1.1.2 小节 Step3，按<Ctrl>键同时选中 C3、F3 单元格以及 A3:A25、C4:H4、B14:H14、B20:E20、F20:G25 单元格区域，设置单元格背景色为 "灰色 -25%"，以使表格更具可读性。

Step 8　编制毛利计算公式

①单击选中 C11 单元格，在编辑栏中输入以下公式，按<Enter>键确认。
=SUM(C6:C10)*0.85

②选中 E11 单元格，输入以下公式，按<Enter>键确认。
=SUM(E6:E10)*0.85

③选中 G11 单元格，输入以下公式，按<Enter>键确认。
=SUM(G6:G10)*0.85

技巧　插入 SUM 函数的快捷方式

（1）在需要求和的数据区下方或右侧按住<Alt>键不放，再按< + >键，最后按<Enter>键。

（2）在需要求和的数据区下方或右侧单击 "常用" 工具栏中的 "快速求和" 按钮 Σ。

Step 9 编制合计公式

①选中 C12 单元格,在编辑栏中输入以下公式，按<Enter>键确认。

`=SUM(C6:C11)`

②选中 E12 单元格,在编辑栏中输入以下公式，按<Enter>键确认。

`=SUM(E6:E11)`

③选中 G12 单元格,在编辑栏中输入以下公式，按<Enter>键确认。

`=SUM(G6:G11)`

Step 10 编制成本占比公式

①单击选中 D6 单元格,在编辑栏中输入以下公式，按<Enter>键确认。

`=C6/$C$12`

②选中 F6 单元格,在编辑栏中输入以下公式，按<Enter>键确认。

`=E6/$E$12`

③选中 H6 单元格,在编辑栏中输入以下公式，按<Enter>键确认。

`=C6/$C$12`

Step 11 自动填充公式

①单击选中 D6 单元格，将光标移动到 D6 单元格的右下角。

②当光标变为 ✚ 形状时称做"填充柄"，按住鼠标左键不放向下方拖曳，到达 D12 单元格后松开左键,这样就完成了公式的填充。

③选中 F6 单元格，向下拖曳该单元格右下角的填充柄至 F12 单元格完成公式的填充。

④选中 H6 单元格，向下拖曳该单元格右下角的填充柄至 H12 单元格完成公式的填充。

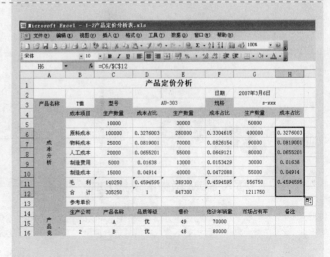

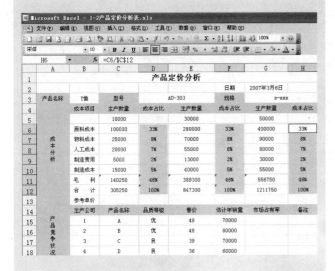

Step 12 设置百分比格式

选中 D6:D12 单元格区域，按住 <Ctrl>键不放同时选中 F6:F12 单元格区域和 H6:F12 单元格区域，然后单击"格式"工具栏中的"百分比样式"按钮 %。

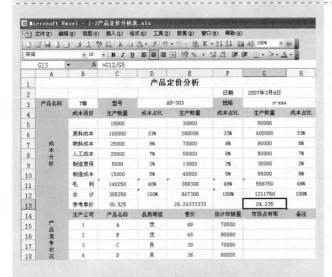

Step 13 计算参考单价

①选中 C13 单元格，在编辑栏中输入以下公式，按<Enter>键确认。
=C12/C5
②选中 E13 单元格，在编辑栏中输入以下公式，按<Enter>键确认。
=E12/E5
③选中 G13 单元格，在编辑栏中输入以下公式，按<Enter>键确认。
=G12/G5

技巧 基本四则运算

在 Excel 中选中某个单元格，可以用"+"、"−"、"*"、"/"键实现基本的四则运算。运算法则为先乘除后加减。

Step 14 计算市场占有率

①单击选中 G15 单元格，在编辑栏中输入以下公式，按<Enter>键确认。
`=F15/SUM($F$15:$F$19)`

②参阅 Step1，选中 G15 单元格，然后向下拖曳该单元格右下角的填充柄至 G19 单元格完成公式的填充。

Step 15 设置百分比格式

①选中 G15:G19 单元格区域，按<Ctrl+1>组合键弹出"单元格格式"对话框。

②切换到"数字"选项卡，在"分类"列表框里选择"百分比"，在右侧的"小数位数"里单击右侧的下箭头按钮 ⬍ 调整小数位数为"2"，也可以直接输入小数位数"2"，然后单击"确定"按钮。

此时 G15:G19 单元格区域即被设置成了小数位数为 2 位的百分比格式，效果如右图所示。

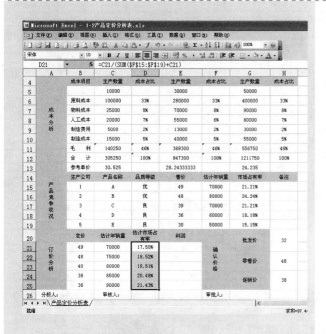

Step 16 估算市场占有率

①单击选中 D21 单元格，在编辑栏中输入以下公式，按<Enter>键确认。
=C21/(SUM($F$15:$F$19)+C21)

②选中 D21:D25 单元格区域，设置小数位数为 2 位的百分比格式。

③选中 D21 单元格，然后向下拖曳该单元格右下角的填充柄至 D25 单元格完成公式的填充。

Step 17 计算利润

①单击选中 E21 单元格，在编辑栏中输入以下公式，按<Enter>键确认。
=(B21-SUM($C$6:$C$10)/$C$5)*C21

②选中 E21 单元格，然后向下拖曳该单元格右下角的填充柄至 E25 单元格完成公式的填充。

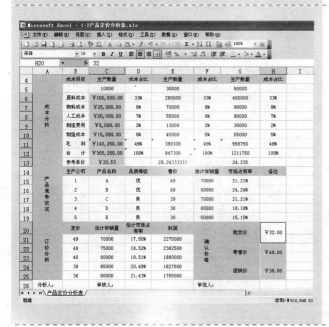

Step 18 设置"货币格式"

①按<Ctrl>键同时选中 C6:C13 和 H20:H25 单元格区域，参阅 1.1.2 小节 Step6，设置小数位数为 2 位的货币样式。

②选中 C6:C13 单元格区域，双击"常用"工具栏中的"格式刷"按钮 ，将该货币样式分别复制给 E6:E13、G6:G13、E15:E19、B21:B25、E21:E25 单元格区域。

③单击"常用"工具栏中的"格式刷"按钮取消格式刷状态。

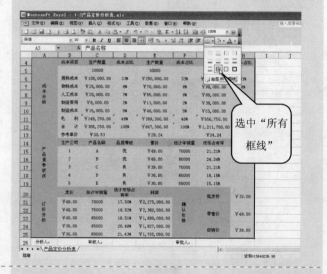

Step 19 设置单元格框线

①选中 A3:H25 单元格区域，单击"常用"工具栏中的边框按钮 田 的下箭头按钮弹出下拉面板。

选中"所有框线"

②在弹出的下拉面板中选中"所有框线"为单元格区域设置边框。

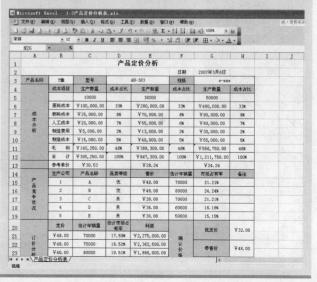

在单元格的引用过程中有 3 种符号：冒号"："、逗号"，"和空格"　"，其含义分别如下。

①冒号"："表示单元格区域，例如"H6:F12"表示引用单元格 H6 到 F12 之间的矩形区域。

②逗号"，"表示并集，例如"H6，F12"表示引用的是 H6 和 F12 两个单元格。

③空格"　"表示交集，例如"A4:C7 B3:C8"表示 B4:C7 单元格区域。

关键知识点讲解

SUM 函数

返回某一单元格区域中的所有数字之和。

函数语法

SUM(number1,number2,...)

number1,number2,...：为 1~30 个需要求和的参数，各参数用逗号隔开。

函数说明

● 直接键入到参数表中的数字、逻辑值及数字的文本表达式将被计算，请参阅下面的公式 1 和公式 2。

● 如果参数为数组或引用，那么只有其中的数字被计算，数组或引用中的空白单元格、逻辑值、文本或错误值将被忽略。请参阅下面的公式 5。

● 如果参数为错误值或为不能转换成数字的文本，将会导致错误。

	A
1	-5
2	15
3	30
4	'5
5	TRUE

函数简单示例

公　式	说明（结果）
=SUM(3,2)	将 3 和 2 相加（5）
=SUM("5",15,TRUE)	将 5、15 和 1 相加，因为文本值被转换为数字，逻辑值 TRUE 被转换成数字 1（21）
=SUM(A1:A3)	将此列中的前 3 个数相加（40）
=SUM(A1:A3,15)	将此列中的前 3 个数之和与 15 相加（55）
=SUM(A4,A5,2)	将上面最后两行中的值之和与 2 相加。因为引用非数值的值不被转换，故忽略上列中的数值（2）

本例公式说明

本例中的公式为：

`=SUM(C6:C11)`

SUM 函数从 C6:C11 单元格区域中求所有的数字之和。

扩展知识点讲解

1. SUM 函数的多区域求和

如果要使用 SUM 函数对多个区域求和，可以单击"常用"工具栏中的"求和"按钮，然后单击编辑栏右侧的"插入函数"按钮 f_x 弹出的"函数参数"对话框，单击 Number1 右侧的按钮，使用鼠标选择第一个单元格区域，再单击 Nmber2 右侧的按钮，使用鼠标选择第二个单元格区域，最后单击"确定"按钮即可。

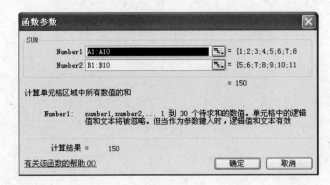

2. AVERAGE 函数

函数用途

返回参数的平均值（算术平均值）。

函数语法

AVERAGE(number1,number2,...)

number1,number2, ...：为需要计算平均值的 1～30 个参数。

函数说明

● 参数可以是数字，或者是包含数字的名称、数组或引用。

● 如果数组或引用参数包含文本、逻辑值或空白单元格，这些值将被忽略，但包含零值的单元格将计算在内。

	A
1	8
2	26
3	12
4	10
5	9

函数简单示例

公　　式	说明（结果）
=AVERAGE(A1:A5)	A1:A5 单元格区域数字的平均值（13）
=AVERAGE(A1:A5，13)	A1:A5 单元格区域数字与 13 的平均值（5）

1.3　新产品上市铺货追踪表

案例背景

某新产品上市铺货，为追踪目标铺货率与实际铺货率需要创建一张美观的表格，并实现以下功能。

1. 标注每个渠道的重要程度。
2. 按照新产品的上市时间说明目标铺货率和实际铺货率。

关键技术点

要实现本案例中的功能，读者应当掌握以下 Excel 技术点。

● 绘制直线，插入文本框，插入特殊符号，插入整行、整列　　　New!
● 隐藏零值　　　New!
● 隐藏网格线　　　New!

最终效果展示

新产品上市铺货追踪表

地区：	华东区		产品：	OS1400						日期：		2007年6月1日

项目　　　渠道	总店数	重要程度	目标铺货率									
			上市10天		上市20天		第一个月		第二个月		第三个月	
			目标	实际	目标	实际	目标	实际	目标	实际	目标	实际
大卖场	85	★★★★★	80%	75%	85%	82%	90%	88%	95%	82%	100%	96%
中小超市	60	★★★★	70%	65%	75%	70%	80%	76%	85%	80%	90%	86%
大学、中学售点	65	★★★★★	80%	70%	85%	80%	90%	87%	95%	90%	100%	95%
专卖店	20	★★★	40%	30%	50%	45%	60%	50%	70%	61%	80%	70%
批发	18	★★			30%	25%	50%	45%	70%	62%	80%	70%

示例文件

光盘\本书示例文件\第 1 章\1-3 新产品上市铺货追踪表.xls

Step 1　创建工作簿

　　启动 Excel 自动新建一个工作簿，然后保存并命名为 "1-3 新产品上市铺货追踪表.xls"。

Step 2　重命名工作表

　　双击 Sheet1 工作表标签进入标签重命名状态，输入 "新产品上市铺货追踪表"，按<Enter>键确认。

Step 3 输入表格标题

在 A1 单元格中输入表格标题内容，单击"格式"工具栏中的字形"加粗"按钮 **B** 设置字形加粗。选中 A1:M1 单元格区域，单击"格式"工具栏中的"合并及居中"按钮  设置标题内容居中显示。

Step 4 输入地区、产品名称，设置日期格式

参阅 1.2 节 Step4 设置日期格式。

Step 5 绘制直线

①选中 A3:A5 单元格，单击"格式"工具栏中的"合并及居中"按钮。

②单击"格式"工具栏中的"绘图"按钮，在工作表标签下方会出现"绘图"工具栏，选中"直线"按钮 ，将光标移回 A3:A5 单元格区域，当光标变为 **+** 形状时表示可以绘制直线。

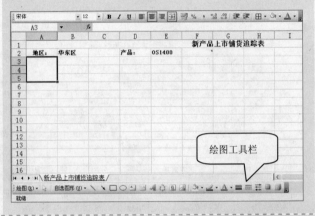

③在 A3:A5 单元格区域单击鼠标，从 A3 左上角向 A5 右下角拖动鼠标画一条斜线。

技巧 移动直线和伸缩直线

如果需要移动直线，可以将鼠标移近控制点，当光标变为 形状时拖动鼠标即可。如果需要延长或者缩短直线，将鼠标移近直线的始端或末端，当光标变为 形状时拖动鼠标即可。

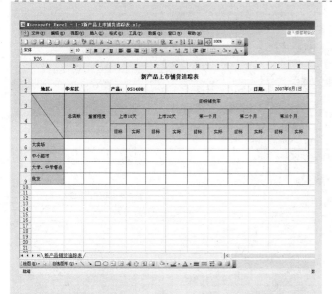

Step 6 设置表格格式

①参阅 1.1.1 小节 Step9 设置字体。

②参阅 1.1.2 小节 Step11 设置表格边框。

③参阅 1.1.1 小节 Step7 调整列宽。

④参阅 1.1.1 小节 Step14 调整行高。

Step 7 输入表格数据

①分别合并 B3:B5、C3:C5、D3:M3、D4:E4、F4:G4、H4:I4、J4:K4 和 L4:M4 单元格区域，并依次在单元格中输入产品销售渠道名称和项目名称。

②参阅 1.1.2 小节 Step1 至 Step3，分别设置文本居中、字形为"加粗"并填充单元格背景色，使表格更具可读性。

Step 8 插入文本框并输入文本

在"绘图"工具栏中选中"插入文本框"按钮 ，将光标移回 A3:A5 单元格区域中右上方的位置，此时光标变为"┼"形状，然后单击并拖动鼠标选定文本框的大小，松开鼠标后文本框的边框会呈阴影状。

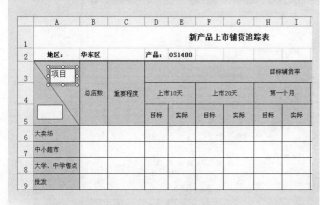

Step 9 在文本框中输入内容

将鼠标移动到文本框内部的任意一个位置，当文本框的边框呈阴影状时即可输入文本框的内容"项目"，并调整文本内容的位置。

Step 10 调整文本框

为了使表格更具美观性和协调性，需要调整文本框的位置、大小、格式和边框。

①如果需要移动文本框，可以将光标移近控制点，当光标变为 形状时拖动鼠标即可。

②如果需要调整文本框的大小，则可单击文本框使其处于激活状态下，然后将光标移近文本框周围的控制点，当光标变为↔、↕ 或者↖ 形状时可以进行水平、垂直或者斜对角方向的调整。

③如果需要调整文本框的格式，则可选中文本框并双击弹出"设置文本框格式"对话框，然后切换到"颜色与线条"选项卡中。

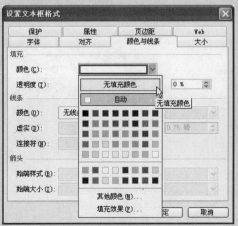

④在"填充"组合框中单击"颜色"文本框右侧的下箭头按钮，在弹出的调色板中选择"无填充颜色"；在"线条"组合框中单击"颜色"文本框右侧的下箭头按钮，在弹出的调色板中选择"无线条颜色"。最后单击"确定"按钮。

技巧 设置文本框的其他格式

在"设置文本框格式"对话框中有"保护"、"属性"、"页边距"、"Web"、"字体"、"对齐"、"颜色与线条"、"大小"共 8 个选项卡，可以进行文本框内字体、对齐方式等的设置。

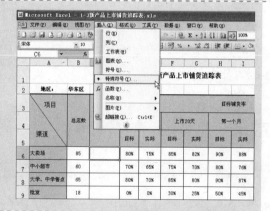

Step 11 设置百分比格式

①选中 D6:M9 单元格区域，单击"格式"工具栏中的"百分比样式"按钮 %。
②在"目标"和"实际"中输入相应的数据。

Step 12 插入特殊符号

为了区别每一种销售渠道的重要程度，欲将其用星级"★"符号标注。

①选中 C6 单元格，在当前的工作表中单击菜单"插入"→"特殊符号"弹出"插入特殊符号"对话框。

②在"插入特殊符号"对话框中选择"特殊符号"选项卡，选择需要插入的特殊符号"★"，然后单击"确定"按钮。

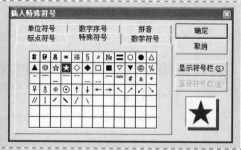

③根据每一种销售渠道的重要性设置 2 至 5 个"★"符号。双击 C6 单元格后选中"★"符号，右键"复制"，再单击 C6 单元格，右键"粘贴"。根据"★"的个数可重复不同的次数。

Step 13 插入整行

由于增加了一个销售渠道，因此需要在第8行和第9行之间添加一行。

选中第9行，然后单击菜单"插入"→"行"。

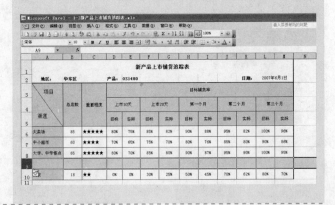

这样原来的第9行单元区域内容就会下移1行成为新的第10行，而在第8行与新的第10行之间则会出现一个空行。

参阅上述步骤，在新的第9行的A9:M9单元格区域输入相应的数据。

技巧 选择"插入选项"

在插入行的第一个单元格A9的下方会出现"插入选项"图标"🗹"。单击图标"🗹"，有下列3个选项可供选择：一是与上面的格式相同，二是与下面的格式相同，三是清除格式。

Step 14 取消零值显示

单击菜单"工具"→"选项"，在弹出的"选项"对话框中单击"视图"选项卡，然后取消勾选"零值"复选框，最后单击"确定"按钮关闭对话框。

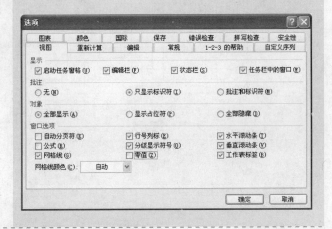

技巧 取消零值显示的选项作用范围

上面利用 Excel 选项来设置零值不显示的方法将作用于整张工作表，即当前工作表中的所有零值，无论是计算得到的还是手工输入的都不再显示。

工作簿的其他工作表不受此设置的影响。

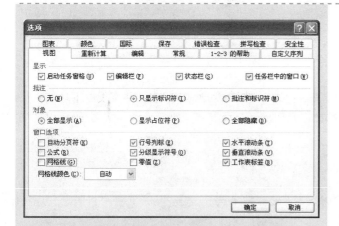

Step 15 隐藏网格线

单击菜单"工具"→"选项"，在弹出的"选项"对话框中单击"视图"选项卡，然后取消勾选"网格线"复选框，最后单击"确定"按钮关闭对话框。

关键知识点讲解

在列表中添加或删除行或列

在工作表中创建列表后，有多种在列表中添加行或列的方法。

● 使用列表边框扩展列表

单击并拖动列表的右下角以包括要添加到列表或者要从列表中删除的列或行。不能同时添加行和列。如果列或行中包含数据，数据也将同时合并到列表中。

● 使用"列表"子菜单中的"重设列表大小"命令

（1）选择列表中的单元格。

（2）在"列表"工具栏中的"列表"子菜单中单击"重设列表大小"。

（3）在弹出的"重设列表大小"对话框中单击"确定"按钮。

（4）在工作表中选择要添加到列表或者要从列表中删除的区域。

标题必须保留在同一行中，结果列表必须与原始列表部分重叠。如果所选区域中的单元格包含数据，那么数据仍保留在列表中的单元格中。

● 使用"列表"子菜单中的"插入"或"删除"命令

（1）在列表中单击要在该位置添加或者删除行或列的单元格。

（2）在"列表"工具栏中的"列表"子菜单中单击"插入"并单击"行"或"列"。若要删除行或列，请在"列表"工具栏中的"列表"子菜单中单击"删除"并单击"行"或"列"。

- 使用插入行添加行

在插入行的某一个单元格中键入值以便快速地添加数据。该操作将自动地在列表底端添加行，并将下一行指定为插入行。

- 使用自动扩展功能添加行或列

如果在紧邻列表的空行或列中键入内容，列表将自动扩展以将该行或列合并到列表中。

可以通过在"自动更正"对话框中的"键入时自动套用格式"选项卡中取消选中"在列表中包含新行和列"选项来关闭自动扩展功能。单击"工具"菜单中的"自动更正选项"可以打开该对话框。如果显示了汇总行，那么在列表下面的行中键入时将不会自动地扩展列表。

1.4　产品销售调查问卷表

案例背景

对某数码产品需要进行销售问卷调查，需要制作一张精美的调查问卷，并实现以下功能。

1. 了解喜爱数码相机的主要消费者群体以及受欢迎的品牌等。
2. 设定调查问卷的操作权限。

关键技术点

要实现本案例中的功能，读者应当掌握以下 Excel 技术点。

- 编辑单项选择题、绘制"分组框"　　　New!
- "选项按钮"控件的应用、复制控件　　　New!
- 编辑下拉选项的题目、绘制"组合框"　　　New!
- 设置控件颜色和线条颜色　　　New!
- 图片的组合、取消组合，图片的左对齐　　　New!
- 隐藏网格线，隐藏行列标

最终效果展示

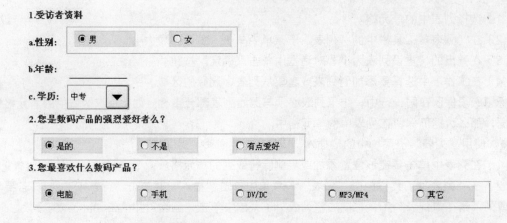

数码产品销售问卷调查

1.受访者资料

a.性别：　　⦿ 男　　　　　○ 女

b.年龄：＿＿＿＿＿＿＿

c.学历：　中专　　▼

2.您是数码产品的强烈爱好者么？

⦿ 是的　　　　○ 不是　　　　○ 有点爱好

3.您最喜欢什么数码产品？

⦿ 电脑　　　○ 手机　　　○ DV/DC　　　○ MP3/MP4　　　○ 其它

4.您对市场上数码产品具体了解多少？

| ○ 非常了解 | ● 有点了解 | ○ 不了解 |

5.您是通过哪些途径了解数码产品的？

| □网络 | □电视 | □报纸/杂志 | □朋友介绍 | ☑其它 |

6.您感觉购买数码产品选择时困难么？

| ○ 很困难 | ● 有点困难 | ○ 不困难 |

7.您最近买的一件数码产品是什么？

| ○ 电脑 | ○ 手机 | ○ DV/DC | ○ MP3/MP4 | ○ 其它 |

8.您是通过哪些信息购买了此产品？

| ○ 导购员介绍 | ○ 朋友介绍 | ○ 网上查资料 | ○ 明星代言 | ○ 其它 |

9.您在购买时遇到的最大困惑是什么？

| ○ 品牌的选择 | ○ 型号及具体参数理解 | ● 价格弄不清楚 | ○ 售后服务 | ○ 其它 |

在本案例中重点要实现两个功能：首先是设计商品销售情况调查问卷表；其次由于调查问卷对调查者来说就是填写个人信息和回答问卷中的问题，是不允许进行其他操作的，例如更改控件格式，包括更改选项的大小、位置、填充效果，甚至对调查问卷问题的修改，这些情况都不允许，另外这些问题还涉及到数据的安全性问题。所以本案例还需要实现另外一个很重要的功能：保护商品销售情况调查问卷表。下面先来完成第一个功能，即设计商品销售情况调查问卷表。

示例文件

光盘\本书示例文件\第 1 章\1-4 销售情况调查问卷.xls

1.4.1　设计商品销售情况调查问卷

调查问卷中的选择题是必不可少的，下面先介绍一下如何编辑单项选择题。

1. 编辑单项选择题

Step

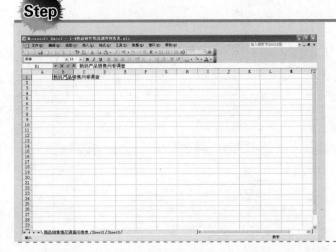

Step 1　创建工作簿、重命名工作表

　　参阅 1.2 节 Step1 至 Step2，创建工作簿 "1-4 商品销售情况调查问卷表.xls"，并将工作表重命名为 "商品销售情况调查问卷表"。

Step 2 输入表格标题

在 B1 单元格中输入表格标题内容，并设置 B1 单元格格式为"加粗"、"居中"。

Step 3 设置表格行宽、列高

①参阅 1.1.1 小节 Step14 调整行高为"30.00（40 像素）"。

②参阅 1.1.1 小节 Step7 调整 B 列度为"88.00（709 像素）"。

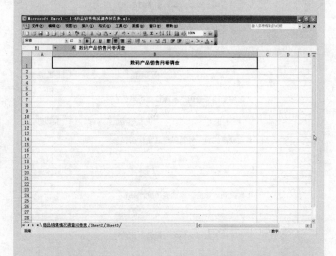

Step 4 打开"窗体"、"绘图"工具栏

单击菜单"视图"→"工具栏"→"窗体"打开"窗体"工具栏，再应用相同的方法打开"绘图"工具栏，然后将浮动的"窗体"工具栏拖动到合适的位置。

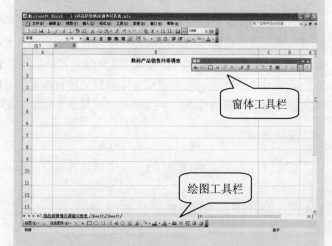

Step 5 绘制"分组框"

①单击"窗体"工具栏中的"分组框"按钮，当光标变为┿形状时在工作表的合适位置拖动鼠标确定分组框的大小，然后松开鼠标，工作表中就会添加一个矩形分组框，默认的名称为"分组框 1"。

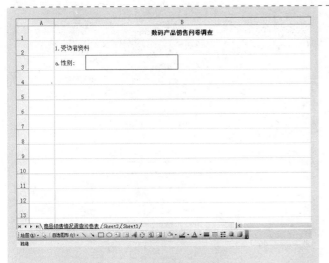

②选中分组框单击，将光标移至"分组框1"这4个字之间任意一个位置，按<Delete>键将分组框的默认名"分组框1"删除，这样分组框的编辑就完成了。

③如果需要改动分组框的大小和位置则可单击分组框，然后拖动鼠标即可进行调整。

④双击分组框弹出"设置控件格式"对话框，切换到"控制"选项卡，勾选"三维阴影"复选框，然后单击"确定"按钮分组框就会呈现阴影效果。

Step 6 编辑单项选择题

①单击"窗体"工具栏中的"选项按钮"按钮 ⊙，拖动鼠标确定选项的大小，然后松开鼠标组合框中即会显示设定大小的单选按钮，默认的名称为"选项按钮1"。

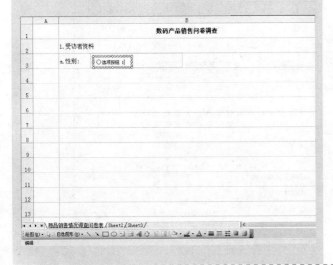

②选中"选项按钮 1"字样，将其更改为符合题目的选项"男"。

③应用相同的方法插入另一个选项"女"。

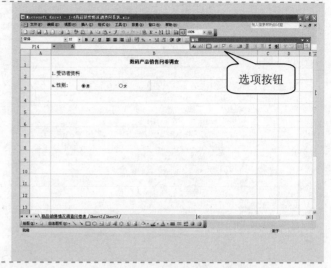

技巧 修改选项的位置、大小或者内容

　　如果对两个单选题的选项位置或者大小不满意，则可将其选中，然后通过方向键进行调整，或者用鼠标选定后进行移动。选项按钮的选中方法与通常的选中方法不同，不能用鼠标左键单击选中，而是需要单击鼠标右键选中，然后在弹出的菜单中单击选项边框，菜单则会取消，这时就可以拖动边框或者使用方向键调整位置。如果单击鼠标左键就只能对选项进行选择，也就是相应的选中按钮被选中，但却不能移动选项的位置。

　　如果要对选项的内容进行修改，同样应单击鼠标右键选中，然后在弹出的菜单中选择"编辑文字"，这时就可以修改选项的内容。或者在单击鼠标右键选中后，在弹出的菜单中再单击选项的内容，然后修改为新的选项内容即可。

　　若要精确地调整选项的大小，则可单击鼠标右键，在弹出的快捷菜单中选择"设置控件格式"菜单项打开"设置控件格式"对话框，切换到"大小"选项卡，然后将两个选项的"高度"与"宽度"设置为相同的值即可。

Step 7 为选项设置颜色与线条

①单击鼠标右键选中选项"男"，在"设置控件格式"对话框中切换到"颜色与线条"选项卡。

②在"填充"组合框中单击"颜色"文本框的下箭头按钮 ▾，从弹出的调色板中选中"浅绿"。

③在"线条"组合框中单击"颜色"文本框的下箭头按钮 ▾，从弹出的调色板中选中"黄色"。

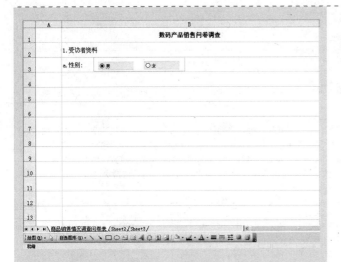

④单击"确定"按钮完成选项"男"的填充设置，效果如左图所示。

Step 8 复制格式

可以利用"格式刷"进行格式复制。

①单击鼠标右键选中选项"男"，单击"格式"工具栏中的"格式刷"按钮，准备将此行的格式复制给其他的选项。此时光标变为形状，表示处于格式刷状态，选中的目标选项将应用源选项的格式。

②单击鼠标左键选择选项"女"后格式复制即完成，光标也恢复为常态。设置后的颜色和线条与选项"男"完全相同。

单击"格式刷"按钮

技巧 多次复制格式的方法

如果需要多次复制格式，则可单击鼠标右键选中选项"男"，然后双击"常用"工具栏中的"格式刷"按钮即可多次复制格式。

如果需要退出格式刷状态，再次单击"常用"工具栏中的"格式刷"按钮或者按〈Esc〉键即可退出。

技巧　复制控件，添加其余的选项

　　在添加其余的选项时除了可以利用"格式刷"进行格式复制外，更简便的可以复制控件来添加其余的选项。如本例中对选项"男"单击鼠标右键将其选中，在弹出的菜单中选择"复制"，再单击鼠标右键选择"粘贴"，这时会出现一个新的选项"男"与旧的选项"男"重叠在同一个位置上。用鼠标拖动选项"男"至需要放置的位置，然后松开鼠标，接着参阅 Step6"活力小贴士"中介绍的关于修改选项内容的方法将选项内容"男"修改为"女"即可。

　　上面介绍了如何编辑单项选择题，而对于有些调查问题答案可能不止一个，这时可以将其编辑为多项选择题。

2. 编辑多项选择题

Step 1　绘制"分组框"

　　与单选题相同，多选题也可以利用分组框将各题隔开。

　　①单击"窗体"工具栏中的"分组框"按钮，当光标变为十形状时在工作表的合适位置拖动鼠标，大小合适后松开鼠标，然后删除标题。

　　②选中分组框双击，在弹出的"设置控件格式"对话框中选择"控制"选项卡，然后勾选"三维阴影"复选框。

Step 2　编辑多项选择题

　　①单击"窗体"工具栏中的"复选框"按钮，然后在分组框中拖动光标确定复选框的大小，合适后松开鼠标，此时分组框中就会显示一个大小适中的复选框。

　　②选中复选框后面的文字，将其更改为问卷中的备选答案"网络"。

　　③用同样的方法插入其他的选项，并调整选项的位置和大小，调整的方法与选项按钮的调整方法相同。

Step 3 为选项设置颜色与线条

①参阅第 46 页的 Step7，为其中的任何一个选项设置颜色与线条。

②设置完成单击"常用"工具栏中的"格式刷"按钮 ，将颜色与线条效果应用于其他的选项。

上面介绍了如何编辑选择题，而对于有些调查问题的答案可能需要用户自行填写内容，这需要将其编辑成填空题。

3. 编辑填空题

参阅 1.3 节 Step5 绘制直线。在"绘图"工具栏中选中"直线"按钮 ，将光标移回 B4 单元格，当光标变为 形状时表示可以绘制直线。在合适的位置单击鼠标，向右拖动一段距离后松开即可绘制出一条直线。

在调查问卷中还有一部分问题的备选答案较多，这适合将其编辑成带有下拉选项的题目。下面介绍如何编辑下拉选项题目。

4. 编辑下拉选项题目

Step 1 录入备用选项

在创建下拉选项题型前需要先录入备用选项。切换到工作表"Sheet2"中，然后向其中录入"小学"、"中学"、"高中"、"中专"、"大学"、"研究生"和"其他"等备用选项。

Step 2 插入组合框

①切换到"商品销售情况调查问卷表"工作表中。单击"窗体"工具栏中的"组合框"按钮，在工作表中的适当位置拖动鼠标设定组合框的大小，然后松开鼠标，工作表中相应的位置就会显示空白组合框。

②选中空白组合框，然后调整空白组合框的位置和大小。

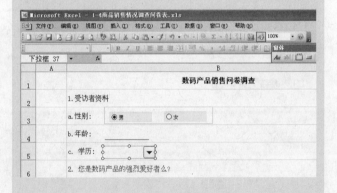

Step 3 对组合框引用选项

①组合框的位置和大小调整后单击组合框的下箭头按钮，此时会发现其中是空白的，没有任何选项。

用鼠标右键单击该组合框，在弹出的快捷菜单中选中"设置控件格式"菜单项打开"设置控件格式"对话框，然后切换到"控制"选项卡中。

②单击"数据源区域"文本框右侧的"折叠"按钮  进行数据区域的选择。接着单击工作表"Sheet2",拖动鼠标选中"学历"备用选项。

③数据源区域确定后,单击"展开"按钮 📄 返回"设置控件格式"对话框,然后单击"确定"按钮即可完成选项的引用。

此时单击"学历"文本框右侧的下箭头按钮 ▼ 即可显示设定的备用选项。

技巧 对调查问卷中的各种题目进行试填

调查问卷制作完成,为了保证每一道题目都能正确无误地进行填写,接下来需要对问卷中的各种题目进行试填。

对于单题,试填主要是为了测试一下单选按钮能否被选中,以及一个被选中,另一个单选按钮能否恢复为复空状态;对于多题,除了测试一下能否被选中外,还要测试一下多个选项能否被同时选中;对于下拉选项的题目,主要是看单击下拉按钮后能否弹出下拉选项,以及能否选择其中的一个选项以替换已存在的选项。

成功地测试完调查问卷后,将工作簿保存起来即可。

1.4.2 保护商品销售情况调查问卷

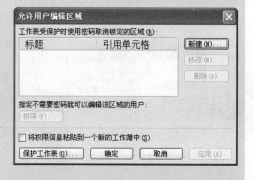

Step 1 保护工作表的结构

①在当前的工作表中单击"工具"→"保护"→"允许用户编辑区域"菜单项打开"允许用户编辑区域"对话框。

②在该对话框中单击"新建"按钮可以设定允许用户编辑的区域,对允许用户编辑的单元格进行区域选定,并且可以进一步设定允许的用户及对应的权限。

③本例中涉及的问题除了选择性质的客观题之外，还有一道题是允许用户编辑的区域。因此可以单击"新建"按钮，在弹出的"新区域"对话框中单击"引用单元格"文本框右侧的"折叠"按钮 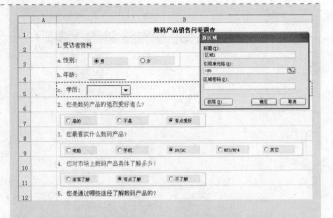 进行数据区域的选择，当光标变为 ➕ 形状时单击 B4 单元格。

④数据源区域确定后单击"展开"按钮 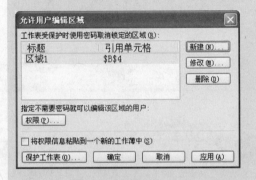 返回"允许用户编辑区域"对话框中。

⑤单击"保护工作表"按钮打开"保护工作表"对话框。

⑥在"允许此工作表的所有用户进行"列表框中可以选择对用户权限的设定。默认情况下前两项关于选定单元格的操作是允许的，这样的操作本身不会改变工作表，但是考虑到问卷中可能会出现一个不相干的黑方框，所以取消勾选这两项。

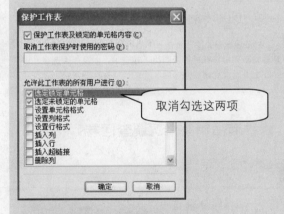

⑦设置好用户权限后，在该对话框中输入相应的密码，然后单击"确定"按钮会出现"确认密码"对话框。再次输入密码，然后单击"确定"按钮返回工作表中。

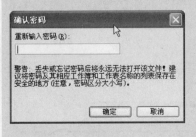

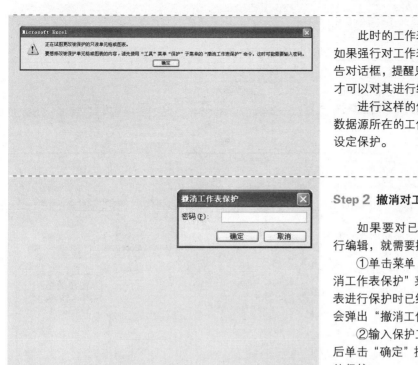

此时的工作表已经处于被保护状态。如果强行对工作表进行编辑，就会弹出警告对话框，提醒只有对工作表解除保护后才可以对其进行编辑。

进行这样的保护之后，对下拉选项的数据源所在的工作表"Sheet2"也需要再设定保护。

Step 2 撤消对工作表的保护

如果要对已经设定保护的工作表进行编辑，就需要撤消对工作表的保护。

①单击菜单"工具"→"保护"→"撤消工作表保护"菜单项，由于前面对工作表进行保护时已经设定了密码，所以此时会弹出"撤消工作表保护"对话框。

②输入保护工作表时设定的密码，然后单击"确定"按钮，即可撤消对工作表的保护。

1.4.3 设置表格格式

至此表格的主要功能已经实现，下面进行一些设置来使表格变得更加美观实用。

Step

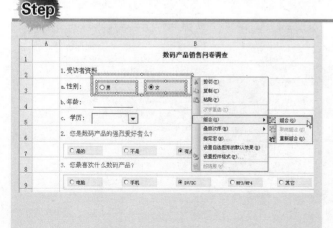

Step 1 组合图片

在按住<Ctrl>键的同时逐个单击某一个选择题的每个选项和分组框，选中所有的图片后将光标移到分组框或者某个选项的边框处，当光标变为时右键单击"组合"→"组合"，此时这个选择题的每个选项包括分组框就会组合在一起。如果需要移动整个选择题，将光标移到这个分组框的边缘，当光标变为时拖动鼠标即可。

Step 2 取消组合图片

有的时候可能需要对已经组合的图片重新修改，这个时候需要取消组合图片。将光标移到已经组合的分组框内部的任意一个位置，当光标变为 ✛，右键单击"组合"→"取消组合"，此时即可取消已经组合好的图片。

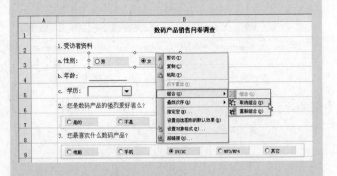

Step 3 隐藏网格线

参阅 1.3 节 Step15 隐藏网格线的方法。在这里可以直接单击"窗体"工具栏中的"切换网格"按钮 ▦ 来隐藏网格线。

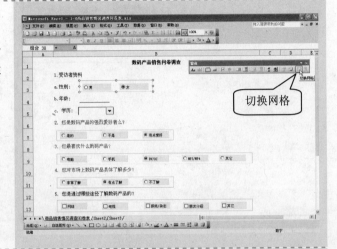

Step 4 隐藏行号列标

单击菜单"工具"→"选项"，在弹出的"选项"对话框中单击"视图"选项卡，在"窗口选项"组合框中取消勾选"行号列标"复选框，最后单击"确定"按钮即可。

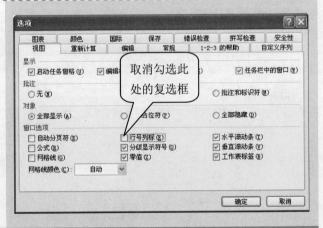

第 **2** 章　客户管理

　　随着业务的不断增长,企业会不断地扩大客户范围。这时企业就面临着对已有客户的管理,如将客户的资料建成档案,对客户进行等级划分等,这些工作均有助于了解业务的发展情况与掌握客户的层次和规模。而定期地设计合理的客户拜访计划表则有利于与客户保持良好的客情关系,有助于建立长期友好的合作关系。

2.1 客户资料清单

案例背景

客户管理是企业营销工作中的重要部分，而对客户资料的收集、整理则是客户管理工作中的核心与基础，也是一项日常性的工作。科学有效地管理客户资料，随时关注客户的新动态，对于企业客户资源的维护与拓展，乃至企业营销计划的实现都起着积极而关键的作用。

关键技术点

要实现本案例中的功能，读者应当掌握以下 Excel 技术点。

- 使用自动套用格式　　　New!
- 文本型数字的输入方法　　　New!
- 控制自动超链接　　　New!
- 批注　　　New!
- 保护工作簿文件不被查看和编辑　　　New!

最终效果展示

序号	客户名称	联系人	电话	邮箱地址	联系地址	账号	开户行	信用额度(/年)	估计营业额(/年)	合作性质	建立合作关系时间
					公司客户资料管理表						
1	张明	张明	021-65320065	zhangmin@ujs.edu.cn	上海市漕宝路1012号	4367421833030008888	中国建设银行徐江分行	70万	150万	代理商	38492
2	洪养培	洪养培	025-83150808	hong88@tom.com	南京市福建路15号	4367421833030748882	中国建设银行南京支行	80万	160万	代理商	38495
3	蒋山叶	蒋山叶	0755-85726130	zhangman@126.com	深圳市福田区车公庙泰然工业园	4367423768888208602	中国建设银行福田支行	70万	140万	代理商	38496
4	李庆辉	李庆辉	0592-22539802	lihuiqing@163.com	厦门市中山路305号	9559980014888895019	中国农业银行厦门中山分行	60万	130万	代理商	38497
5	陆仕守	陆仕守	027-61208336	abc088@sina.com	武汉市汉口江岸区三洋路23号	4367423321088885629	中国建设银行三洋支行	65万	130万	代理商	38498
6	李杰	李杰	010-83684109	ljsixin@126.com	北京市丰台区怡海花园阅园3栋2206号	9558820200888852274	中国工商银行北京丰台区支行	85万	180万	代理商	38499
7	吴生海	吴生海	020-86978903	wuhaisheng9@126.com	广州市白云区莲花北路	9558803602160588881	中国工商银行莲花北路分理处	90万	180万	代理商	38500
8	付东爱	付东爱	029-82652896	fad2007@tom.com	西安市新城区新城大道168号	6228480088888742817	中国农业银行新城区分行	70万	150万	代理商	38501
9	萧元三	萧元三	0532-86975298	xiaosan@yahoo.com.cn	青岛市南城大道6011号	4367421863888828239	中国建设银行青岛分行	90万	190万	代理商	38502
10	江龙青	江龙青	0769-22618888	jiang88@163.com	东莞市东城区东纵大道	4367479829435488882	中国建设银行东城区支行	70万	160万	代理商	38503

示例文件

光盘\本书示例文件\第 2 章\2-1 客户资料清单.xls

2.1.1 创建客户资料清单

在本案例中重点要实现两个功能：创建客户资料清单和利用记录单管理客户信息。下面先完成第一个功能，即创建客户资料清单。

Step 1 创建工作簿、重命名工作表

参阅 1.2 节 Step1 至 Step2，创建工作簿 "2-1 客户资料清单.xls" 并将工作表重命名为 "客户资料清单"，然后删除多余的工作表。

技巧　更改新工作簿中的工作表数量

如果遇到的工作表数目大多为一个，每次都要删除多余的工作表，势必比较麻烦。Excel 支持修改默认工作簿中的工作表数量。

单击菜单 "工具" → "选项" 打开 "选项" 对话框，选择 "常规" 选项卡，然后在 "新工作簿内的工作表数" 框中输入在创建新工作簿时要添加的默认工作表数，这样下一次创建新的工作簿时默认的工作表数目就会被修改为设定的数目。

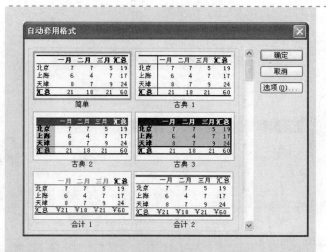

Step 2 使用自动套用格式

选中需要设置格式的 A1:L12 单元格区域，单击菜单 "格式" → "自动套用格式" 打开 "自动套用格式" 对话框，从中选择一种合适的格式，如 "古典 2"，然后单击 "确定" 按钮。

利用自动套用格式对工作表进行格式化，可以使工作表的格式化过程变得简单容易。

Step 3　手动设置其余格式

自动套用格式虽然方便快捷，但它不仅种类有限而且样式固定。根据实际需要，读者可以重新设定各个表单项的字体、字号、字的颜色和背景填充色等。

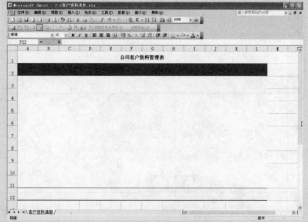

Step 4　设置各个表单项的对齐方式

选中 A1:L12 单元格区域，单击"格式"工具栏中的"居中"按钮。

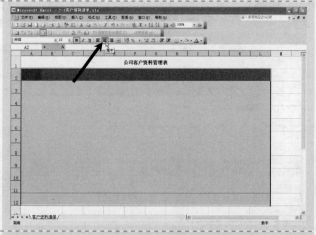

Step 5　设置表格边框

使用自动套用格式设置的表格，其边框的设置往往不符合需求，为此可以参阅 1.1.2 小节 Step11（本书第 15 页）手工设置表格边框。

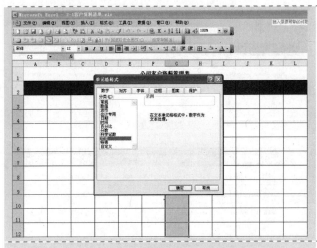

Step 6 将单元格设置成文本格式

①选择要设置格式的 G3:G12 单元格区域，在菜单"格式"→"单元格"打开"单元格格式"对话框，选择"数字"选项卡。

②在"分类"列表中单击"文本"，然后单击"确定"按钮。

③在 G3:G12 单元格区域中输入数字。

在文本格式的单元格的左上角有一个绿色的三角形的文本标识符，说明此单元格的格式为文本格式。

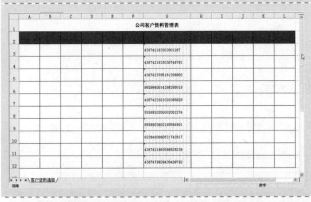

④参阅 1.1.1 小节 Step7（本书第 6 页）调整 G 列列宽为"20.00(165 像素)"。

技巧 将现有数字设置为文本格式

如果在 G3:G12 单元格区域中已经输入了数字，那么也可以将其更改成文本格式。

选中要设置成文本格式的 G3:G12 单元格区域，单击菜单"格式"→"单元格"打开"单元格格式"对话框，单击"数字"选项卡，在"分类"列表中单击"文本"，然后单击"确定"按钮，此时原有的数字就会被设置成文本格式。

采用此方法可以输入超长账号。

Step 7 控制自动超链接

当键入电子邮件地址如："用户名@公司名.com"时，Excel 会自动地创建超链接。

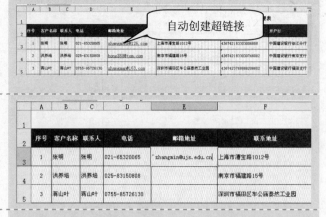

要防止 Excel 自动地创建超链接，可以在电子邮件地址的前面键入撇号"'"以防止单元格输入时自动地创建超链接。在 E3 单元格中输入 "'zhangmin@ujs.edu.cn"，然后按<Enter>键。

使用同样的方法在 E4:E12 单元格区域输入内容。

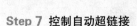

技巧 自动创建超链接的前缀名称

除了电子邮件地址之外，当在工作表中输入下列前缀之一开头的条目：http://、www、ftp://、mailto:、file://、新闻：\\时，Excel 2003 均会自动地创建超链接。

此时均可以应用 2.1.1 小节 Step7 中的方法来取消自动创建超链接。

Step 8 链接到电子邮件地址

①选中要链接的 E3 单元格，单击菜单"插入"→"超链接"打开"插入超链接"对话框。

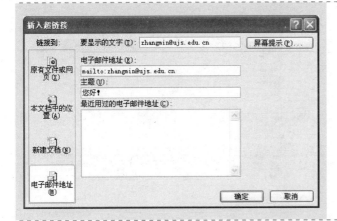

②单击"电子邮件地址"选项,然后在"电子邮件地址"和"主题"选项的文本框里输入相应的内容。

一般来说"电子邮件地址"会选择与"要显示的文字"一致,也就是实际的邮件地址,如本例中为"zhangmin@ujs.edu.cn"。"主题"为邮件的主题,如"您好!"。

使用同样的操作方法分别设置 E4: E12 单元格区域里各个单元格的超链接。

技巧 恢复自动创建超链接的功能

如果需要超链接,可以恢复使用 Excel 自动创建超链接的功能,即双击该单元格,然后将 Step7 中电子邮件地址前面键入的撇号"'"删除即可。

Step 9 使用超链接

单击已经建立超链接的单元格,系统将启动 Office 系列软件 Outlook Express 编辑邮件。编辑邮件对话框打开后,收件人地址和主题会自动输入。

在编辑器中可以进行邮件内容输入、粘贴附件等操作,然后通过因特网将电子邮件发送出去。

技巧 选择插入超链接的单元格

在选取超链接的单元格时不能直接单击,此时有两种方法:一是单击单元格且按住鼠标左键不放,直到光标由手变为十形状时松开,这样单元格就会被选中;二是先选中相邻的单元格,然后再用方向键进行上下左右移动以选中该单元格。

Step 10 编辑超链接

读者可以对设置的超链接进行修改，方法与插入超链接的方法基本相同。选择创建了超链接的单元格，单击菜单"插入"→"超链接"，在弹出的"编辑超链接"对话框中进行编辑，然后单击"确定"按钮即可。

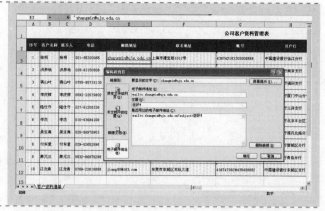

 小贴士

技巧　删除超链接

在"编辑超链接"窗口中单击"删除链接"按钮。

注意：删除已经插入超链接的单元格内容并不能删除超链接，因为超链接格式被认为是单元格的格式，所以在该单元格中重新输入内容后，它仍旧具有超链接的功能。

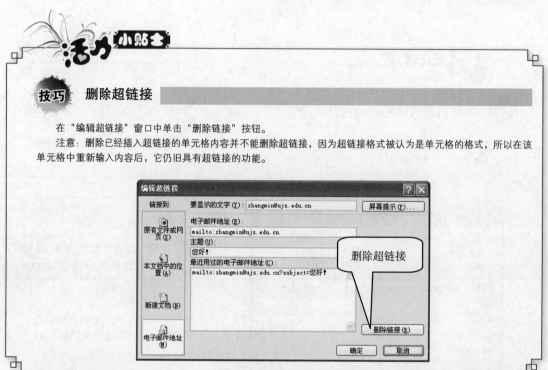

Step 11 输入表格数据

依次在单元格中输入客户资料的数据，并适当地调整表格列宽，使单元格内容能够完全显示，效果如右图所示。

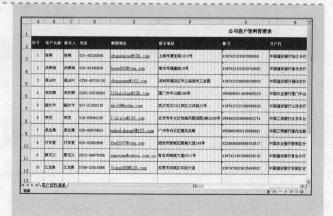

Step 12 调整含有超链接列的格式

选中 A3 单元格，双击"常用"工具栏中的"格式刷"按钮 ，再选中 E3:E12 单元格区域，待格式复制完成按<Esc>键退出格式刷状态即可。

2.1.2 利用记录单管理客户信息

这里制作的记录单是一个能够完整地显示一条记录的对话框，使用记录单可以向数据列表中添加记录，也可以对记录进行修改和编辑。

Step

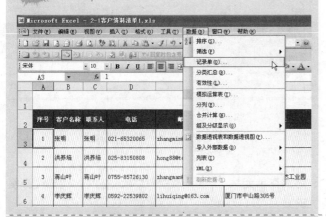

Step 1 打开记录单

选择数据列表中的任意一个单元格如 A3 单元格，然后单击菜单"数据"→"记录单"打开记录单，此记录单的名称与工作表的名称相同。

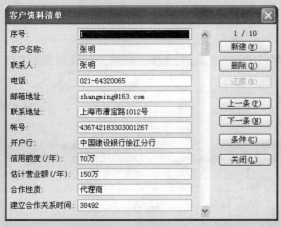

Step 2 修改和删除数据列表中的记录

在该记录单中通过单击"上一条"或者"下一条"按钮，或者通过拖动滚动条即可查找要修改或删除的记录。用户可以直接在记录单中修改记录，也可以单击"删除"按钮将其删除。

Step 3 添加数据列表中的记录

在记录中单击"新建"按钮即可进行记录的添加，添加完成单击"关闭"按钮即可。

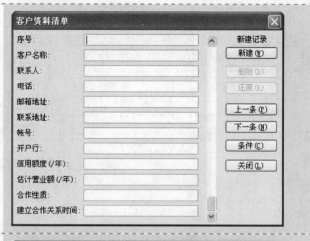

Step 4 查询数据列表中的记录

例如要按条件查询，则可单击"条件"按钮打开搜索条件对话框，在对话框中输入搜索的条件，然后单击"表单"按钮即可显示查询的结果。

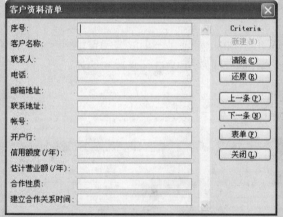

2.1.3 批注

批注是一种非常有用的提醒方式，它是附加在单元格中，用于注释该单元格的，例如注释复杂的公式如何工作，或者为其他的用户提供反馈。

Step 1 插入批注

①单击需要编辑批注的 D3 单元格，然后在菜单"插入"上单击"批注"命令。

②在弹出的批注框中输入批注文本"办公室电话"。

③如果不想在批注中留有姓名,可以将其删除。选择用户的名字,如"大红果果",然后按<Delete>键即可将其删除。

完成文本的输入后单击批注框外部的工作表区域,此时含有批注的单元格的右上角会出现一个红色的三角形的批注标识符。

技巧　更改插入新批注时出现的姓名

可以更改插入新批注时出现的姓名。若要更改姓名,可以单击"工具"菜单上的"选项"弹出"选项"对话框,选择"常规"选项卡,然后在"用户名"框中键入所需的姓名即可。如果删除该姓名,Excel 则使用计算机建立的默认用户姓名。

Step 2　使用批注标识符

含有批注的单元格的右上角有一个三角形的批注标识符,将光标移到含有标识符的单元格上就会显示该单元格的批注。

Step 3 编辑批注

将光标定位在包含编辑批注的 D3 单元格，右键单击，从弹出的快捷菜单中单击"编辑批注"即可编辑 D3 单元格的批注内容。

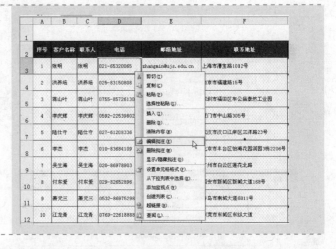

技巧 删除批注

将光标定位在包含批注的 D3 单元格，右键单击，从弹出的快捷菜单中选择"删除批注"即可删除 D3 单元格的批注内容。

Step 4 查看工作簿中的所有批注

单击菜单"视图"→"批注"。

此时在"常用"工具栏的下方会新增"审阅"工具栏。

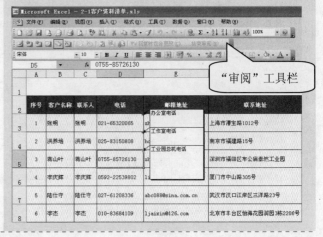

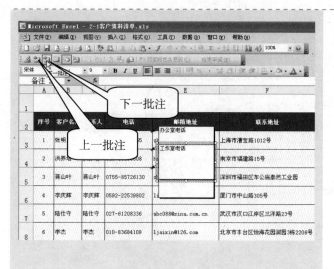

如果需要按顺序查看所有的批注，从所选的 D3 单元格开始，单击"审阅"工具栏中的"下一批注"按钮就可以查看下一个包含批注的 D4 单元格的具体批注内容。

如果需要以相反的顺序查看，单击"审阅"工具栏中的"上一批注"按钮即可。

技巧 隐藏"审阅"工具栏

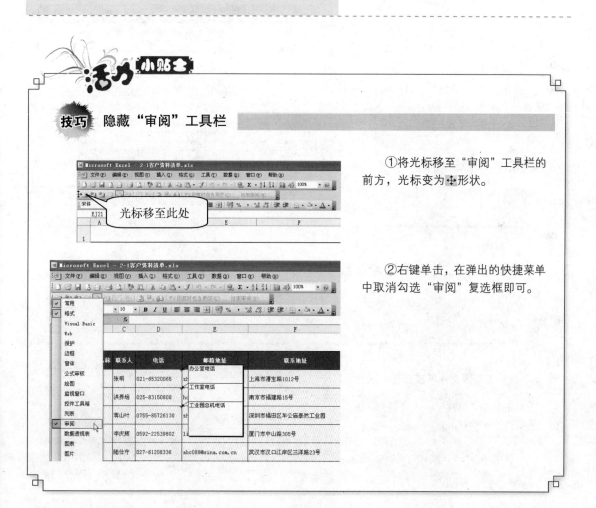

①将光标移至"审阅"工具栏的前方，光标变为形状。

②右键单击，在弹出的快捷菜单中取消勾选"审阅"复选框即可。

Step 5 隐藏批注

单击菜单"视图"，然后取消勾选"批注"复选框即可。

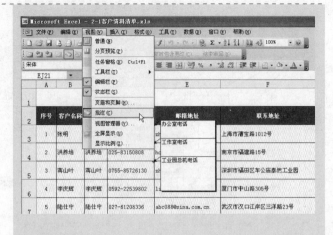

此时工作簿即可恢复到"Step4 查看工作簿中的所有批注"之前的状态。

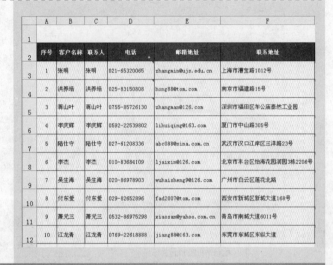

2.1.4 保护工作簿文件不被查看或者编辑

Step 1 保护工作簿文件不被查看

①单击菜单"文件"→"另存为"弹出"另存为"对话框。

②单击"工具"选项，在弹出的下拉列表框中选择"常规选项"。

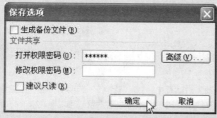

③弹出"保存选项"对话框，在"打开权限密码"文本框中输入密码（本例中密码为 007975），然后单击"确定"按钮。

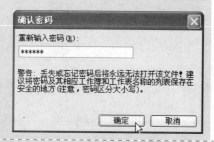

④弹出"确认密码"对话框，在"重新输入密码"文本框中再次输入相同的密码，然后单击"确定"按钮关闭对话框。

⑤在"另存为"对话框中单击"保存"按钮。

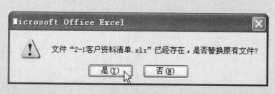

⑥出现提示"文件'2-1 客户资料清单.xls'已经存在，是否替换原有文件？"单击"是"按钮替换已有的工作簿，这样用户在查看工作簿之前必须输入正确的密码。

Step 2　保护工作簿文件不被编辑

①单击菜单"文件"→"另存为"弹出"另存为"对话框。

②单击"工具"选项，在弹出的下拉列表框中选择"常规选项"。

③弹出"保存选项"对话框，在"修改权限密码"文本框中键入密码，然后单击"确定"按钮。

④弹出"确认密码"对话框，在"重新输入修改权限密码"文本框中键入相同的密码，然后单击"确定"按钮关闭对话框。

⑤单击"保存"按钮。如果出现了提示，应单击"是"按钮以替换已有的工作簿。

这样用户在编辑工作簿之前必须输入相同的密码。

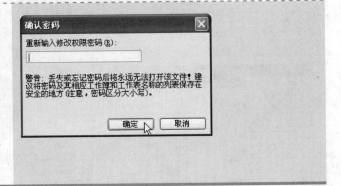

技巧 更方便地设置"打开权限密码"和"修改权限密码"

选择菜单"工具"→"选项"，在弹出的"选项"对话框中选择"安全性"选项卡，在"此工作簿的文件加密设置"选项区中可以设置"打开权限密码"，在"打开权限密码"文本框中输入密码可以防止没有打开权限密码的用户打开该工作簿。

在"此工作簿的文件共享设置"选项区中可以设置修改权限密码，在"修改权限密码"文本框中输入要设置的密码可以防止没有修改权限密码的用户修改该工作簿的功能和结构。

单击"高级"按钮可以打开"加密类型"对话框，在"选择加密类型"列表框中可以选择加密类型，并设置密钥长度。

设置完毕依次单击"确定"按钮并按照要求重新输入密码即可。

给工作簿文件加上密码后，将保护工作簿文件不被未授权的用户查看或修改。如果要打开或编辑工作簿文件，必须在系统提示框中输入正确的权限密码。

2.2 客户拜访计划表

案例背景

顾客就是上帝，在现代的商业竞争中，顾客的竞争已成为企业与企业之间竞争的一个主要方面。为了避免客户流失，销售人员应定期对所管辖的客户进行拜访，与客户保持良好的客情关系。

关键技术点

要实现本案例中的功能，读者应当掌握以下 Excel 技术点。

- 列表的应用　　　New!
- 批量填充不相邻区域单元格　　　New!
- 数据有效性　　　New!
- 函数的应用：COUNTIF 函数、COUNTA 函数　　　New!

最终效果展示

客户周拜访计划表

序号	日期	星期	客户名称	拜访内容	拜访方式	客情费	访问者
1	4月2日	星期一	张明	客情维护	电话拜访	0.00	刘梅
2			洪培养	客情维护	上门拜访	100.00	刘梅
3			蒋叶山	技术支持	上门拜访	150.00	刘梅
4	4月3日	星期二	李辉庆	产品维修	电话拜访	0.00	刘梅
5			陆守仕	技术支持	上门拜访	100.00	刘梅
6			李杰	技术支持	上门拜访	200.00	刘梅
7	4月4日	星期三	吴海生	技术支持	电话拜访	0.00	刘梅
8			付爱东	客情维护	上门拜访	200.00	刘梅
9			萧三元	产品维修	上门拜访	200.00	刘梅
10	4月5日	星期四	江青龙	客情维护	电话拜访	0.00	刘梅
11			李杰	技术支持	上门拜访	100.00	刘梅
12			赵文龙	客情维护	上门拜访	100.00	刘梅
13	4月6日	星期五	张明	技术支持	电话拜访	0.00	刘梅
14			洪培养	技术支持	上门拜访	100.00	刘梅
15			蒋叶山	产品维修	上门拜访	150.00	刘梅
16	4月7日	星期六	吴海生	客情维护	电话拜访	0.00	刘梅
17			付爱东	技术支持	电话拜访	0.00	刘梅
18			萧三元	产品维修	电话拜访	0.00	刘梅
汇总						1400.00	18

刘梅4月份第一周客户拜访统计		
访问方式	次数	占比
电话拜访	8	44%
上门拜访	10	56%

示例文件

光盘\本书示例文件\第 2 章\2-2 客户周拜访计划表.xls

2.2.1 创建列表

在本案例中重点要实现两个功能：Excel 数据列表功能和单元格自动填充功能。下面先完成第一个功能，即 Excel 数据列表功能。

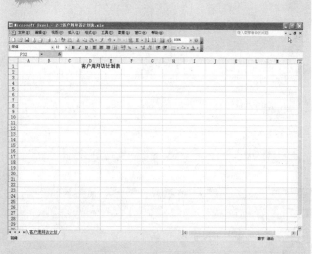

Step 1 创建工作簿、重命名工作表

参阅 1.2 节 Step1 至 Step2，创建工作簿 "2-2 客户周拜访计划表.xls"，然后将工作表重命名为 "客户周拜访计划"，并删除多余的工作表。

Step 2 输入表格标题

选中需要合并的 A1:H1 单元格区域，单击 "格式" 工具栏中的 "合并及居中" 按钮 ，输入表格标题 "客户周拜访计划表"，然后单击 "格式" 工具栏中的 "加粗" 按钮 **B** 设置字形为 "加粗"。

Step 3 创建列表

①选中 A2:H2 单元格区域，单击菜单"数据"→"列表"→"创建列表"。

②弹出"创建列表"对话框。因为所选择的数据有标题，所以勾选"列表有标题"复选框，然后单击"确定"按钮。

创建列表后设置深蓝色边框以标识列表，区分组成列表的单元格区域。

默认情况下系统在标题行中为列表的每一列启用自动筛选下拉列表功能，自动筛选允许快速筛选或排序数据。

另外系统将添加包含"*"号的行即插入行作为列表的最后一行，在此行中键入的内容将自动添加到列表中并扩展列表的边框。

常用的列表相关功能显示于"列表"工具栏中。如果看不到"列表"工具栏，可以单击菜单"视图"→"工具栏"→"列表"。

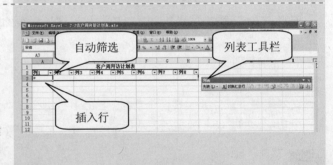

活力 小贴士

技巧 添加"汇总行"

单击"列表"工具栏中的按钮 Σ 切换汇总行 选择添加汇总行，将在插入行的下方显示汇总行。再次单击按钮 Σ 切换汇总行 即可隐藏汇总行。

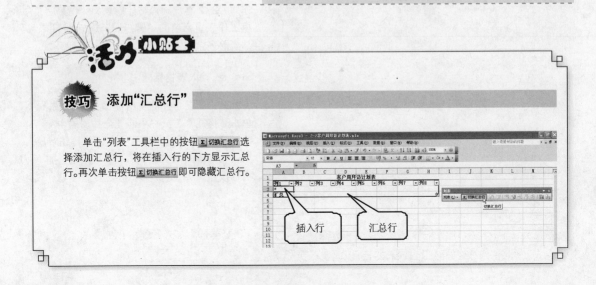

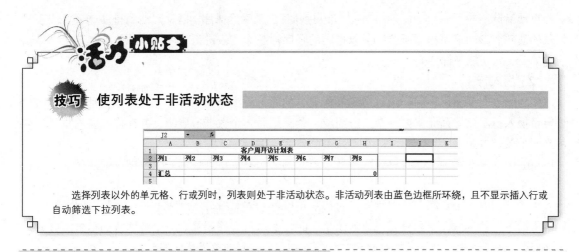

技巧 使列表处于非活动状态

选择列表以外的单元格、行或列时，列表则处于非活动状态。非活动列表由蓝色边框所环绕，且不显示插入行或自动筛选下拉列表。

Step 4 输入列表中的标题

①选中 A2 单元格，输入"序号"后按<Tab>键可以接着选中 B2 单元格，输入"日期"后再按<Tab>键。

②采用类似的方法在 A2:H2 单元格区域输入列表中的标题。

Step 5 调整列宽为最合适的值

选中 A1:H1 单元格区域，单击菜单"格式"→"列"→"最适合的列宽"菜单项适当地调整表格列宽，使单元格内容能够完全显示。

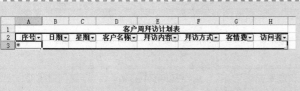

Step 6 设置文本居中

选中 A1:H1 单元格区域，然后单击"格式"工具栏中的"居中"按钮 ≡ 设置文本居中显示。

关键知识点讲解

1. 列表功能

在 Excel 中将单元格区域指定为列表时，列表用户界面集成了许多可能要对该列表中的数据应用的常用功能；用户可以方便地使用这些功能。

（1）自动筛选下拉列表

在 Excel 中对数据所采取的一种常用的操作是根据不同的字段值筛选数据。Excel 在创建列表时会自动地在列表的标题行中添加自动筛选下拉列表。

自动筛选下拉列表包含以下新功能："升序排序"、"降序排序"以及其他的排序选项位于下拉列表的顶部。该功能可根据所选字段以指定的顺序对整个列表进行排序。其他的下拉选项与以前版本的 Excel 功能一样。

（2）插入行

处理列表时要使用的另一个常用的操作是添加新行。出于此目的，当列表处于活动状态时始终显示插入行。该界面元素由一个空行组成，紧临最后一个数据行显示，并在最左侧的单元格中包含一个蓝色的星号（＊）。

当列表处于非活动状态时将删除星号，同时列表边框上移到最后一个数据行的底部。

（3）汇总行

单击"列表"工具栏中的"切换汇总行"可以显示汇总行。当列表处于活动状态时，汇总行显示于插入行的下方；当列表处于非活动状态时，汇总行上移到最后一个数据行的下方。打开汇总功能时，将在最左侧的单元格中显示"汇总"，并在最右侧的单元格中显示相应的分类汇总公式。

可以使用汇总行为列表中的所有列显示不同的汇总样式。单击汇总行中的任意一个单元格，将在该单元格的右侧显示一个箭头，单击此下拉列表箭头可以显示多种聚合函数。选择一种聚合函数后，将在该单元格中插入一个分类汇总函数。无法手动编辑汇总行单元格添加其他的函数，而只能从下拉列表中选择一种聚合函数以供 Excel 在单元格中所插入的汇总函数使用。

2. 如何选择单元格、区域、行或列

选　　择	操　　作
一个单元格	单击该单元格，或者按箭头键移至该单元格
单元格区域	单击该区域中的第一个单元格，然后拖至最后一个单元格；或者在按住<Shift>键的同时按箭头键以扩展选定区域。 也可以选择该区域中的第一个单元格，然后按，<F8>键，使用箭头键扩展选定区域。要停止扩展选定区域，请再次按<F8>键
较大的单元格区域	单击该区域中的第一个单元格，然后在按住<Shift>键的同时单击该区域中的最后一个单元格；也可以使用滚动功能显示最后一个单元格
工作表中的所有单元格	单击"全选"按钮
	选择第一个单元格或单元格区域，然后在按住<Ctrl>键的同时选择其他的单元格或单元格区域
不相邻的单元格或单元格区域	选择第一个单元格或单元格区域，然后按<Shift+F8>组合键将另一个不相邻的单元格或单元格区域添加到选定区域中。要停止向选定区域中添加单元格或单元格区域，可以再次按<Shift+F8>组合键。 不取消整个选定区域便无法取消对不相邻选定区域中某个单元格或单元格区域的选择
整行或整列	单击行标题或列标题。 **1** 行标题 **2** 列标题

选　　择	操　　作
整行或整列	也可以选择行或列中的单元格，方法是选择第一个单元格，然后按<Ctrl+Shift+箭头键>组合键（对于行，请使用向右键或向左键；对于列，请使用向上键或向下键）。注释：如果行或列包含数据，那么按<Ctrl+Shift+箭头键>组合键可以选择到行或列中最后一个已使用单元格之前的部分。按<Ctrl+Shift+箭头键>组合键一秒钟即可选择整行或整列
相邻行或列	在行标题或列标题间拖动鼠标。或者选择第一行或第一列，然后在按住<Shift>键的同时选择最后一行或最后一列
不相邻的行或列	单击选定区域中第一行的行标题或第一列的列标题，然后在按住<Ctrl>键的同时单击要添加到选定区域中的其他行的行标题或其他列的列标题
行或列中的第一个或最后一个单元格	选择行或列中的一个单元格，然后按<Ctrl+箭头键>组合键（对于行，请使用向右键或向左键；对于列，请使用向上键或向下键）
工作表或 Excel 表格中第一个或最后一个单元格	按<Ctrl+Home>组合键可以选择工作表或 Excel 列表中的第一个单元格。按<Ctrl+End>组合键可以选择工作表或 Excel 列表中最后一个包含数据或格式设置的单元格
工作表中最后一个使用的单元格（右下角）之前的单元格区域	选择第一个单元格，然后按<Ctrl+Shift+End>组合键可以将选定的单元格区域扩展到工作表中最后一个使用的单元格（右下角）
到工作表起始处的单元格区域	选择第一个单元格，然后按<Ctrl+Shift+Home>组合键可以将单元格选定区域扩展到工作表的起始处
增加或减少活动选定区域中的单元格	在按住<Shift>键的同时单击要包含在新选定区域中的最后一个单元格，活动单元格和所单击的单元格之间的矩形区域将成为新的选定区域

2.2.2　批量填充相邻区域单元格

Step

Step 1　在同一列中填充递增数据

①在 A4 单元格中输入初始序号"1"，然后按<Enter>键。由于 A4 单元格中包含蓝色 "*" 的插入行，所以在此行中键入信息将自动地将数据添加到列表中，并向下扩展列表的边框，列表区域则变为A2:H4 单元格区域。

②在 A4 单元格中输入第二个序号"2"，然后按<Enter>键。同样会自动地将数据添加到列表中，并向下扩展列表的边框，列表区域则变为 A2:H5 单元格区域。

③选中 A3:A4 单元格区域，将光标移到开始区域 A4 单元格的右下角，当光标变为十形状时被称为填充柄。

④按住鼠标左键不放，向下拖曳填充柄至 A20 单元格。

⑤填充完成松开鼠标。

单击工作表的任意一个区域即可完成填充操作，效果如右图所示。

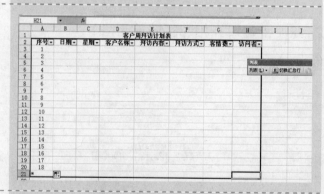

Step 2 填充 B 列数据

①在 B3 单元格中输入初始日期"4月2日"。

②选中 B3:B5 单元格区域，并将光标移到 B3 单元格的右下角。

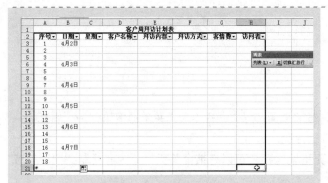

③按住鼠标左键不放，向下拖曳填充柄至 B20 单元格，填充完成松开鼠标，然后单击工作表的任意一个区域即可完成填充操作。

Step 3　输入 C 列数据

采用 Step2 中相同的方法输入 C 列数据。

Step 4　填充后出现的智能标记的使用

单击填充后出现的智能标记展开如下选项：复制单元格、以序列方式填充、仅填充格式、不带格式填充、以天数填充和以工作日填充。此处选择"以序列方式填充"。

Step 5　在同一列中填充相同的数据

①在 H3 单元格中输入初始名称"刘梅"。

②将光标移到开始区域 H3 单元格的右下角。

③按住鼠标左键不放向下拖曳填充柄至 H20 单元格，填充完成松开鼠标，然后单击工作表的任意一个区域即可完成填充操作。

关键知识点讲解

根据相邻单元格填充数据

通过选定相应的单元格并拖动填充柄，或者使用"序列"命令（单击菜单"编辑"→"填充"→"序列"），可以快速地填充多种类型的数据序列。

①在行或列中复制数据：通过拖动单元格填充柄，可以将某个单元格的内容复制到同一行或同一列的其他单元格中。

②填充一系列数字、日期或其他的项目：基于所建立的格式，Excel 可以自动延续一系列数字、数字/文本组合、日期或时间段。例如在下面的表格中，初始选择的格式将被沿用。被逗号分开的项分处于相邻的单元格中。

初 始 选 择	扩 展 序 列
1,2,3	4,5,6
9:00	10:00, 11:00, 12:00
Mon	Tue, Wed, Thu
星期一	星期二，星期三，星期四
Jan	Feb, Mar, Apr
一月，四月	七月，十月，一月
Jan-99, Apr-99	Jul-99, Oct-99, Jan-00
1 月 15 日，4 月 15 日	7 月 15 日，10 月 15 日
1999, 2000	2001, 2002, 2003
1 月 1 日，3 月 1 日	5 月 1 日，7 月 1 日，9 月 1 日
Qtr3（或 Q3 或 Quarter3）	Qtr4, Qtr5, Qtr6,.
text1, textA	text2, textA, text3, textA
1st Period	2nd Period, 3rd Period,
产品 1	产品 2,产品 3,...

如果所选区域包含数字，则可控制是要创建等差序列还是等比序列。

③创建自定义填充序列：可以为常用文本项创建自定义填充序列，例如公司的销售区域名。

2.2.3 批量填充不相邻区域单元格

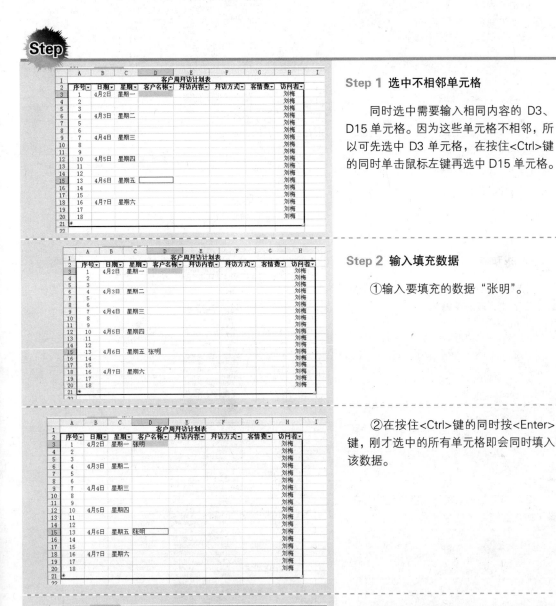

Step 1 选中不相邻单元格

同时选中需要输入相同内容的 D3、D15 单元格。因为这些单元格不相邻，所以可先选中 D3 单元格，在按住<Ctrl>键的同时单击鼠标左键再选中 D15 单元格。

Step 2 输入填充数据

①输入要填充的数据"张明"。

②在按住<Ctrl>键的同时按<Enter>键，刚才选中的所有单元格即会同时填入该数据。

③按照同样的方法输入 D 列、E 列、F 列其余的数据。
④输入 G 列数据。

Step 3 添加汇总行

单击"列表"工具栏中的 **Σ 切换汇总行** 选择添加汇总行，在插入行的下方会显示汇总行。

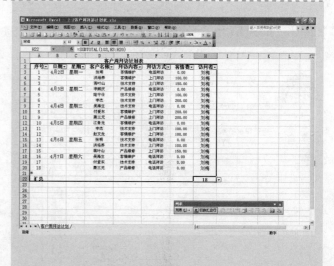

Step 4 求和

①单击 G22 单元格，在单元格的右侧会出现下拉列表的下箭头按钮 ▼。

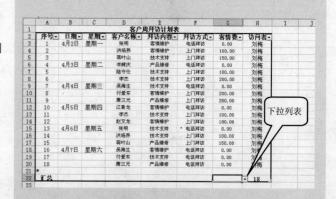

②单击下拉列表的下箭头按钮 ▼，在弹出的下拉选项中选中"求和"。

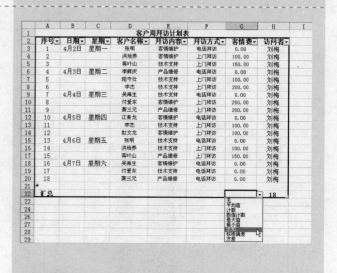

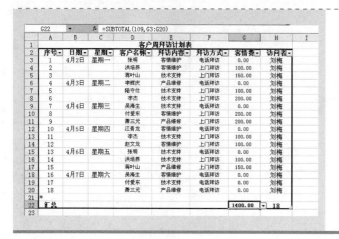

在 G22 单元格中则会显示 G3:G20 单元格区域的数据总和。

2.2.4 创建客户拜访统计表

Step 1 输入表格标题

①选中需要合并的 J2:L2 单元格区域，单击"格式"工具栏中的"合并及居中"按钮 ⚏，然后输入表格标题"刘梅 4 月份第一周客户拜访统计"。

②单击"格式"工具栏中的"加粗"按钮 B 设置字形为"加粗"，然后单击"格式"工具栏中的"字号"右边的下箭头按钮 ▾，选择字号为"10"。

Step 2 输入表格内容

在 J3:L3、J4:J5 单元格区域输入表格内容。

Step 3 计算"次数"

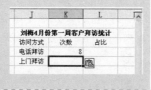

①选中 K4 单元格，在编辑栏中输入以下公式，按<Enter>键确认。

```
=COUNTIF(F3:F20,"电话拜访")
```

②选中 K5 单元格，在编辑栏中输入以下公式，按<Enter>键确认。

```
=COUNTIF(F3:F20,"上门拜访")
```

Step 4 计算"占比"

①选中 L4 单元格，在编辑栏中输入以下公式，按<Enter>键确认。

`=K4/COUNTA(F3:F20)`

②选中 L5 单元格，在编辑栏中输入以下公式，按<Enter>键确认。

`=K5/COUNTA(F3:F20)`

Step 5 调整格式

①参阅 1.1.2 小节 Step11 设置表格边框。

②参阅 1.1.2 小节 Step3 设置单元格背景色。

③参阅 1.1.1 小节 Step10，设置 A3:H22、J3:L5 单元格区域的文本字号为"10"。

④参阅 1.2 节 Step12 设置 L 列格式为百分比格式。

⑤参阅 1.3 节 Step15 隐藏网格线。

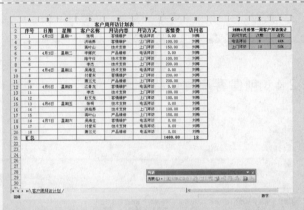

关键知识点讲解

1. COUNTIF 函数

函数用途

此函数用于计算区域中满足给定条件的单元格个数。

函数语法

COUNTIF(range,criteria)

range：为需要计算其中满足条件的单元格数目的单元格区域。

criteria：为确定哪些单元格将被计算在内的条件，其形式可以为数字、表达式或文本。例如条件可以表示为 35、"35"、">35" 或 "足球"。

函数说明

Excel 提供有其他的函数可用来基于条件分析数据。例如要计算基于一个文本字符串或某个范围内的一个数值的总和，可以使用 SUMIF 函数。若要使公式返回两个基于条件的值之一，例如某个指定商品的销售量，可以使用 IF 函数。

	A	B
1	名称	销售量
2	羽毛球	21
3	乒乓球	35
4	足球	12
5	篮球	18
6	羽毛球	30

函数简单示例

公　　式	说明（结果）
=COUNTIF(A2:A6,"羽毛球")	计算第一列中"羽毛球"所在单元格的个数（2）
=COUNTIF(B2:B6,">20")	计算第二列中值大于 20 的单元格个数（3）

本例公式说明

本例中的公式为：

=COUNTIF(F3:F20,"电话拜访")

其各个参数值指定 COUNTIF 函数统计从 F3:F20 单元格区域中"电话拜访"的次数。

2. COUNTA 函数

函数用途

返回参数列表中非空值的单元格个数。应用 COUNTA 函数可以计算单元格区域或数组中包含数据的单元格个数。

函数语法

COUNTA(value1,value2,...)

value1,value2, ...：为所要计算的值，参数个数为 1 ~ 30 个。

函数说明

参数值可以是任何类型，可以包括空字符（""），但不包括空白单元格。如果参数是数组或单元格引用，那么数组或引用中的空白单元格将被忽略。如果不需要统计逻辑值、文字或错误值，请应用 COUNT 函数。

	A
1	**数据**
2	江苏大学
3	2012-5-28
4	
5	12
6	13.14
7	FALSE
8	#DIV/0!

函数简单示例

公　　式	说明（结果）
=COUNTA(A2:A8)	计算 A2:A8 单元格区域中非空单元格的个数（6）
=COUNTA(A5:A8)	计算 A5:A8 单元格区域中非空单元格的个数（4）
=COUNTA(A2:A8,2)	计算 A2:A8 单元格区域中非空单元格以及包含数值 2 的单元格个数（7）
=COUNTA(A2:A8,"Two")	计算 A2:A8 单元格区域中非空单元格以及值"Two"的个数（7）

扩展知识点讲解

COUNT 函数

函数用途

返回包含数字以及包含参数列表中的数字的单元格的个数。应用 COUNT 函数可以计算单元格区域或数字数组中数字字段的输入项个数。

函数语法

COUNT(value1,value2,...)

value1,value2,...：为包含或引用各种类型数据的参数（1 ~ 30 个），但只有数字类型的数据才被计算。

函数说明

● 参数值可以是任何类型，可以包括空字符（""），但不包括空白单元格。如果参数是数组或单元格引用，那么数组或引用中的空白单元格将被忽略。如果不需要统计逻辑值、文字或错误值，请应用 COUNT 函数。COUNT 函数在计数时将把数字、日期或以文本代表的数字计算在内，但是错误值或其他的无法转换成数字的文字将被忽略。

● 如果参数是一个数组或引用，那么只统计数组或引用中的数字，数组或引用中的空白单元格、逻辑值、文字或错误值都将被忽略。如果需要统计逻辑值、文字或错误值，请应用 COUNTA 函数。

	A
1	**数据**
2	江苏大学
3	2012-5-28
4	
5	12
6	13.14
7	FALSE
8	#DIV/0!

函数简单示例

公　式	说明（结果）
=COUNT(A2:A8)	计算 A2:A8 单元格区域中包含数字的单元格的个数（3）
=COUNT(A5:A8)	计算 A5:A8 单元格区域中包含数字的单元格的个数（2）
=COUNT(A2:A8,2000)	计算 A2:A8 单元格区域中包含数字的单元格以及包含数值 2000 的单元格的个数（4）
=COUNT(A2:A8,2000,30000)	计算 A2:A8 单元格区域中包含数字的单元格以及包含数值 2000 和数值 30000 的单元格的个数（5）

2.3 客户销售份额分布表

案例背景

了解所有客户在全年的总销售占比情况，统计各个客户销售情况并进行排名。

关键技术点

要实现本案例中的功能，读者应当掌握以下 Excel 技术点。

● RANK 函数　　　New!
● 复合饼图　　　New!

最终效果展示

2006年客户销售份额分布表

序号	客户名称	地址	销售金额	所占比率	排名
1	张明	上海	￥1,200,000.00	10%	1
2	洪培养	南京	￥840,000.00	7%	8
3	蒋叶山	深圳	￥1,100,000.00	9%	3
4	李辉庆	厦门	￥900,000.00	7%	6
5	陆守仕	武汉	￥800,000.00	7%	9
6	李杰	北京	￥1,050,000.00	9%	4
7	吴海生	广州	￥1,180,000.00	10%	2
8	付爱东	西安	￥870,000.00	7%	7
9	萧三元	青岛	￥680,000.00	6%	10
10	江青龙	东莞	￥920,000.00	8%	5
11	周红梅	杭州	￥650,000.00	5%	11
12	苏珊	珠海	￥500,000.00	4%	13
13	李广	沈阳	￥550,000.00	5%	12
14	张飞	太原	￥360,000.00	3%	15
15	吴小冬	哈尔滨	￥410,000.00	3%	14
	合计：		￥12,010,000.00		

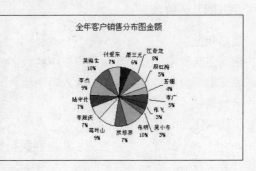

全年客户销售分布图金额

示例文件

光盘\本书示例文件\第 2 章\2-3 客户销售份额分布表.xls

2.3.1 创建客户销售份额分布表

在本案例中重点要实现两个功能：创建客户销售份额分布表和绘制饼图。下面先完成第一个功能，即创建客户销售份额分布表。

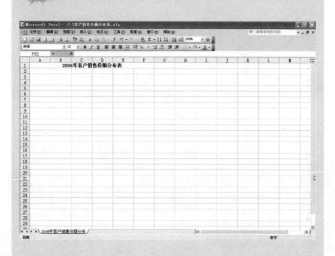

Step 1 创建工作簿、重命名工作表

参阅 1.2 节 Step1 至 Step2 创建工作簿 "2-3 客户销售份额分布表.xls"，然后将工作表重命名为 "2006 年客户销售份额分布表" 并删除多余的工作表。

Step 2 输入表格标题

选中 A1:F1 单元格区域，设置格式 "合并及居中"，然后输入表格标题 "2006 年客户销售份额分布表" 并设置字形为 "加粗"。

Step 3 调整列宽

在 A2:F2 单元格区域输入表单项内容，然后单击 "格式" 工具栏中的 "居中" 按钮 ≡ 设置文本居中显示，并适当地调整表格的列宽。

Step 4　设置货币样式

由于 D 列为"销售金额"，所以可参阅 1.1.2 小节 Step6 设置 D 列货币样式。选中 D 列，右键单击弹出"单元格格式"对话框，选择"数字"选项卡，在"分类"列表框中选择"货币"，然后单击"确定"按钮即可。

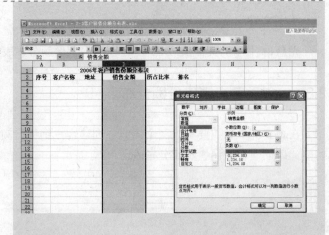

Step 5　设置百分比格式

选中 E 列，右键单击弹出"单元格格式"对话框，选择"数字"选项卡，在"分类"列表框中选择"百分比"，在右侧的"小数位数"里单击文本框右侧的下箭头按钮调整小数位数值为"0"，也可以直接在文本框里输入小数位数"0"，然后单击"确定"按钮。

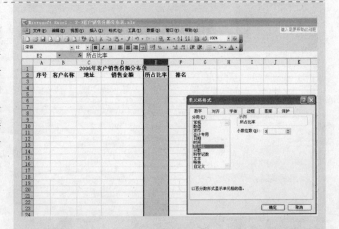

Step 6　输入数据

①在 A3:D17 单元格区域输入相关的数据。设置 A3:C18 单元格区域文本居中显示，D3:D18 单元格区域的格式为"居右"。

②选中 A18:C18 单元格区域，设置格式"合并及居中"，然后输入"合计:"。

③设置 A3:F18 单元格区域的字号为"10"。

	A	B	C	D	E	F	G
1			2006年客户销售份额分布表				
2	序号	客户名称	地址	销售金额	所占比率	排名	
3	1	张明	上海	¥1,200,000.00			
4	2	洪培养	南京	¥840,000.00			
5	3	蒋叶山	深圳	¥1,100,000.00			
6	4	李辉庆	厦门	¥900,000.00			
7	5	陆守仕	武汉	¥800,000.00			
8	6	李杰	北京	¥1,050,000.00			
9	7	吴海生	广州	¥1,180,000.00			
10	8	付爱东	西安	¥870,000.00			
11	9	萧三元	青岛	¥680,000.00			
12	10	江青龙	东莞	¥920,000.00			
13	11	周红梅	杭州	¥650,000.00			
14	12	苏蜀	珠海	¥500,000.00			
15	13	李广	沈阳	¥550,000.00			
16	14	张飞	太原	¥360,000.00			
17	15	吴小冬	哈尔滨	¥410,000.00			
18		合计:		¥12,010,000.00			
19							
20							

Step 7 统计销售金额总额

选中 D18 单元格，在编辑栏中输入以下公式，按<Enter>键确认。
```
=SUM(D3:D17)
```

	A	B	C	D	E	F	G
1			2006年客户销售份额分布表				
2	序号	客户名称	地址	销售金额	所占比率	排名	
3	1	张明	上海	¥1,200,000.00	10%		
4	2	洪培养	南京	¥840,000.00			
5	3	蒋叶山	深圳	¥1,100,000.00			
6	4	李辉庆	厦门	¥900,000.00			
7	5	陆守仕	武汉	¥800,000.00			
8	6	李杰	北京	¥1,050,000.00			
9	7	吴海生	广州	¥1,180,000.00			
10	8	付爱东	西安	¥870,000.00			
11	9	萧三元	青岛	¥680,000.00			
12	10	江青龙	东莞	¥920,000.00			
13	11	周红梅	杭州	¥650,000.00			
14	12	苏蜀	珠海	¥500,000.00			
15	13	李广	沈阳	¥550,000.00			
16	14	张飞	太原	¥360,000.00			
17	15	吴小冬	哈尔滨	¥410,000.00			
18		合计:		¥12,010,000.00			
19							
20							

Step 8 统计所占比率

选中 E3 单元格，在编辑栏中输入以下公式，按<Enter>键确认。
```
=D3/$D$18
```

	A	B	C	D	E	F	G
1			2006年客户销售份额分布表				
2	序号	客户名称	地址	销售金额	所占比率	排名	
3	1	张明	上海	¥1,200,000.00	10%	1	
4	2	洪培养	南京	¥840,000.00			
5	3	蒋叶山	深圳	¥1,100,000.00			
6	4	李辉庆	厦门	¥900,000.00			
7	5	陆守仕	武汉	¥800,000.00			
8	6	李杰	北京	¥1,050,000.00			
9	7	吴海生	广州	¥1,180,000.00			
10	8	付爱东	西安	¥870,000.00			
11	9	萧三元	青岛	¥680,000.00			
12	10	江青龙	东莞	¥920,000.00			
13	11	周红梅	杭州	¥650,000.00			
14	12	苏蜀	珠海	¥500,000.00			
15	13	李广	沈阳	¥550,000.00			
16	14	张飞	太原	¥360,000.00			
17	15	吴小冬	哈尔滨	¥410,000.00			
18		合计:		¥12,010,000.00			
19							
20							

Step 9 统计排名

选中 F3 单元格，在编辑栏中输入以下公式，按<Enter>键确认。
```
=RANK(D3,$D$3:$D$17)
```

	A	B	C	D	E	F	G
1			2006年客户销售份额分布表				
2	序号	客户名称	地址	销售金额	所占比率	排名	
3	1	张明	上海	¥1,200,000.00	10%	1	
4	2	洪培养	南京	¥840,000.00	7%	8	
5	3	蒋叶山	深圳	¥1,100,000.00	9%	3	
6	4	李辉庆	厦门	¥900,000.00	7%	6	
7	5	陆守仕	武汉	¥800,000.00	7%	9	
8	6	李杰	北京	¥1,050,000.00	9%	4	
9	7	吴海生	广州	¥1,180,000.00	10%	2	
10	8	付爱东	西安	¥870,000.00	7%	7	
11	9	萧三元	青岛	¥680,000.00	6%	10	
12	10	江青龙	东莞	¥920,000.00	8%	5	
13	11	周红梅	杭州	¥650,000.00	5%	11	
14	12	苏蜀	珠海	¥500,000.00	4%	13	
15	13	李广	沈阳	¥550,000.00	5%	12	
16	14	张飞	太原	¥360,000.00	3%	15	
17	15	吴小冬	哈尔滨	¥410,000.00	3%	14	
18		合计:		¥12,010,000.00			
19							
20							

Step 10 批量向下填充相邻单元格

选中 E3:F3 单元格区域，将光标移到开始区域 F3 单元格的右下角，当光标变为➕形状时即为填充柄，然后按住鼠标左键不放向下拖曳填充柄至 F17 单元格。

填充完成松开鼠标即可完成公式的填充。

Step 11 设置表格边框

参阅 1.1.2 小节 Step11 设置表格边框。

序号	客户名称	地址	销售金额	所占比率	排名
			2006年客户销售份额分布表		
1	张明	上海	¥1,200,000.00	10%	1
2	洪培养	南京	¥840,000.00	7%	8
3	蒋叶山	深圳	¥1,100,000.00	9%	3
4	李辉庆	厦门	¥900,000.00	7%	6
5	陆守仕	武汉	¥800,000.00	7%	9
6	李杰	北京	¥1,050,000.00	9%	4
7	吴海生	广州	¥1,180,000.00	10%	2
8	付爱东	西安	¥870,000.00	7%	7
9	萧三元	青岛	¥680,000.00	6%	10
10	江青龙	东莞	¥920,000.00	8%	5
11	周红梅	杭州	¥650,000.00	5%	11
12	苏曼	珠海	¥500,000.00	4%	13
13	李广	沈阳	¥550,000.00	5%	12
14	张飞	太原	¥360,000.00	3%	15
15	吴小冬	哈尔滨	¥410,000.00	3%	14
	合计:		¥12,010,000.00		

关键知识点讲解

1. RANK 函数

函数用途

返回一个数字在数字列表中的排位。数字的排位是其大小与列表中其他值的比值（如果列表已排过序，那么数字的排位就是它当前的位置）。

函数语法

RANK(number,ref,order)

参数说明

number：为需要找到排位的数字。

ref：为数字列表数组或对数字列表的引用。ref 中的非数值型参数将被忽略。

order：为一个数字，指明排位的方式。如果 order 为 0 或省略，Excel 对数字的排位是基于 ref 为参照降序排列的列表；如果 order 不为零，Excel 对数字的排位则是基于 ref 为参照升序排列的列表。

函数说明

- RANK 函数对重复数的排位相同。但重复数的存在将影响后续数值的排位。例如在一列按升序排列的整数中如果整数 10 出现两次，其排位为 5，那么 11 的排位则为 7（没有排位为 6 的数值）。

- 出于某些原因，用户可能会考虑重复数字的排位定义。在前面的示例中用户可能要将整数 10 的排位改为 5.5，这可以通过将下列修正因素添加到按排位返回的值来实现。该修正因素对于按照升序计算排位（顺序=非零值）或者按照降序计算排位（顺序=0 或被忽略）的情况都是正确的。

重复数排位的修正因素 = [COUNT(ref)+1–RANK(number,ref,0)–RANK(number,ref, 1)]/2。

在下列的示例中，RANK(A3,A2:A6,1)等于 3。修正因素是(5+1–3–2)/2=0.5，考虑重复数排位的修改排位是 3+0.5=3.5。如果数字仅在 ref 出现一次，由于不必调整 RANK，因此修正因素为 0。

	A
1	数据
2	12
3	5.01
4	5.01
5	16.5
6	3.8

函数简单示例

公　式	说明（结果）
=RANK(A3,A2:A6,1)	5.01 在上表中的升序排位（2）
=RANK(A2,A2:A6,0)	12 在上表中的降序排位（2）

本例公式说明

本例中的公式为：

```
=RANK(D3,$D$3:$D$17)
```

其各个参数值指定 RANK 函数计算 D3 单元格在 D3:D17 单元格区域中按升序排位的位数。

2. 相对引用、绝对引用和混合引用

相对引用

相对引用是指相对于包含公式的单元格的相对位置。例如 B2 单元格包含公式"=A1"，Excel 将在距 B2 单元格上面一个单元格和左面一个单元格处的单元格中查找数值。

在复制包含相对引用的公式时，Excel 将自动调整复制公式中的引用，以便引用相对于当前公式位置的其他单元格。例如 B2 单元格中含有公式"=A1"，A1 单元格位于 B2 单元格的左上方，那么拖动 B2 单元格的填充柄将其复制至 B3 单元格时，其中的公式已经改为"=A2"，即 B3 单元格左上方单元格处的单元格。

绝对引用

绝对引用是指引用单元格的绝对名称。例如将单元格 A1 乘以单元格 A2(=A1*A2)的公式放到 A4 单元格中，现在将公式复制到另一个单元格中，那么 Excel 将调整公式中的两个引用。如果不希望这种引用发生改变，须在引用的"行号"和"列号"的前面加上美元符号($)，这就是单元格的绝对引用。A4 单元格中输入的公式如下：

```
=$A$1*$A$2
```

这样复制 A4 单元格中的公式到任何一个单元格中其值都不会改变。

相对引用与绝对引用的区别主要是在单元格的复制上，相对引用会随单元格的位置变化而变化；而绝对引用在引用的过程中不会随单元格的位置而改变，总是保持原来的列名或行名不变。

混合引用

混合引用是指将两种单元格的引用混合使用，在行名或列名的前面加上符号"$"，该符号后面的位置则是绝对引用。

下面以复制 C5 单元格中的公式为例，比较相对引用和绝对引用的异同。C7、E5 和 E7 单元格中公式的变化情况如下表：

引用类型	C5 单元格中的公式	拖动或复制后的公式		
		C7	E5	E7
相对引用	=A1	=A3	=C1	=C3
绝对引用	=$A$1	=$A$1	=$A$1	=$A$1
混合引用	=$A1	=$A3	=$A1	=$A3
	=A$1	=A$1	=C$1	=C$3

相对引用与绝对引用之间的切换

如果创建了一个公式并希望将相对引用更改为绝对引用(反之亦然)，其操作步骤如下。

步骤 1：选定包含该公式的单元格。

步骤 2：在编辑栏中选择要更改的引用并按<F4>键。

步骤 3：每次按<F4>键时 Excel 会在以下组合间切换：

①绝对列与绝对行(例如$A$1)。

②相对列与绝对行(A$1)。

③绝对列与相对行($C1)。

④相对列与相对行(C1)。

例如在公式中选择地址$A$1 并按 F4 键，引用将变为 A$1；再一次按 F4 键，引用将变为$A1。依次类推，如下图所示。

= =$A$1*$A$2	= =A$1*$A$2	= =$A1*$A$2	= =A1*$A$2
按 1 次 F4 键	按 2 次 F4 键	按 3 次 F4 键	按 4 次 F4 键

我们在前面已讨论过单元格之间的引用过程。其实在工作表之间也可以建立引用，只要在引用的过程中加上标签即可。例如要对工作表 Sheet1 中的 A1 单元格与工作表 Sheet2 中的 A2 单元格求和，结果放到工作表 Sheet3 中的 A1 单元格中。此时可以直接在工作表 Sheet3 中的 A1 单元格中输入"=SUM（Sheet1!A1,Sheet2!A2）"，然后按<Enter>键求得结果。在工作表之间引用也可以利用直接选取的方法，即在输入公式的过程中切换到相应的工作表中，然后选取单元格或单元格区域即可。

在公式中合理地利用上述单元格、工作表之间的引用形式可以使公式变得简单，并且使用起来也非常方便。

2.3.2 绘制饼图

Step 1 选择图表类型

①选中 B2:B17 单元格区域，然后按住<Ctrl>键不放同时选中 D2:D17 单元格区域。

②单击"常用"工具栏中的"图表向导"按钮弹出"图表向导－4 步骤之1－图表类型"对话框，在左侧的"图表类型"列表框中选择"饼图"，在右侧的"子图表类型"中选择默认的"饼图"，然后单击"下一步"按钮。

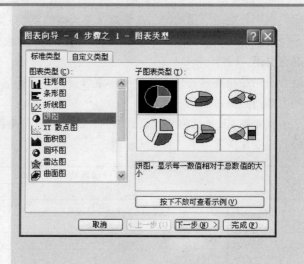

Step 2 选择图表源数据

在弹出的"图表向导－4 步骤之 2－图表源数据"对话框中由于在 Step1 中已经选择了图表源所在的单元格区域,所以在这个对话框中可以不用再选择数据区域。

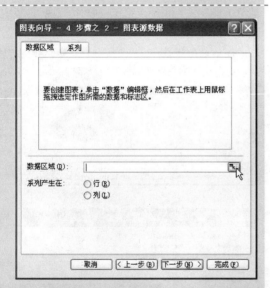

如果事先没有选择绘制图表的源数据区域,在该对话框中则需要单击"数据区域"右侧的"折叠"按钮。

弹出"数据区域:"选项框。

拖动鼠标选择源数据所在的 B2:B17 单元格区域,然后按住<Ctrl>键不放同时选中 D2:D17 单元格区域。

这时在"数据区域:"选项框内会出现"='2006 年客户销售份额分布'!$B$2:$B$17,'2006 年客户销售份额分布'!$D$2:$D$17"。

数据源区域确定后单击"数据区域:"选项框右侧的"展开"按钮返回"源数据"对话框，然后单击"下一步"按钮。

Step 3 配置"图表选项"

在弹出的"图表向导-4 步骤之 3-图表选项"对话框中单击"标题"选项卡，在"图表标题"文本框中输入图表名称"全年客户销售分布图金额"，然后单击"下一步"按钮。

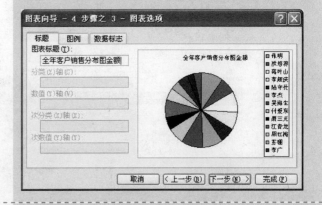

Step 4 设置"图表位置"

在弹出的"图表向导-4 步骤之 4-图表位置"对话框中选择默认的"作为其中的对象插入"，然后单击"完成"按钮。

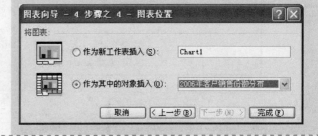

这样一张简单的饼图就创建好了。

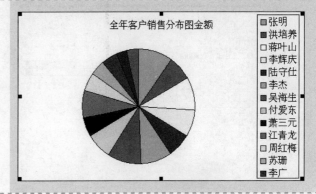

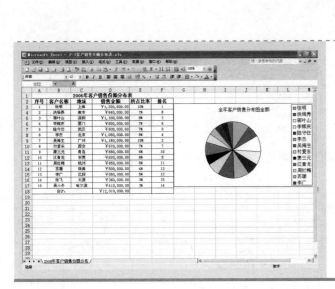

Step 5 拖曳饼图至适当的位置

新建的饼图可能会覆盖含有数据的
单元格区域，为此可在图表区单击，按住
鼠标左键不放，然后拖曳饼图至合适的位
置松开鼠标即可。

2.3.3 设置饼图格式

简单的饼图已经绘制完毕，但是看起来并不是很美观，接下来要对饼图的图例、数据标签和
数据标志等进行设置。

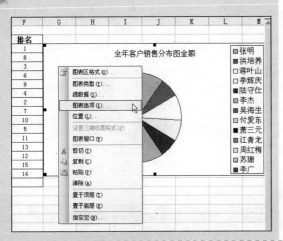

Step 1 取消显示"图例"

右键单击饼图的图表区，从弹出的快
捷菜单中选择"图表选项"。

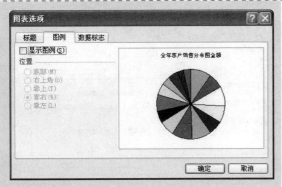

在弹出的"图表选项"对话框中单击
"图例"选项卡，然后取消勾选"显示图
例"复选框。

Step 2 设置数据标签

　　单击"图表选项"对话框中的"数据标志"选项卡，在"数据标签包括"组合框中勾选"类别名称"和"百分比"两个复选框，然后单击"确定"按钮。

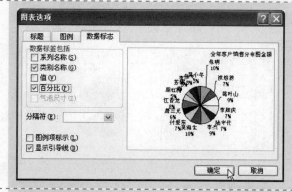

Step 3 设置饼图的扇区起始角度

　　双击饼图，在弹出的"数据系列格式"对话框中单击"选项"选项卡，单击"第一扇区起始角度"后面的数值调节钮可以改变扇区起始角度，或者直接输入度数，比如"127"度，然后单击"确定"按钮。

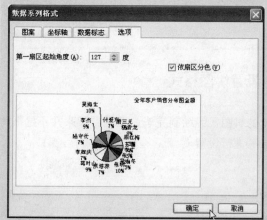

Step 4 设置数据标志字体样式和大小

　　①在设置好数据标签的饼图中单击任意一个数据标志，此时所有的数据标志都会被选中，四周会出现很多的黑色句柄，然后右键单击，在弹出的快捷菜单中选择"数据标志格式"。

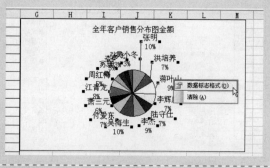

　　②在弹出的"数据标志格式"对话框中单击"字体"选项卡，然后在"字体"下拉列表框中默认选择"宋体"，在"字号"下拉列表框中选择"8"。

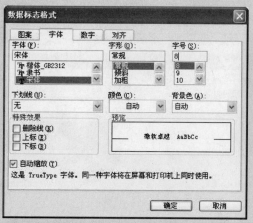

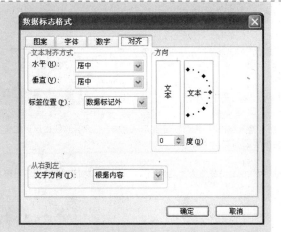

Step 5　设置数据标签位置

在"数据标志格式"对话框中单击"对齐"选项卡，在"标签位置"文本框中单击右侧的下箭头按钮 ▾，选择"数据标记外"，然后单击"确定"按钮。

至此图表格式修改完毕。

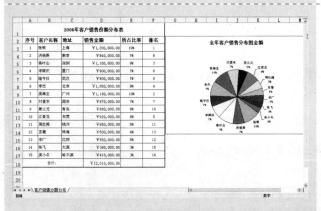

Step 6　隐藏网格线

参阅 1.3 节 Step15 隐藏网格线，设置后的效果如图所示。

 技巧　拉出饼图数据标签的引导线

单击选中饼图的数据标志，停顿片刻再单击某个数据标志向外拖曳就可以将小扇形区域的数据标志分开，并拉出引导线。

技巧　拉出饼图的某个扇形区域

单击选中饼图，停顿片刻再单击某个扇形区向外拖曳就可以将该扇形区从饼图中拖曳出来。

技巧　放大或者缩小饼图

单击选中饼图外侧的绘图区，将鼠标移至绘图区的 4 个顶点的任意一个之上，然后向外拉即可放大饼图，反之向里拉即可缩小饼图。

技巧　使用公式时返回的错误信息及解决的方法

在输入公式的过程中可能会出现各种错误。当输入有错时，Excel 会显示一个错误信息，这些错误可能是由很多因素引起的。下面介绍一下返回的错误信息及解决的办法。

● 错误值为 "####"

该错误信息表示单元格中的数据太长或公式中产生的结果值太大，以至于单元格不能将信息完全显示出来。解决的办法就是调整列宽，以使内容能完全显示。

● 错误值为 "#DIV/0"

该错误信息表示公式中的除数为 0，或者公式中的除数为空单元格。解决的办法就是修改除数或者填写除数所引用单元格中的值。

● 错误信息为 "#NAME?"

该错误信息表示公式中引用了一个无法识别的名称。当删除一个公式正在使用的名称或者使用文本中有不相称的引用时，也会返回这种错误信息。

● 错误值为 "#NULL!"

该错误信息表示在公式或函数中使用了不正确的区域运算或者不正确的单元格引用。例如余弦值只能在 "+1" 和 "–1" 之间，在求反余弦函数值时若超出了这个范围就会显示该信息。

● 错误值为 "#NUM!"

该错误信息表示在需要数字参数的函数中使用了不能接受的参数；或者公式计算的结果太大、太小，无法表示。

● 错误值为 "#REF!"

该错误信息表示公式中引用了一个无效的单元格。公式中的单元格被删除或者引用的单元格被覆盖后，公式所在的单元格就会显示这样的信息。

● 错误值为 "#VALUE"

该错误信息表示公式中含有一个错误类型的参数或者操作数。操作数是公式中用来计算结果的数值或单元格引用。

以上就是 Excel 中公式使用时常见的错误提示信息及解决的办法。当单元格出现错误时，其左上角会出现一个绿色的小三角，选中单元格后附近会出现一个小图标，单击该图标会弹出相应的菜单，该菜单上列出了改正错误的方案。

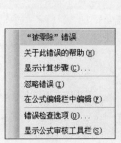
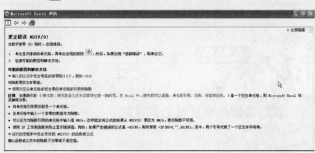

2.4　客户等级分析

案例背景

企业若是走 KA 渠道的销售模式，会存在各种类型的门店，根据各门店的销售数据对门店进行等级的划分就显得尤为必要。那么如何划分呢？假设 "销售大于 50000 的为 A 类门店，销售大于 30000 且小于 50000 的为 B 类门店，销售大于 20000 且小于 30000 的为 C 类门店，销售大于

10000 且小于 20000 的为 D 类门店，销售小于 10000 的为 E 类门店"，按此划分方法，便于业务
员更有针对性地对门店进行拜访和客情维护。

关键技术点

要实现本案例中的功能，读者应当掌握以下 Excel 技术点。

● IF 函数的应用　　　　New!

● LEFT 函数的应用，COUNTIF 函数与 LEFT 函数的结合应用　　　　New!

● 分步查看公式计算结果　　　　New!

● 保护和隐藏工作表中的公式　　　　New!

● 神奇的 F9 键　　　　New!

● 快速填充公式

最终效果展示

序号	门店名称	所在城市	销售金额	等级			
1	家乐福杭州涌金店	杭州	92,622.10	A			
2	家乐福南京大行宫店	南京	59,793.10	A		门店等级统计	
3	家乐福上海古北店	上海	54,860.00	A		A类门店数	3
4	家乐福上海金桥店	上海	35,991.54	B		B类门店数	3
5	家乐福上海联洋店	上海	21,482.37	C		C类门店数	6
6	家乐福上海南方店	上海	4,630.00	E		D类门店数	13
7	家乐福上海七宝店	上海	6,918.00	E		E类门店数	14
8	家乐福上海曲阳店	上海	1,023.00	E		合计：	39
9	家乐福苏州店	苏州	13,849.00	D			
10	家乐福新里程店	上海	2,205.00	E			
11	家乐福杭州涌金店	杭州	30,704.00	B			
12	家乐福南京大行宫店	南京	10,868.00	D			
13	家乐福上海古北店	上海	9,337.00	E			
14	家乐福上海金桥店	上海	12,396.00	D			
15	家乐福上海联洋店	上海	13,115.00	D			
16	家乐福上海南方店	上海	1,958.00	E			
17	家乐福上海七宝店	上海	464.00	E			
18	家乐福上海曲阳店	上海	13,082.15	D			
19	家乐福苏州店	苏州	15,352.88	D			
20	家乐福新里程店	上海	3,308.00	E			
21	家乐福杭州涌金店	杭州	3,222.29	E			
22	家乐福南京大行宫店	南京	3,122.94	E			
23	家乐福上海古北店	上海	16,274.00	D			
24	家乐福上海金桥店	上海	26,819.00	C			
25	家乐福上海联洋店	上海	726.91	E			
26	家乐福上海南方店	上海	14,886.00	D			
27	家乐福上海七宝店	上海	4,609.00	E			
28	家乐福上海曲阳店	上海	2,214.09	E			
29	家乐福苏州店	苏州	34,561.00	B			
30	家乐福新里程店	上海	23,456.00	C			
31	家乐福杭州涌金店	杭州	15,689.00	D			
32	家乐福南京大行宫店	南京	14,731.00	D			
33	家乐福上海古北店	上海	16,241.00	D			
34	家乐福上海金桥店	上海	19,872.00	D			
35	家乐福上海联洋店	上海	21,069.00	C			
36	家乐福上海南方店	上海	21,055.00	C			
37	家乐福上海七宝店	上海	14,090.00	D			
38	家乐福上海曲阳店	上海	9,861.00	E			
39	家乐福苏州店	苏州	20,100.00	C			

示例文件

光盘\本书示例文件\第 2 章\客户等级分析表.xls

2.4.1　创建客户等级分析表

在本案例中重点要实现两个功能：创建客户等级分析表和创建门店等级统计表。下面先完成第一个功能，即创建客户等级分析表。

Step 1　创建工作簿、重命名工作表

参阅 1.2 节 Step1 至 Step2，创建工作簿"客户等级分析表.xls"，然后将工作表重命名为"客户等级分析"并删除多余的工作表。

Step 2　输入单元格标题

在 A1:E1 单元格区域输入各个字段的标题名称，并设置字形为"加粗"，文本对齐方式为"居中"，然后适当地调整表格的列宽。

Step 3　输入表格数据

在 A2:D40 单元格区域输入表格数据。

Step 4　调整单元格格式

　　①选中 D 列，右键单击弹出"单元格格式"对话框，单击"数字"选项卡，在"分类"列表框中选择"数值"，在"小数位数"里选择默认的值"2"，勾选"使用千位分隔符"复选框，然后单击"确定"按钮。

　　②选中 A1:A40、C1:C40 单元格区域，然后单击"格式"工具栏中的"居中"按钮 ≡ 使文字居中显示。

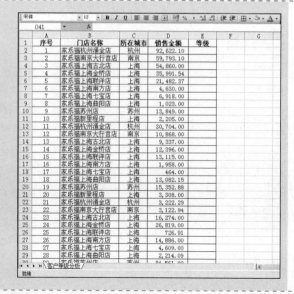

Step 5　设置表格边框

　　选中 A1:E40 单元格区域，单击"常用"工具栏中的"边框"按钮 ⊞ 右侧的下箭头按钮，然后在弹出的下拉面板中选择"所有框线"为单元格区域设置边框。

Step 6　计算等级

选中 E2 单元格，在编辑栏中输入以下公式，按<Enter>键确认。
`=IF(D2>50000,"A",IF(D2>30000,"B",IF(D2>20000,"C",IF(D2>10000,"D","E"))))`

Step 7　自动填充公式

选中 E2 单元格，将光标移到 E2 单元格的右下角，按住鼠标左键不放向下拖曳填充柄至 E40 单元格，然后松开鼠标即可完成公式的填充。单击"格式"工具栏中的"居中"按钮 ≡ 设置 E 列文本居中显示。

关键知识点讲解

IF 函数

函数用途
执行真假值判断后，根据逻辑测试的真假值返回不同的结果。

函数语法
IF(logical_test,value_if_true,value_if_false)

参数说明

logical_test：表示计算结果为 TRUE 或 FALSE 的任意值或表达式。本参数可以使用任何一个比较运算符。

value_if_true：显示在 logical_test 为 TRUE 时返回的值，value_if_true 也可以是其他公式。

value_if_false：显示在 logical_test 为 FALSE 时返回的值。value_if_false 也可以是其他公式。

简言之，如果第一个参数 logical_test 返回的结果为真的话，则执行第 2 个参数 value_if_true 的结果，否则执行第 3 个参数 value_if_false 的结果。

函数说明

● IF 函数也称之为条件函数。它的应用很广泛，可以应用 IF 函数对数值和公式进行条件检测。

● IF 函数可以嵌套 7 层，使用 value_if_false 及 value_if_true 参数可以构造复杂的检测条件。

函数简单示例

（1）输出带有公式的空白表单

以上图中所示的人事状况分析表为例，由于各个部门关于人员的组成情况的数据尚未填写，因此E2 单元格中的公式为：

	A	B	C	D	E
1		管理科	计划科	开发科	总计
2	高级职称				
3	中级职称				
4	初级职称				
5	见习期				

`=SUM(B2:D2)`

单元格 E2=0，表格打印出来页面不美观。这时可以应用 IF 函数改写 0 值，即将"总计"栏中的公式改写成：

`=IF(SUM(B2:D2), SUM(B2:D2), "")`

如果 SUM(B2:D2)不等于零，则在单元格中显示 SUM(B2:D2)的结果，否则显示空字符串，此时 E2 单元格为空。

说明：

①SUM(B2:D2)不等于零的正规写法是 SUM(B2:D2)<>0，在 Excel 中可以省略<>0。

②""表示字符串的内容为空，因此执行的结果是在单元格中不显示任何字符。

（2）不同的条件返回不同的结果

IF 函数的应用范围非常广泛。比如在成绩表中可以根据不同的成绩区分合格与不合格。

某班级的成绩如上图所示，为了做出最终的综合评定，设定按照平均分判断该学生的成绩是否合格。如果各科平均分超过 60 分则认定合格，否则记作不合格。

	A	B	C	D	E
1		Tom	Alieena	Mike	Jerry
2	语文	98	78	84	53
3	数学	95	76	85	40
4	英语	88	89	76	73
5	政治	89	81	74	70
6	平均分	92.5	81	79.75	59
7	综合评定	合格	合格	合格	不合格

根据这一规则，在"综合评定"的 B7 单元格输入以下公式：

`=IF(B6>60, "合格", "不合格")`

语法解释：如果 B6 单元格的值大于 60，则执行第 2 个参数，即在 B7 单元格中显示"合格"；否则执行第 3 个参数，即在 B7 单元格中显示"不合格"。

在"综合评定"栏中可以看到由于 E 列的同学的各科的平均分为 59 分，因此"综合评定"为"不合格"。其余的均为"合格"。

（3）多层嵌套函数的应用

在上例中只是简单地将成绩区分为"合格"与"不合格"，而在实际应用中成绩通常有很多等级，如优、良、中、及格、不及格等，这可以应用 IF 函数的多层嵌套功能来实现。在这里仍以上例为例，设定"等级评定"的规则为当各科平均分超过90 时评定为优秀。

	A	B	C	D	E
1		Tom	Alieena	Richard	Jerry
2	语文	90	80	83	55
3	数学	91	76	84	48
4	英语	89	88	75	80
5	物理	96	82	70	70
6	平均分	91.5	81.5	78	53
7	综合评定	合格	合格	合格	不合格
8	等级评定	A	B	C	E

在"等级评定"B8 单元格中输入公式：

`=IF(B6>90,"A",IF(B6>80,"B",IF(B6>70,"C",IF(B6>60,"D","E"))))`

语法解释：如果"B6>90"则输出"A"；否则执行第 2 个参数，这里为嵌套函数，继续判断，如果"B6>80"则输出"B"；不满足则继续判断，如果"B6>70"，则输出"C"；不满足则继续判断，如果"B6>60"则输出"D"；如果 B6 单元格的值按以上条件都不满足则执行第 3个参数，即在 B8 单元格中显示"E"。

在这里可以看到 Tom、Alieena、Richard、Jerry 的"等级评定分"别为 A、B、C、E。

本例公式说明

本例中的公式为：

`=IF(D2>50000,"A",IF(D2>30000,"B",IF(D2>20000,"C",IF(D2>10000,"D","E"))))`

其各个参数值指定 IF 函数，如果 "D2>5000" 则输出 "A"；如果 "D2>30000" 则输出 "B"；如果 "D2>20000" 则输出 "C"；如果 "D2>10000" 则输出 "D"，否则输出 "E"。

扩展知识点讲解

1．AND 函数

函数用途

此函数是 Excel 逻辑函数中较为常用的函数之一。当所有参数的逻辑值为真时，它返回 TRUE；只要有一个参数的逻辑值为假，则返回 FALSE。

函数语法

AND(logical1,logical2, ...)

logical1,logical2, ...：表示待检测的 1～30 个条件值，各个条件值可以为 TRUE 或 FALSE。

函数说明

- 参数必须是逻辑值 TRUE 或 FALSE，或者是包含逻辑值的数组或引用。
- 如果数组或者引用参数中包含文本或空白单元格，这些值将被忽略。
- 如果指定的单元格区域内包括非逻辑值，AND 将返回错误值#VALUE!。

	A
1	10
2	50

函数简单示例

公　式	说明（结果）
=AND(TRUE,TRUE)	所有参数的逻辑值为真，所以结果为真（TRUE）
=AND(TRUE,FALSE)	两个参数中的一个的逻辑值为假，结果为假（FALSE）
=AND(A1<20,A2>20)	所有参数的逻辑值为真，所以结果为真（TRUE）
=AND(A1>15,A2<20)	两个参数的逻辑值为假，结果为假（FALSE）

本例公式说明

AND 函数一般不单独应用，而是作为嵌套函数与 IF 函数一起应用，如下例：

`=IF(AND(A2-B2<=30,A2-B2>0),A2-B2,0)`

公式中应用了 AND 函数来同时判断以下两个表达式。

（1）A2 与 B2 单元格值的差是否小于等于 30。

（2）A2 与 B2 单元格值的差是否大于 0。

如果以上两个表达式的结果都为 TRUE，那么 AND 函数返回的值为 TRUE，否则为 FALSE。由 AND 函数返回的值作为 IF 函数的条件判断依据，最后返回不同的结果。如果判断成立就返回 A2 与 B2 单元格值的差，否则返回零值。

2．逻辑运算

逻辑判断是指一个有具体意义，并能判定真或假的陈述语句。它是函数公式的基础，不仅关系到公式的正确与否，也关系到解题思路的简繁。只有逻辑条理清晰，才能写出简洁有效的公式。

常用的逻辑关系有 3 种，即"与"、"或"、"非"。

在 Excel 中逻辑值只有两个，分别是 TRUE 和 FALSE，它们代表"真"和"假"，用数字表示的话可以分别看做是 1（或非零数字）和 0。

Excel 中用于逻辑运算的函数主要有 AND 函数、OR 函数和 NOT 函数。

AND 函数正是逻辑值之间的"与"运算。

多个逻辑值在进行"与"运算时具体结果为：

```
TRUE*TRUE=1*1=1
TRUE*FALSE=1*0=0
```

即真真得真，真假得假。

3. OR 函数

函数用途

此函数是 Excel 逻辑函数中较为常用的函数之一。当在其参数组中至少有一个参数逻辑值为 TRUE 时即返回 TRUE，全部参数的逻辑值为 FALSE 时即返回 FALSE。

函数语法

OR(logical1,logical2,...)

logical1，logical2,...：为需要进行检验的 1～30 个条件，分别为 TRUE 或 FALSE。

函数说明

- 参数必须能计算为逻辑值，如 TRUE 或 FALSE，或者为包含逻辑值的数组或引用。
- 如果数组或引用参数中包含文本或空白单元格，这些值将被忽略。
- 如果指定的区域中不包含逻辑值，OR 函数返回错误值#VALUE!。

OR 函数正是逻辑值之间的"或"运算。

多个逻辑值在进行"或"运算时具体结果为：

```
TRUE+TRUE=1+1=2
TRUE+FALSE=1+0=1
```

	A
1	15
2	56

即真真得真，真假得真。

函数简单示例

公　式	说明（结果）
=OR(TRUE, TRUE)	所有参数的逻辑值为真，所以结果为真（TRUE）
=OR(TRUE, FALSE)	两个参数中的一个的逻辑值为真，结果为真（TRUE）
=OR(A1<20,A2>20)	所有参数的逻辑值为真，所以结果为真（TRUE）
=OR(15<A1,A2>20)	两个参数中的一个的逻辑值为真，结果为真（TRUE）
=OR(15<A1,A2<20)	两个参数中的逻辑值都为假，结果为假（FALSE）

4. NOT 函数

函数用途

此函数是 Excel 逻辑函数中较为常用的函数之一，用于对参数值求反。当要确保一个值不等于某一个特定值时，可以应用 NOT 函数。

函数语法

NOT(logical)

logical：为一个可以计算出 TRUE 或者 FALSE 的逻辑值或逻辑表达式。

函数说明

● 参数必须能计算为逻辑值，如 TRUE 或 FALSE，或者为包含逻辑值的数组或引用。

● 如果数组或引用参数中包含文本或空白单元格，这些值将被忽略。

NOT 函数正是逻辑值之间的"非"运算。

逻辑值在进行"非"运算时具体结果为：

	A
1	15
2	56

```
NOT(TRUE)=FALSE
NOT(FALSE)=TRUE
```

函数简单示例

公　　式	说明（结果）
=NOT(OR(TRUE, TRUE))	参数的逻辑值为真，所以结果为假（FALSE）
= NOT(A1<20)	参数的逻辑值为真，所以结果为假（FALSE）
=NOT(AND(15<A1,A2<20))	参数的逻辑值为假，所以结果为真（TRUE）

2.4.2　创建门店等级统计表

Step 1　输入单元格标题

选中 G3:H3 单元格区域，设置格式为"合并及居中"，输入标题名称，然后适当地调整表格列宽。

Step 2　输入数据

在 G4:G9 单元格区域输入各个字段的标题名称，并设置文本居中显示。

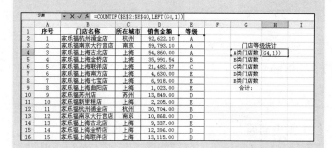

Step 3 统计门店等级

选中 H4 单元格,在编辑栏中输入以下公式,按<Enter>键确认。
=COUNTIF($E$2:$E$40,LEFT(G4,1))

Step 4 自动填充公式

①参阅 2.4.1 小节 Step7,向下拖曳 H4 单元格右下角的填充柄至 H8 单元格完成公式的填充。
②单击"格式"工具栏中的"居中"按钮 ☰ 设置 H 列文本居中显示,至此 H4:H8 单元格区域统计完门店的等级。

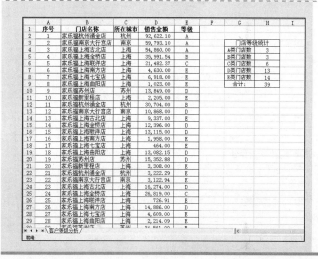

Step 5 统计门店总数

①选中 H9 单元格,在编辑栏中输入以下公式,按<Enter>键确认。
=SUM(H4:H8)
②选中 G3:H9 单元格区域,设置表格的边框。

关键知识点讲解

LEFT 函数

函数用途
基于所指定的字符数返回文本字符串中的第一个或前几个字符。

函数语法

LEFT(text，num_chars)

text：包含要提取字符的文本字符串。

num_chars：指定要由 LEFT 所提取的字符数。

函数说明

● num_chars 必须大于或等于 0。

● 如果 num_chars 大于文本长度，LEFT 则返回所有的文本。

● 如果省略 num_chars，则默认其为 1。

	A
1	**数据**
2	The People's Republic of China
3	University

函数简单示例

公　　式	说明（结果）
=LEFT(A2,5)	第 1 个字符串中的前 4 个字符（The P）
=LEFT(A3)	第 2 个字符串中的第 1 个字符（U）

本例公式说明

本例中的公式为：

```
=COUNTIF($E$2:$E$40,LEFT(G4,1))
```

本例中为 COUNTIF 函数与 LEFT 函数的结合应用。

首先 LEFT(G4,1)输出 G4 字符串中的第一个字符，即"A"。本例公式可简化为：

```
=COUNTIF($E$2:$E$40,A)
```

其各个参数值指定 COUNTIF 函数从 E2:E40 单元格区域中提取"A"出现的次数。

技巧 对嵌套公式进行分步求值

　　因为存在若干个中间计算和逻辑测试，因此有的时候计算嵌套公式的最终结果很困难。通过使用"公式求值"对话框，可以按计算公式的顺序查看嵌套公式的不同求值部分。在下例中是查看函数的中间结果。

函数简单示例

```
=IF(AVERAGE(A1:A5)>50,SUM(A1:A5),0)
```

A6	▼	f_x	=IF(AVERAGE(A1:A5)>40,SUM(A1:A5),0)			
	A	B	C	D	E	F
1	55					
2	25					
3	34					
4	46					
5	30					
6	0					

对话框中显示的步骤	说　　明
=IF(AVERAGE(A1:A5)>40,SUM(A1:A5),0)	最先显示的是此嵌套公式。AVERAGE 函数和 SUM 函数嵌套在 IF 函数内
=IF(38>40,SUM(G2:G5),0)	A1:A5 单元格区域包含值 55、25、34、46 和 30，因此 AVERAGE(A1:A5) 函数的结果为 38
=IF(False,SUM(G2:G5),0)	38 不大于 40，因此 IF 函数的第一个参数（logical_test 参数）中的表达式为 False
0	IF 函数返回第 3 个参数（value_if_false 参数）的值 SUM 函数不会得到计算，因为只有当表达式为 True 时才会返回 IF 函数的第 2 个参数（value_if_true 参数）

说明

（1）选择要求值的单元格。一次只能对一个单元格进行求值。

（2）单击菜单"工具"→"公式审核"→"公式求值"弹出"公式求值"对话框。

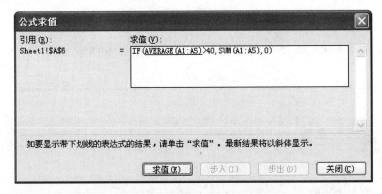

（3）单击"求值"以检查带下划线的引用的值。求值结果将以斜体显示。

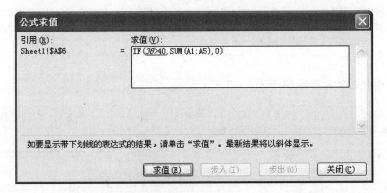

如果公式的下划线部分是对其他公式的引用，可单击"步入"按钮以在"求值"框中显示其他公式。单击"步出"按钮将返回以前的单元格和公式。

（4）继续操作，直到公式的每一部分都已求值完毕。

（5）若要再次查看计算过程，可单击"重新启动"按钮。

（6）若要结束求值，可单击"关闭"按钮。

注释：当引用第 2 次出现在公式中，或者公式引用了另外一个工作簿中的单元格时，"步入"按钮不可用。

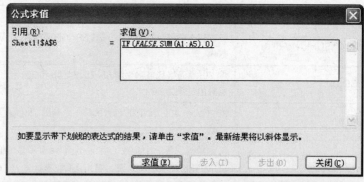

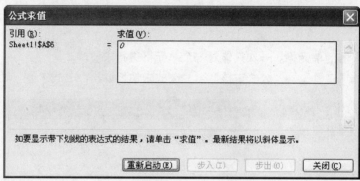

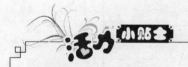

技巧 神奇的<F9>键

　　对嵌套公式进行分步求值时，更简便的方法是：双击含有公式的单元格，选定公式中需要获得值的那部分公式，然后按<F9>键，Excel 就会将被选定的部分替换成计算的结果，按<Ctrl+Z>组合键可以恢复刚才的替换。如果选定的是整个公式的话，就可以看到最后的结果。

技巧 保护和隐藏工作表中的公式

　　单击编辑有公式的单元格，选择菜单"格式"→"单元格"，在弹出的"单元格格式"窗口中选择"保护"选项卡，勾选"隐藏"复选框，然后单击"确定"按钮。

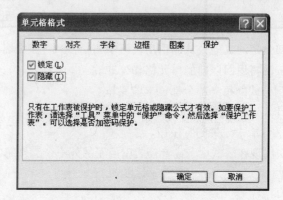

选择菜单"工具"→"保护"→"保护工作表",在弹出的"保护工作表"对话框中选中所有的复选框,在"取消工作表保护时使用的密码"文本框中设置密码,然后单击"确定"按钮。

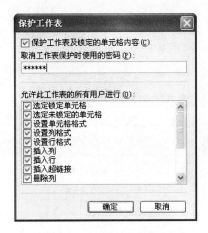

弹出"确认密码"对话框,在"重新输入密码"文本框中再次输入设置的密码,这样当单元格被选中时公式就不会出现在编辑栏中。

第 **3** 章　销售业务管理

　　随着市场竞争的日益激烈，众多企业在战略和战术上愈加关注彼此之间的互补与协调，然而一项好的决策、一个策划周密的方案，在许多企业的实际市场操作过程中却显得那么乏力，执行的结果往往与预期目标相差甚远。为什么会出现这种结局？大量的实践资料证明，一个企业仅拥有一个好的决策和方案是远远不够的，更重要的是要让每个销售业务员去不折不扣地执行。执行是关键，没有执行一切都是空谈。

3.1　业务组织架构图

案例背景

企业进行组织构架设计，是为了达到企业总体业务分工的目的。组织构架设计的成功与否，关键是能否体现组织管理的协同性和集中性。在企业成长的不同阶段需要适时地调整企业架构，以灵活应对企业存在的现实问题。本节介绍如何使用 Excel 制作公司组织架构图。

关键技术点

要实现本案例中的功能，读者应当掌握以下 Excel 技术点。

● 　插入艺术字　　　　New!
● 　组织结构图　　　　New!

最终效果展示

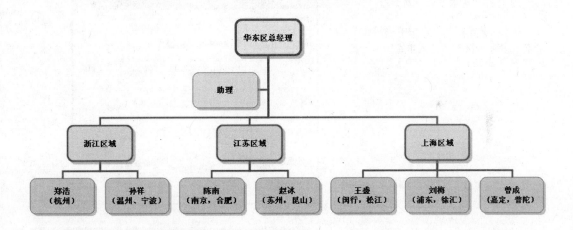

示例文件

光盘\本书示例文件\第 3 章\业务组织架构图.xls

3.1.1　插入艺术字

在本案例中重点要实现两个功能：插入艺术字和创建组织结构图。下面先完成第一个功能，即插入艺术字。

一份目录要想吸引人的注意力必须要有一个醒目的标题，为此可以插入一行作为标题行。

Step 1 创建工作簿、重命名工作表

参阅 1.2 节 Step1 至 Step2，创建工作簿"业务组织架构图.xls"，然后将工作表重命名为"业务组织架构图"并删除多余的工作表。

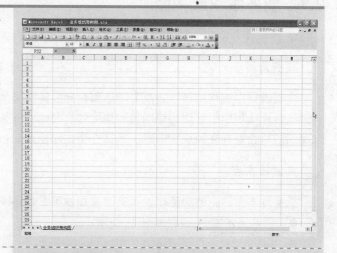

Step 2 打开"艺术字"工具栏

单击菜单"视图"→"工具栏"→"艺术字"菜单项打开"艺术字"工具栏。

Step 3 打开"艺术字库"对话框

单击"艺术字"工具栏中的"插入艺术字"按钮 打开"艺术字库"对话框。

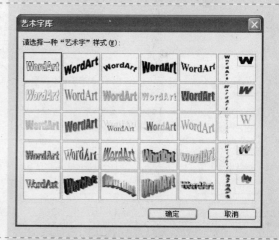

Step 4 编辑"艺术字"

①选择所需的艺术字样式，单击"确定"按钮进入"编辑'艺术字'文字"对话框。

②在"文字"文本框中输入需要编辑的艺术字"华东区业务组织架构图"。

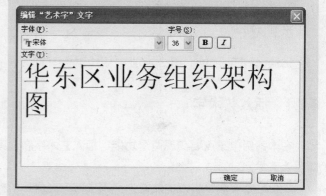

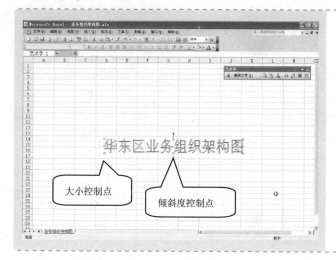

Step 5 插入"艺术字"

　　单击"确定"按钮，艺术字就会出现在工作簿中央位置。单击艺术字，这时其周围会出现控制点，说明艺术字处于激活状态。

技巧 调整文本大小和倾斜度

　　对控制点的操作是将光标移近控制点，当光标变为 ←→ 形状时按住鼠标左键不放拖曳到达合适的位置后松开即可实现对文本大小的调整。

　　在调整艺术字的旋转角度时是按照顺时针的方向进行的，且以指针为旋转中心，虚线为旋转后的位置。若要对艺术字的倾斜度进行调节，则可将光标放在菱形控制点上左右移动，合适后松开鼠标即可。

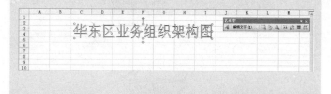

Step 6 移动"艺术字"

　　将光标移入文本的中央，当光标变为 形状时按住鼠标左键不放，拖动艺术字至合适的位置松开鼠标即可。

Step 7 格式化"艺术字"

　　①单击"艺术字"工具栏中的"设置艺术字格式"按钮 打开"设置艺术字格式"对话框，切换到"颜色与线条"选项卡。

　　②单击"填充"组合框中的"颜色"右侧的下箭头按钮，在弹出的下拉列表中选中"填充效果"选项打开"填充效果"对话框。

③在"填充效果"对话框中切换到"渐变"选项卡。

④在"颜色"组合框中选中"双色"单选按钮，在"颜色1"下拉列表中选择"灰度-25%"，在"颜色2"下拉列表中选择"白色"。

⑤单击"确定"按钮返回"设置艺术字格式"对话框，然后单击"确定"按钮即可完成设置。

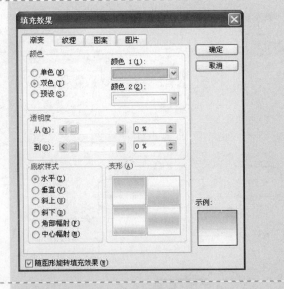

Step 8 打开"三维设置"工具栏

单击"格式"工具栏中的"绘图"按钮 ，在工作表标签下方会出现"绘图"工具栏，然后单击"绘图"工具栏右侧的"三维效果样式"按钮 打开"三维设置"工具栏。

Step 9 设置三维格式

①单击"三维设置"工具栏中的"深度"按钮 设置艺术字的拖尾长度，在这里，在"自定义"右侧的文本框中输入"18"。

②按<Enter>键返回"三维设置"工具栏。

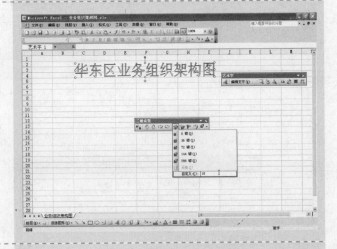

③单击"三维设置"工具栏中的"方向"按钮 设置艺术字的阴影方向。

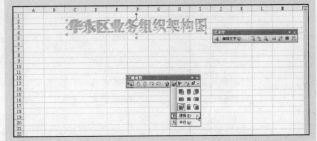

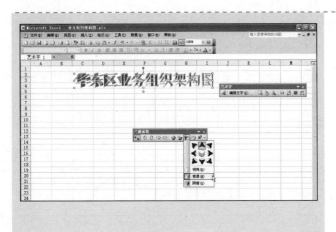

④单击"三维设置"工具栏中的"照明角度"按钮 进行照明角度和光强的选择。

3.1.2 创建组织结构图

上一小节完成了插入艺术字的操作，本小节创建组织结构图。

Step

Step 1 打开"图示库"对话框

①在"绘图"工具栏中单击"插入组织结构图或其他图示"按钮 弹出"图示库"对话框。
②单击"组织结构图"图示。

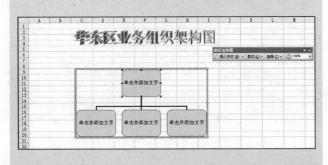

Step 2 插入组织结构图

在"图示库"对话框中单击"确定"按钮，为工作簿插入组织结构图。

Step 3 输入形状中的文字

若要向一个形状中添加文字，则可单击该形状，然后键入文字即可。

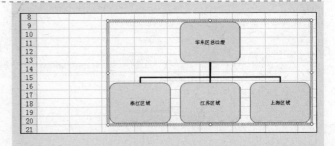

Step 4 添加"助手"

选中要在其旁边添加新形状的"华东区总经理"，单击"组织结构图"工具栏中的"插入形状"按钮的下箭头，然后单击"助手"，使用肘形连接符将新的形状放置在所选形状之下。

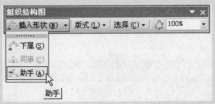

Step 5 添加"下属"

选中要在其旁边添加新形状的"浙江区域"，单击"组织结构图"工具栏中的"插入形状"按钮的下箭头，然后单击"下属"，将新的形状放置在下一层并将其连接到所选形状上，给"浙江区域"添加一个"下属"。由于"浙江区域"下辖两个"下属"，因此再重复上述操作一次。

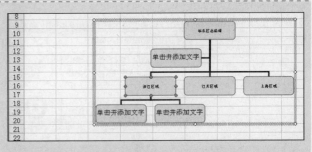

Step 6 添加其余"下属"

由于"插入形状"默认值为"下属"，因此需要添加"下属"时可以直接单击 插入形状(N) 按钮。

①在"江苏区域"和"上海区域"添加"下属"。若要删除一个形状，选择该形状后按<Delete>键即可。

②参阅 Step3，在组织结构图的每个形状中输入文字。

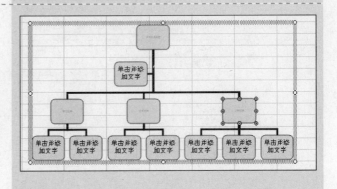

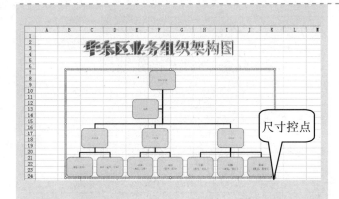

Step 7 调整组织结构图的大小

拖动该组织结构图4个顶点上的尺寸控点至合适的大小。

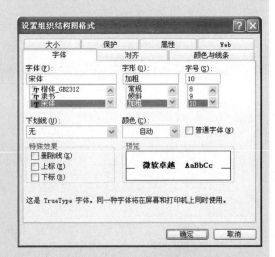

Step 8 设置组织结构图格式

双击"组织结构图"的边框弹出"设置组织结构图格式"对话框，选中"字体"选项卡，然后选择字体为"宋体"，字形为"加粗"，字号为"10"，最后单击"确定"按钮。

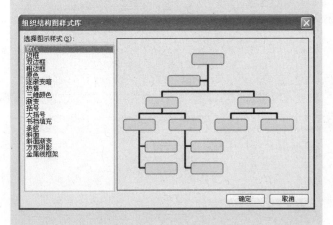

Step 9 添加预设的设计方案

选中"组织结构图"，单击"组织结构图"工具栏中的"自动套用格式"按钮 弹出"组织结构图样式库"对话框，在"选择图示样式"列表框中选择"逐渐变暗"的图示样式，然后单击"确定"按钮。

Step 10 隐藏网格线、行号和列标

①参阅 1.3 节 Step15 隐藏网格线。
②参阅 1.4.3 小节 Step4 隐藏行号和
列标。

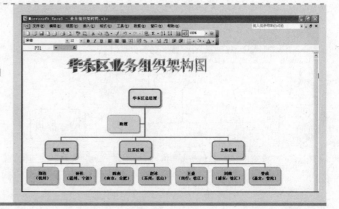

技巧 更改文字颜色

（1）选取要更改的文字。
（2）在"绘图"工具栏中单击"字体颜色"按钮▲旁边的下箭头。
（3）若要将文字颜色更改回其默认值，可以单击"自动"；若要更改为另一种颜色，可以单击"自动"下的一种
颜色。

技巧 更改形状的填充颜色

（1）选择要更改的形状。
（2）在"绘图"工具栏中单击"填充颜色"按钮🎨·旁边的下箭头。
（3）添加或更改填充颜色。
● 若要将填充颜色更改回其默认设置，可以单击"自动"。
● 若要更改为配色方案中的某种颜色，可以单击"自动"之下的一种颜色。
（4）添加或更改渐变、图案、纹理或图片填充。
● 单击"填充效果"打开"填充效果"对话框，然后在"渐变"、"纹理"、"图片"或"图案"选项卡中进
行设置。
● 选择所需的选项。
（5）删除填充。
● 单击"无填充颜色"。

技巧 更改线型或颜色

（1）选取要更改的线条或连接符。
（2）更改线条或连接符的颜色。
● 在"绘图"工具栏中单击"线条颜色"按钮✏️旁边的下箭头。
● 若要更改为默认颜色，可以单击"自动"；若要更改为其他颜色，可以单击"自动"之下的一种颜色。
（3）更改线条或连接符的线型。
● 在"绘图"工具栏中单击"线型"按钮☰。
● 单击所需的线型；或者单击"其他线条"，再单击一种线型。

3.2 业务员管理区域统计表

案例背景

某销售公司走 KA 渠道的销售模式，其卖场区域分布大、数量多。为了对每个业务管辖区域所属的各个卖场进行统计分析，需要创建一张实用合理的表格。

最终效果展示

	省	负责人	区域	城市	乐购	易初莲花	世纪联华上海	国美	欧尚	宏图三胞	城市合计	区域合计
					华东大区卖场一览表							
6	江苏省			南通		1	3	5		2	11	
9		孙翔	常州无锡区	无锡	1	3		5	1	2	12	
10				江阴						1	1	32
11				溧阳								
18		陈南	南京区	扬州			4	3		2	9	
22				淮北						1	1	53
23				南京		2	1	7	1	7	18	
33	江苏合计				4	11	27	51	4	39	136	136
38	浙江	邬希	浙江	常山	1						1	
39				杭州	3	1		10	1	6	21	
40				绍兴	1	1		2		2	6	74
41				温州		1		2		2	5	
42				衢州				1		1	2	
43				义乌								
49	浙江合计				8	5		33	4	24	74	74
50	上海区	王盛	上海区	长宁	2	1	2	2			7	
51				静安	1						1	
52				嘉定	1	1	2	2	1	1	8	31
53				青浦			1	1		1	3	
54				普陀	1		3	4		4	12	
69	上海合计				17	19	16	43	4	30	129	129
70	华东区累计		总计		29	35	43	127	12	93	339	339

关键技术点

要实现本案例中的功能，读者应当掌握以下 Excel 技术点。

● 导入文本文件　　　　　New!

● 插入定义名称　　　　　New!

● 冻结窗口

● 多条件求和　　　　　　New!

示例文件

光盘\本书示例文件\第 3 章\业务员管理区域统计表.xls

3.2.1 创建原始资料表

要使用数据库管理信息，要求操作者掌握一定的数据库操作语句等数据库基础知识。若使用文本文件则显得杂乱无章，而利用 Excel 则可直接进行人机对话，并且可以使数据的统计分析显得更加直观、方便、快捷。

Step 1 导入文本文件

①打开一个工作簿，单击菜单"文件"→"打开"弹出"打开"对话框。在"文件类型"下拉列表中选择"所有文件"选项，在"查找范围"下拉列表中选择要导入的文件的路径及文件名，然后单击"打开"按钮。

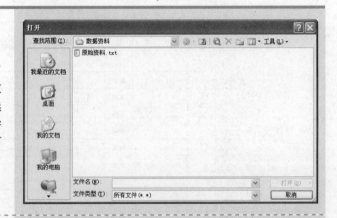

②随即会弹出"文本导入向导—3 步骤之 1"对话框，在"原始数据类型"组合框中的"请选择最合适的文件类型"中选中"分隔符号"单选按钮。

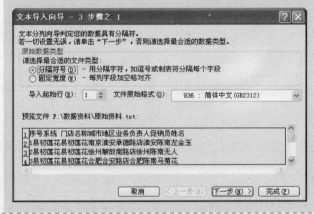

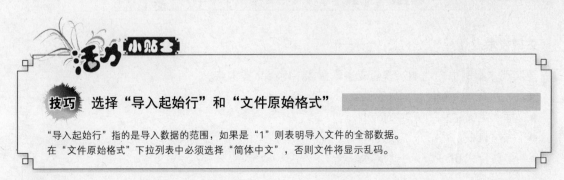

技巧 选择"导入起始行"和"文件原始格式"

"导入起始行"指的是导入数据的范围，如果是"1"则表明导入文件的全部数据。
在"文件原始格式"下拉列表中必须选择"简体中文"，否则文件将显示乱码。

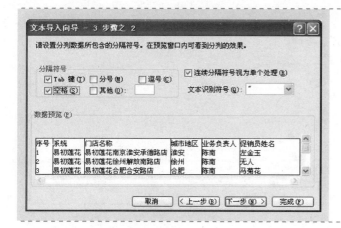

③单击"下一步"按钮打开"文本导入向导－3 步骤之 2"对话框,从中选中"Tab 键"和"空格"复选框。如果用的是其他的分隔符号,则应在"其他"复选框右侧的文本框中键入该分隔符。

在"数据预览"文本框中可以预览。

技巧 注意勾选"连续分隔符号视为单个处理"复选框

由于文本数据长短不一,数据之间的分隔符或多或少,因此当分隔符是<Tab>键或者<空格>时,就必须选中"连续分隔符号视为单个处理"复选框,否则转换后的表格中就可能出现多个空格。

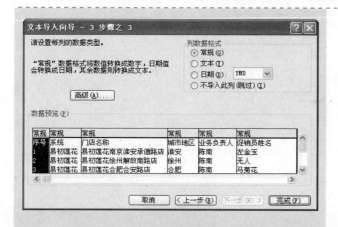

④单击"下一步"按钮打开"文本导入向导－3 步骤之 3"对话框。选中某一列,然后在"列数据格式"组合框中选择合适的数据格式。设置完成单击"完成"按钮即可。

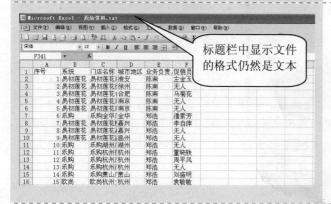

至此文本文件到表格文件的转换就完成了。

转换后可以看出 Excel 标题栏中文件的格式仍然是文本,即数据的格式没有变,并且工作簿中只有一个工作表,工作表的名字被自动地命名为文本文件的名称。

Step 2 转换为 Excel 格式

①单击菜单"文件"→"另存为"弹出"另存为"对话框，然后单击"保存位置"右侧的下箭头按钮，选择需要保存文件的磁盘路径。

②单击"保存类型"右侧的下箭头按钮，选择"Microsoft Office Excel 工作簿"。

③在"文件名"文本框中输入欲保存的文件名"业务员管理区域统计表"。

Step 3 调整单元格格式和行高、列宽，设置表格边框

转换后还需要对其内容进行调整以及调整行高、列宽，并设置表格边框，以使其格式更规范、内容更整齐。

①参阅 1.1.1 小节 Step14 调整表格的行高。

②参阅 1.1.1 小节 Step7 适当地调整表格的列宽。

③参阅 1.1.2 小节 Step11 设置表格边框。

3.2.2　创建业务管理区域统计表

1. 插入定义名称

Excel 可以使用一些巧妙的方法管理复杂的工程，可以用名称来命名单元格或者区域，而且可以使用这些名称进行导航和代替公式中的单元格地址，使工作表更容易理解和更新。

名称是单元格或者区域的别名，它是代表单元格、单元格区域、公式或常量的单词和字符串。如用名称"进价"来引用区域 Sheet1!C3:C12，目的是便于理解和使用。在创建比较复杂的工作簿时，命名有着非常大的好处，因为使用名称表示单元格的内容会比使用单元格地址更清楚明了；在公式或者函数中使用名称代替单元格或者区域的地址，如公式=AVERAGE(进价)，就比公式=AVERAGE(sheet1!C3:C12)更容易记忆和书写；名称可以用于所有的工作表；在工作表中复制公式时，使用名称和使用单元格引用的效果相同。

在默认状态下，名称使用的是单元格的绝对引用，形式为$D$5。

Step 1 插入工作表

单击菜单"插入"→"工作表"插入一张新的工作表。

Step 2 重命名工作表

双击工作表标签"Sheet1"进入标签重命名状态，然后输入"业务管理区域"，按<Enter>键确认。

技巧 添加多张工作表

确定要添加的数目或工作表。按住<Shift>键不放，然后在打开的工作簿中选择要添加的相同数目的现有工作表标签。例如要添加 3 个新的工作表，则可选择 3 个现有工作表标签，然后单击"插入"菜单中的"工作表"。

Step 3 输入工作表内容

输入"业务管理区域"工作表各个字段的标题名称，并调整字体、行高、列宽，以及设置单元格格式、表格边框。

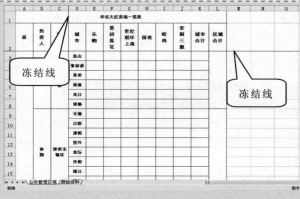

Step 4 冻结窗格

选中第 3 行，单击菜单"窗口"→"冻结窗格"插入冻结线。

Step 5 命名单元格区域

①激活"原始资料"工作表，选择要命名的 B2:B340 单元格区域，然后单击菜单"插入"→"名称"→"定义"。

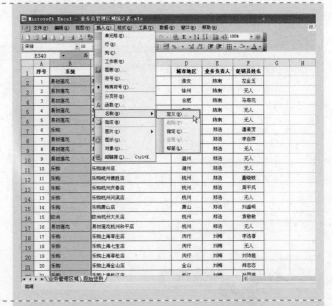

②弹出"定义名称"对话框，然后在"在当前工作簿中的名称"文本框中输入要定义的名称，如"xitong"。

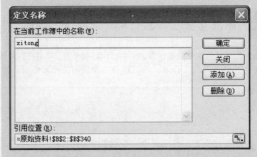

③单击"添加"按钮，定义好的名称即显示在列表框中。

此时 B2:B340 单元格区域已经定义名称"xitong"。

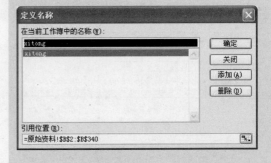

Step 6 命名下一个单元格区域

①单击上图"引用位置"文本框右侧的"折叠"按钮 进行下一个数据区域的选择，弹出"定义名称－引用位置："对话框。

②选中 D2:D340 单元格区域。

小贴士

技巧 更简便地选择单元格区域

直接在"定义名称—引用位置："对话框中输入需要设置的数据源区域"=原始资料!$D$2:$D$340"。

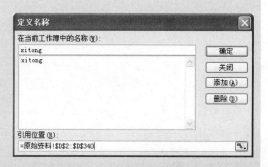

③数据源区域确定后单击"展开"按钮或者直接按<Enter>键返回"定义名称"对话框。

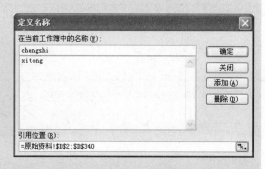

④在"在当前工作簿中的名称"文本框中输入"chengshi"。

⑤单击"添加"按钮，定义好的名称即显示在列表框中。

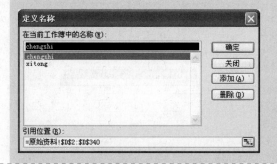

⑥单击"确定"按钮，再单击"确定"按钮。

此时 D2:D340 单元格区域已经定义名称"chengshi"。

技巧　更简便地选中大量的单元格区域

本例中要选择的单元格区域 B2:B340 的跨度很长。用户操作的时候一般是先选中 B2 单元格并向下拖动，这样不仅费时而且容易超过需要的单元格区域。这时可以利用滚动条更简便地选中大量的单元格区域。

选中第 3 行，单击菜单"窗口"→"冻结窗口"插入冻结线。将滚动条拖至最下方，先选中 B2 单元格，然后按住<Shift>键不放同时选中 B340 单元格，此时即可简便地选中 B2:B340 单元格区域。

技巧　使用"名称框"定义名称

使用"名称框"可以更方便地定义名称，方法如下。

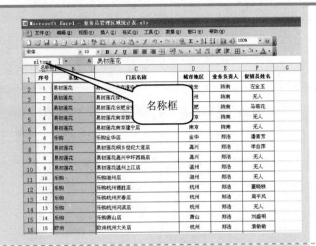

①选中要命名的 B2:B340 单元格区域，单击"编辑栏"左侧的"名称框"。

② 输 入 要 定 义 的 名 称 ， 如 "xitong"。

③按<Enter>键即可完成名称的定义。

再次选中被命名的单元格区域时，名称框中就会直接显示所定义的名称。而如果只是选择了某一个单元格，名称框中则不会显示区域名称。

扩展知识点讲解

技巧　名称命名的规则

● 名称可以是任意的字符与数字组合在一起，但不能以数字开头，更不能以数字作为名称，如 7AB。同时名称不能与单元格地址相同，如 A3。

● 如果要以数字开头，可以在前面加上下划线，如_7AB。

● 不能以字母 R、C、r、c 作为名称，因为 R、C 在 R1C1 引用样式中表示工作表的行、列。

● 名称中不能包含空格，可以用下划线或点号代替。

● 不能使用除了下划线、点号和反斜线（/）以外的其他符号。允许使用问号（?），但不能作为名称的开头，如 Range?可以，但?Range 就不可以。

● 名称字符不能超过 255 个。一般情况下名称应该便于记忆且应尽量简短，否则就违背了定义名称的初衷。

● 名称中的字母不区分大小写。

2. 多条件求和

Step 1 编制数组公式

①激活"业务管理区域"工作表，选中 E3 单元格，在编辑栏中输入以下公式：

`=SUM((xitong=E$2)*(chengshi=$D3))`

当编辑栏活动时，括号"{ }"不出现在数组公式中。

②按 <Ctrl+Shift+Enter> 组合键确认，此时编辑栏里公式的两端会出现一对数组公式标志，即一对大括号"{ }"。

Step 2 批量填充公式

①参阅 2.4.1 小节 Step7 批量填充公式。

选中 E3 单元格，然后向下拖曳该单元格右下角的填充柄至 J68 单元格完成公式的填充。

②删除无需填充公式的单元格区域。选中 E33:J33 和 E49:J49 单元格区域，然后按<Delete>键删除。

Step 3　统计"城市合计"

选中 K3 单元格，在编辑栏中输入以下公式，然后按<Enter>键确认。
=SUM(E3:J3)

华东大区卖场一览表

省	负责人	区域	城市	乐购	易初莲花	世纪联华上海	国美	欧尚	宏图三胞	城市合计	区域合计	
			昆山	0	1	0	0	0	2	3		
			张家港	0	0	0	1	0	1			
	赵冰	苏州区	苏州	0	0	1	5	1	5			
			南通	0	1	3	5	0	2			

Step 4　向下批量填充公式

①选中 K3 单元格，然后向下拖曳该单元格右下角的填充柄至 K68 单元格完成公式的填充。

②删除无需填充公式的单元格。选中 K33 和 K49 单元格，然后按<Delete>键删除。

华东大区卖场一览表

省	负责人	区域	城市	乐购	易初莲花	世纪联华上海	国美	欧尚	宏图三胞	城市合计	区域合计	
			昆山	0	1	0	0	0	2	3		
			张家港	0	0	0	1	0	1	2		
	赵冰	苏州区	苏州	0	0	1	5	1	5	12		
			南通	0	1	3	5	0	2	11		
			吴江	0	0	0	1	0	0	1		
			常熟	0	0	1	1	1	1	4		
			无锡	1	3	0	5	1	2	12		
			江阴	0	0	0	0	0	1	1		
			溧阳	0	0	0	0	0	0			
	孙剀	常州无锡区	宜兴	1	0	1	0	0	1	3		
			金坛	0	0	1	0	0	0	1		
			丹阳	0	0	0	1	0	1	2		
			靖江	0	0	1	0	0	0	1		

Step 5　统计"江苏合计"等

①选中 E33 单元格，在编辑栏中输入以下公式，按<Enter>键确认。
=SUM(E3:E32)

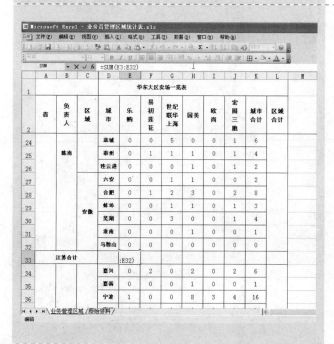

华东大区卖场一览表

省	负责人	区域	城市	乐购	易初莲花	世纪联华上海	国美	欧尚	宏图三胞	城市合计	区域合计	
			盐城	0	0	5	0	0	1	6		
	陈南		泰州	0	1	1	1	0	1	4		
			连云港	0	0	0	1	0	1	2		
			六安	0	0	1	1	0	0	2		
			合肥	0	1	2	3	0	2	8		
		安徽	蚌埠	0	0	1	1	0	1	3		
			芜湖	0	0	3	0	0	1	4		
			淮南	0	0	0	1	0	0	1		
			马鞍山	0	0	0	0	0	0	0		
	江苏合计			:E32)								
			嘉兴	0	2	0	2	0	2	6		
			嘉善	0	0	1	0	0	0	1		
			宁波	1	0	0	8	3	4	16		

②选中 E49 单元格，在编辑栏中输入以下公式，按<Enter>键确认。

```
=SUM(E34:E48)
```

③选中 E69 单元格，在编辑栏中输入以下公式，按<Enter>键确认。

```
=SUM(E50:E68)
```

华东大区卖场一览表

省	负责人	区域	城市	乐购	易初莲花	世纪联华上海	国美	欧尚	宏图三胞	城市合计	区域合计
上海区	刘梅	上海区	金山	1	1	0	1	0	1	4	
			浦东	1	5	2	8	0	5	21	
			杨浦	0	1	0	4	2	3	10	
			南汇	1	0	1	1	0	1	4	
	普成		黄浦	0	0	0	1	0	0	1	
			卢湾	1	0	1	1	0	0	3	
			徐汇	1	1	1	3	0	4	10	
			虹口	0	1	0	1	5	0	7	
			闸北	0	1	0	3	0	2	6	
			崇明	0	0	0	0	0	1	1	
			宝山	2	2	1	2	0	2	9	
上海合计				17							
华东区累计		总计									

Step 6 向右批量填充公式

①选中 E33 单元格，然后向右拖曳该单元格右下角的填充柄至 K33 单元格完成公式的填充。

②选中 E49 单元格，然后向右拖曳该单元格右下角的填充柄至 K49 单元格完成公式的填充。

③选中 E69 单元格，然后向右拖曳该单元格右下角的填充柄至 K69 单元格完成公式的填充。

华东大区卖场一览表

省	负责人	区域	城市	乐购	易初莲花	世纪联华上海	国美	欧尚	宏图三胞	城市合计	区域合计
上海区	刘梅	上海区	金山	1	1	0	1	0	1	4	
			浦东	1	5	2	8	0	5	21	
			杨浦	0	1	0	4	2	3	10	
			南汇	1	0	1	1	0	1	4	
	普成		黄浦	0	0	0	1	0	0	1	
			卢湾	0	0	1	1	0	0	3	
			徐汇	1	1	1	3	0	4	10	
			虹口	0	1	0	1	5	0	7	
			闸北	0	1	0	3	0	2	6	
			崇明	0	0	0	0	0	1	1	
			宝山	2	2	1	2	0	2	9	
上海合计				17	19	16	43	4	30	129	
华东区累计		总计									

Microsoft Excel - 业务员管理区域统计表.xls

文件(F) 编辑(E) 视图(V) 插入(I) 格式(O) 工具(T) 数据(D) 窗口(W) 帮助(H)

宋体 ▾ 12 ▾ **B** *I* <u>U</u>

R70 ▾

华东大区卖场一览表

省	负责人	区域	城市	乐购	易初莲花	世纪联华上海	国美	欧尚	宏图三胞	城市合计	区域合计
			昆山	0	1	0	0	0	2	3	
			张家港	0	0	0	1	0	1	2	
	赵冰	苏州区	苏州	0	0	1	5	1	5	12	33
			南通	0	1	3	5	0	2	11	
			吴江	0	0	0	1	0	0	1	
			常熟	0	0	1	1	1	1	4	
			无锡	1	3	0	5	1	2	12	
			江阴	0	0	0	0	0	1	1	
			溧阳	0	0	0	0	0	0	0	
	孙翔	常州无锡区	宜兴	1	0	1	0	0	1	3	32
			金坛	0	0	1	0	0	0	1	
			丹阳	0	0	0	1	0	1	2	
			靖江	0	0	1	0	0	0	1	

业务管理区域 / 原始资料

就绪

Step 7 统计"区域合计"

选中 L3:L8 单元格区域，在编辑栏中输入以下公式：

```
=SUM(K3:K8)
```

选中 L9:L17 单元格区域，在编辑栏中输入以下公式：

```
=SUM(K9:K17)
```

选中 L18:L26 单元格区域，在编辑栏中输入以下公式：

```
=SUM(K18:K26)
```

选中 L27:L32 单元格区域，在编辑栏中输入以下公式：

```
=SUM(K27:K32)
```

选中 L33 单元格，在编辑栏中输入以下公式：

```
=SUM(L3:L32)
```

选中 L34:L48 单元格区域，在编辑栏中输入以下公式：

```
=SUM(K34:K48)
```

选中 L49 单元格，在编辑栏中输入以下公式：

```
=SUM(L34:L48)
```

选中 L50:L54 单元格区域，在编辑栏中输入以下公式：

```
=SUM(K50:K54)
```

选中 L55:L61 单元格区域，在编辑栏中输入以下公式：

```
=SUM(K55:K61)
```

选中 L62:L68 单元格区域，在编辑栏中输入以下公式：

```
=SUM(K62:K68)
```

选中 L69 单元格，在编辑栏中输入以下公式：

```
=SUM(L50:L68)
```

Step 8 统计"华东区累计"

①选中 E70 单元格，在编辑栏中输入以下公式，按<Enter>键确认。

=E33+E49+E69

②选中 E70 单元格，然后向右拖曳该单元格的填充柄至 L70 单元格完成公式的填充。

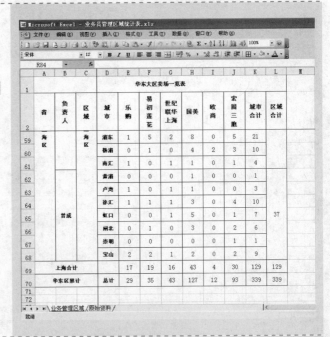

Step 9 隐藏行号列标、隐藏网格线、取消零值显示

单击菜单"工具"→"选项"，在弹出的"选项"对话框中单击"视图"选项卡，然后取消勾选"行号列标"、"网格线"和"零值"复选框。

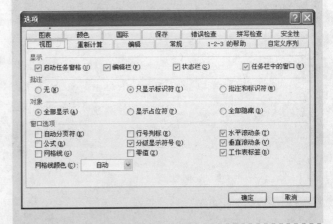

至此"业务员管理区域统计表"创建完毕。

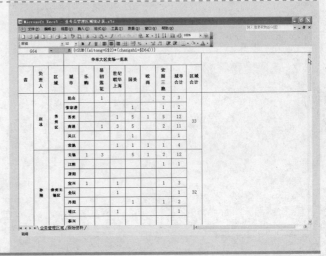

关键知识点讲解

数组公式

数组公式对一组或多组值进行多重计算，并返回一个或多个结果。数组公式括于大括号{}中。按<Ctrl+Shift+Enter>组合键可以输入数组公式。该函数既可以计算单个结果，也可以计算多个结果。

（1）计算单个结果

可以用数组公式进行多个计算而生成单个结果。通过用单个数组公式代替多个不同的公式可以简化工作表模型。

①单击需要输入数组公式的单元格（在合并单元格中数组公式无效）。

②键入数组公式。

③按<Ctrl+Shift+Enter>组合键。

例如下面计算每一种水果"重量"和"单价"的总和，而不是使用一行单元格来计算并显示出每一种水果的"总价"。

当将公式{=SUM(B2:C2*B3:C3)}作为数组公式输入时，该公式将每一种水果的"重量"和"单价"相乘，然后再将这些计算结果相加计算"总价"。

B5		f_x	{=SUM(B2:C2*B3:C3)}		
	A	B	C	D	E
1		苹果	桔子		
2	重量	2	5		
3	单价	3	2.4		
4					
5	总价	18			

（2）计算多个结果

如果要使数组公式能计算出多个结果，就必须将数组输入到与数组参数具有相同列数和行数的单元格区域中。

①选中需要输入数组公式的单元格区域。

②键入数组公式。

③按<Ctrl+Shift+Enter>组合键。

例如下面给出了相应于 3 个月（列 A 中）的 3 个销售量（列 B 中），TREND 函数返回销售量的直线拟合值。如果要显示公式的所有结果，则应在列 C 的 3 个单元格中(C1:C3)输入数组公式。

C3		f_x	{=TREND(B1:B3,A1:A3)}		
	A	B	C	D	E
1	1	20123	21437		
2	2	19005	16377		
3	3	10003	11317		

当将公式"=TREND(B1:B3,A1:A3)"作为数组公式输入时，它会根据 3 个月的 3 个销售量得到 3 个不同的结果（21437、16377 和 11317）。

3.3　业务员终端月拜访计划表

案例背景

终端拜访是营销活动中很重要的一个环节，这是因为销售促进要靠它，新品推广需要它，客情维护也少不了它，产品陈列和宣传更是离不开它……可以说终端拜访工作的成功与否直接关系到产品销售及其他工作的好坏。然而在现实的销售工作中我们发现销售人员的终端拜访存在着诸多的问题，如拜访工作无目的，拜访工作无规律，拜访工作准备不足等。因此每个业务员必须对整月的终端拜访情况做一个详细的计划，以使工作能有序地进行。

关键技术点

要实现本案例中的功能，读者应当掌握以下的 Excel 技术点。

- COUNTIF 的应用　　　New!

最终效果展示

营业主任姓名:周红莲

终端月拜访计划表

门店级别	门店名称	拜访频率（次/周）	时间（07年3月）	合计
			1 2 3 4 5 6 7 8 9 10 11 12 13 14 15 16 17 18 19 20 21 22 23 24 25 26 27 28 29 30 31	
A	家乐福上海古北店	2.3	▲ ...	9
A	百安居上海金桥店	2.0	▲ ...	8
A	百安居上海龙阳店	2.3	▲ ...	9
A	百安居上海标浦店	2.3	▲ ...	9
B	大润发上海藤桥店	2.0	▲ ...	8
B	大润发上海杨浦店	1.8	▲ ...	7
B	家乐福上海新里程店	1.3	▲ ...	5
B	乐购上海锦绣店	1.3	▲ ...	5
B	欧尚上海长阳店	1.3	▲ ...	5
B	世纪联华浦东御桥店	1.3	▲ ...	5
C	世纪联华上海春申路店	1.0	▲ ...	4
C	乐购上海南汇店	0.8	▲ ...	3
C	欧尚上海中原店	0.8	▲ ...	3
C	沃尔玛上海五角场店	0.8	▲ ...	3
合计			3 3 4 0 3 3 4 3 3 0 3 3 3 3 0 3 3 3 3 0 4 3 2 3 3	83

示例文件

光盘\本书示例文件\第 3 章\业务员终端月拜访计划表.xls

Step

Step 1　创建工作簿、重命名工作表

参阅 1.2.节 Step1 至 Step2，创建工作簿 "业务员终端月拜访计划表.xls"，然后将工作表重命名为 "终端月拜访计划表" 并删除多余的工作表。

Step 2　输入单元格标题

①选中 A1:AI1 单元格区域，设置格式 "合并及居中"，并输入标题名称 "终端月拜访计划表"。在 A2:B19 单元格区域中输入各个字段的标题名称。

②合并 A2:B2、A3:A4、B3:B4、C3:C4、A19:B19、D3:AH3 等单元格区域。调整字体和字号，设置字形为 "加粗"、文本对齐方式为 "居中" 然后调整列宽为合适值。

Step 3　设置单元格背景色

①选中 A5:A8 单元格区域，单击"格式"工具栏中的"填充颜色"按钮右侧的三角，选择"浅绿"。

②采用同样的方法，设置 A9:A14 单元格区域为"浅黄"，A15:A18 单元格区域为"浅青绿"。

③选中 G4 单元格，按住<Ctrl>键不放同时选中 N4、U4、AB4 单元格，然后选择"粉红"。

Step 4　插入冻结线

选中 C5 单元格，单击菜单"窗口"→"冻结窗口"，这时在第 5 行的上方和 C 列的左方均会插入一条冻结线。

Step 5　插入特殊符号

①选中 D5 单元格，单击菜单"插入"→"特殊符号"，在弹出的"插入特殊符号"对话框中选择"特殊符号"选项卡，然后选择需要插入的特殊符号"▲"。

②按<Enter>键输入特殊符号"▲"。

Step 6 修改特殊符号颜色

①选中 D5 单元格，右键单击，在弹出的快捷菜单中选择"设置单元格格式"弹出"单元格格式"对话框，选择"字体"选项卡。

②单击"颜色"下拉框右侧的下箭头按钮，选择"红色"，然后单击"确定"按钮。

此时 D5 单元格的"▲"会变为"▲"。

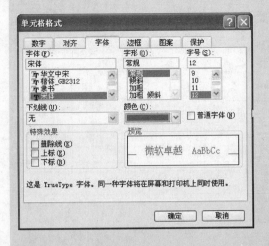

Step 7 重复插入特殊符号

由于工作表中有很多单元格需要输入"▲"，每次重复 Step5~Step6 会相当繁琐。

为此可以选中 D5 单元格，按<Ctrl+C>组合键复制，再按<Ctrl>键同时选中需要输入"▲"的其他单元格，如H5、K5…AA18 等，然后按<Ctrl+V>组合键粘贴即可。

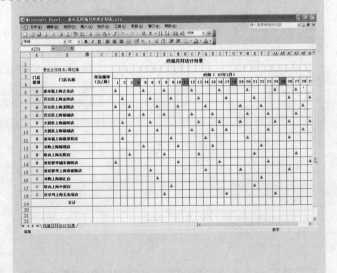

技巧 批量填充单元格区域

如果整个单元格区域中需要插入同一个内容的单元格很集中，也可以选择先批量填充，再删除无需填充单元格的办法，这样更便捷。

如在本例中，在 D5:AH18 单元格区域中如果无需填充的单元格比较少，而需要插入特殊符号的单元格比较多，可以先选中 D5 单元格，拖曳该单元格右下角的填充柄至 AH18 单元格，松开鼠标，再同时选中 E5:G5、I5:J5…AB18:AH18 等单元格区域，然后按<Delete>键删除即可。

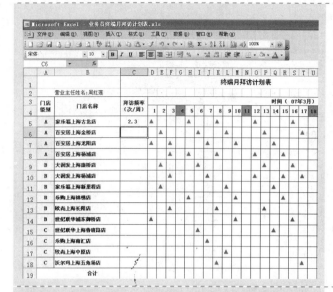

Step 8 统计"拜访频率"

统计"家乐福上海古北店"的"拜访
频率"。

选中 C5 单元格，在编辑栏中输入以
下公式，按<Enter>键确认。
=AI5/4

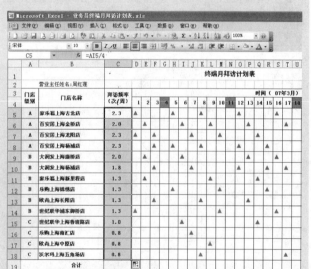

Step 9 向下填充单元格

参阅 2.4.1.小节 Step7，选中 C5 单元
格，然后向下拖曳该单元格的填充柄至
C18 单元格完成公式的填充。

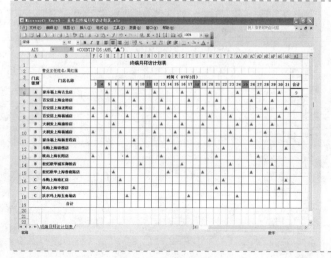

Step 10 统计"合计"

选中 AI5 单元格，在编辑栏中输入以
下公式，按<Enter>键确认，以统计在
D5:AH5 单元格区域中"▲"出现的次数。
=COUNTIF(D5:AH5,"▲")

Step 11 向下填充单元格

参阅 2.4.1.小节 Step7，选中 AI5 单元格，向下拖曳该单元格右下角的填充柄至 AI18 单元格，然后松开鼠标即可。

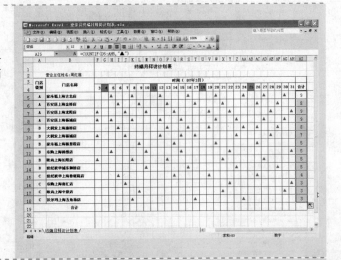

Step 12 统计"合计"

选中 D19 单元格，在编辑栏中输入以下公式，按<Enter>键确认，以统计会 D5:D18 单元格区域中"▲"出现的次数。

`=COUNTIF(D5:D18,"▲")`

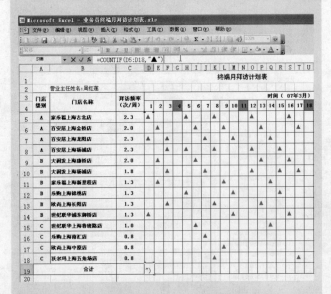

Step 13 向右填充单元格

参阅 2.4.1.小节 Step7，选中 D19 单元格，向右拖曳该单元格右下角的填充柄至 AH19 单元格，然后松开鼠标即可。

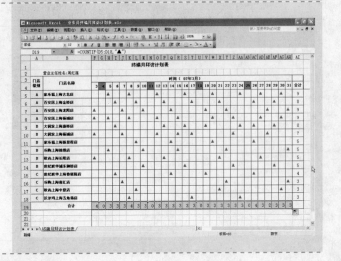

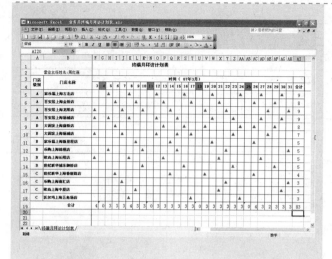

Step 14 统计月拜访次数总和

选中 AI19 单元格，在编辑栏中输入以下公式，按<Enter>键确认。

=SUM(AI5:AI18)

关键知识点讲解

COUNTIF 函数在不同参数下的计算用途

参阅 2.2.4 小节"关键知识点讲解 COUNTIF 函数"。

函数简单示例

数据	备注	公　式	结果	含　义
23	文本型	=COUNTIF(A2:A20,8)	2	数值 8 的单元格个数，文本 008 也算
080	文本型	=COUNTIF(A2:A20,">8")	3	数值大于 8 的单元格个数
008	文本型	=COUNTIF(A2:A20,">=8")	4	数值大于等于 8 的单元格个数
8		=COUNTIF(A2:A20,">"&A5)	3	数值大于 A5 的值 8 的单元格个数
−30		=COUNTIF(A2:A20,"<>8")	18	不等于 8(含文本 008)的所有单元格个数
50		=COUNTIF(A2:A20,"<>")	18	非真空单元格个数，相当于 COUNTA
100		=COUNTIF(A2:A20,"<>""")	19	区域内所有的单元格个数
44		=COUNTIF(A2:A20,"=")	1	真空单元格个数
Excel		=COUNTIF(A2:A20,"")	2	真空及空文本（假空）单元格个数
	=""	=COUNTIF(A2:A20,"><")	9	非空文本单元格个数
	真空	=COUNTIF(A2:A20,"*")	10	文本（含空文本）单元格个数
AB		=COUNTIF(A2:A20,"*8*")	2	包含字符 8 的文本单元格个数
ABC		=COUNTIF(A2:A20,"a?")	1	以 a 开头且只有两个字符的单元格个数
ABCD		=COUNTIF(A2:A20,"?B*")	3	第 2 个字符为 b 的单元格个数
ACDB		=COUNTIF(A2:A20,A10&"*")	2	以 A10 单元格字符开头的单元格个数
Excelhome		=COUNTIF(A2:A20,"??")	2	字符长度为 2 的文本单元格个数

数据	备注	公　式	结果	含　义
FALSE	逻辑值	=COUNTIF(A2:A20,TRUE)	1	内容为逻辑值 TRUE 的单元格个数
#DIV/0!	错误值	=COUNTIF(A2:A20,#DIV/0!)	1	被 0 除错误的单元格个数
TRUE	逻辑值	=COUNTIF(A2:A20,"#DIV/0!")	1	被 0 除错误的单元格个数

本例公式说明

本例中的公式为：

```
=COUNTIF(D5:AH5,"▲")
```

其各个参数值指定 COUNTIF 函数统计在 D5:AH5 单元格区域中 "▲" 的次数。

第 **4** 章　促销管理

　　促销，顾名思义是为了扩大销量而使用的方法。

　　在市场竞争日益激烈的今天，促销已经偏离了"给消费者购买本品一个额外的理由"之本意，而转化为打击竞争品、争夺顾客、树立品牌形象或抢占市场份额的常用手段。例如新产品上市，更是与促销息息相关。

　　如今企业促销手法已趋于雷同，很难玩出新创意，翻出新花样。这时决定企业促销效果的主要因素有两个。

　　● 促销做得准：在合适的时间和市场环境下运用合适的促销方式。

　　● 促销做得到位：对一个促销活动各个环节工作的细致布置和切实执行。

4.1 促销计划表

案例背景

企业的每一次促销活动都有其目的。如让消费者更快地接受新产品，发布企业调整信息，树立企业形象，扩大市场影响力等。如何让促销有计划地进行并起到真正的实效作用，此时一份周密的市场促销计划是必不可少的。促销计划的要素在于清晰的工作条理和可执行性。在制定促销计划的过程中会涉及促销费用的问题，为了能够掌握明确的促销费用，需要创建一张美观实用的表格，以便了解促销费用支出的情况，进而在实施的过程中掌握各个项目的具体实施情况。

关键技术点

要实现本案例中的功能，读者应当掌握以下 Excel 技术点。

- 移动或复制公式　　　New!
- SUMIF 函数的应用　　　New!

最终效果展示

促销费用预算表

活动名称：	五一黄金周促销计划
活动目的：	促进黄金周高峰期销售
活动范围：	家乐福华东区30家店
活动时间：	2007年5月1日至2007年5月8日(共8天)
预计增长率：	130%
预计销售额：	￥ 88,000.00

类别	费用项目	成本或比例	数量/店/天	天数/次数	预算	资金来源
促销费用	免费派发公司样品的数量	1.65	500	8	6,600	市场部
	参与活动的消费者可以得到日历卡一张	0.6	400	8	1,920	市场部
	购买产品获得的公司卡通	5	100	8	4,000	市场部
	商品降价金额	5%	3200	8	1,280	销售部
小计					13,800	
店内宣传标识	巨幅海报	400	1		400	市场部
	小型宣传单张	0.1	1000	8	800	市场部
	直邮	1500	1		1,500	销售部
小计					2,700	
促销执行费用	聘用促销小姐费用	70	2	8	1,120	销售部
	上缴家乐福促销小姐管理费	30	2	8	480	销售部
	其它可能发生的费用(赞助费/入场费等)	2000			2,000	销售部
小计					3,600	
后勤费用	赠品运输与管理费用				1,000	物流中心
小计					1,000	
总费用					21,100	

示例文件

光盘\本书示例文件\第 4 章\促销计划表.xls

4.1.1 创建促销计划表

Step 1 创建工作簿、重命名工作表

参阅 1.2.节 Step1 至 Step2，创建工作簿 "促销计划表.xls"，然后将工作表重命名为 "促销费用预算" 并删除多余的工作表。

Step 2 输入表格标题

选中 A1:G1 单元格区域，设置格式为 "合并及居中"，然后输入表格标题 "促销费用预算表"，并设置字形为 "加粗"。

Step 3 输入列表中的标题

①依次在 A2:A7、A9:A10 单元格区域和 A15、A19、A23 单元格中输入各个字段的标题名称，并设置字形为 "加粗"。

②选中 A14:B14 单元格区域，设置格式为 "合并及居中"，然后输入 "小计"，并设置字形为 "加粗"。

Step 4 复制标题

①选中 A14:B14 单元格区域，按 <Ctrl+C> 组合键。

②按 <Ctrl> 键同时选中 A18:B18、A22:B22、A24:B24 等单元格区域。

③按 <Ctrl+V> 组合键，将 A14:B14 单元格区域的内容和格式复制于以上所选中的单元格区域。

Step 5 调整表格行高

参阅 1.1.1 小节 Step14 调整表格行高。

Step 6 调整表格列宽

参阅 1.1.1 小节 Step7 调整表格列宽。

Step 7 调整字号

①按<Ctrl+A>组合键选中整个工作表，然后单击"字号"右侧的下箭头按钮，选择"10"。

②选中 A1:G1 单元格区域，然后单击"字号"右侧的下箭头按钮，选择"14"。

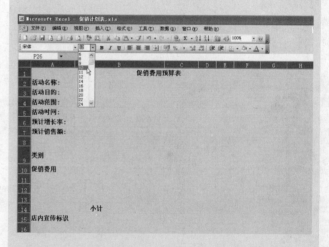

Step 8 输入表格数据

①依次在单元格中输入表格数据。

②参阅 1.1.2 小节 Step1 设置文本居中显示，以使表格更具可读性。

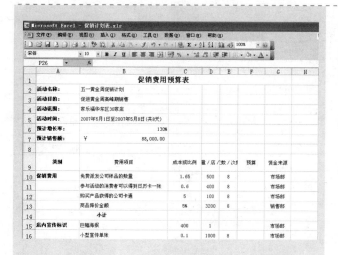

Step 9　设置百分比格式

按<Ctrl>键同时选中 B6 和 C13 单元格，然后单击"格式"工具栏中的"百分比样式"按钮 %。

Step 10　设置货币格式

选中 B7 单元格，然后单击"格式"工具栏中的"货币样式"按钮。

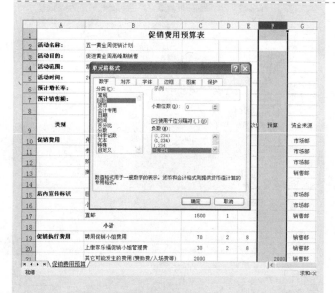

Step 11　设置数字格式

选中 F 列，参阅 1.1.2 小节 Step5 设置"小数位数"值为"0"的数值格式，并勾选"使用千位分隔符"复选框。

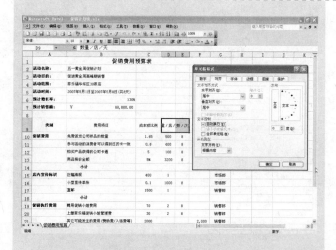

Step 12　设置单元格自动换行

①选中 D9:E9 单元格区域，右键单击，从弹出的快捷菜单中选择"设置单元格格式"。

②弹出"单元格格式"对话框，切换到"对齐"选项卡。

③在"文本控制"组合框中勾选"自动换行"复选框。

Step 13 编制"预算"

选中 F10 单元格，在编辑栏中输入以下公式，按<Enter>键确认。
`=C10*D10*E10`

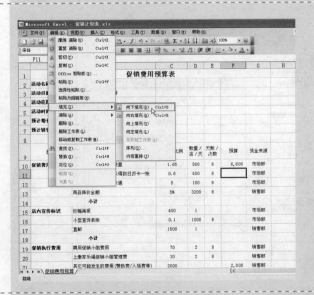

Step 14 自动填充公式

①单击菜单"编辑"→"填充"→"向下填充"，此时在 F11 单元格中会自动填充公式，按<Enter>键确认。
`=C11*D11*E11`

②按<Ctrl+D>组合键填充 F12 单元格公式，然后按<Enter>键确认。
③按<Ctrl+D>组合键填充 F13 单元格公式，然后按<Enter>键确认。

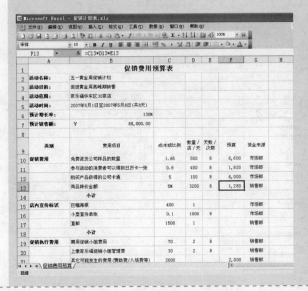

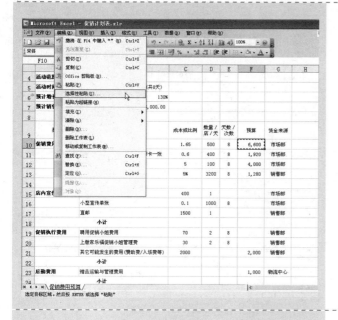

Step 15 选择性粘贴

①选中 F10 单元格,然后单击"格式"
工具栏中的 "复制" 按钮。
②单击菜单"编辑"→"选择性粘贴"。

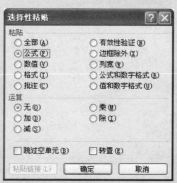

③在弹出的"选择项粘贴"对话框中
勾选 "粘贴" 组合框中的 "公式" 单选按
钮,然后单击 "确定" 按钮。

④按住<Ctrl>键同时选中 F16、F19
和 F20 单元格。
⑤单击 "格式" 工具栏中的 "粘贴"
按钮。

Step 16 编制其他"预算"

选中 F15 单元格，在编辑栏中输入以下公式，按<Enter>键确认。

`=C15*D15`

Step 17 选择性粘贴

①选中 F15 单元格，按<Ctrl+C>组合键复制此单元格公式。

②单击"格式"工具栏中"粘贴"按钮 右侧的下箭头按钮，在下拉菜单中单击"选择性粘贴"。

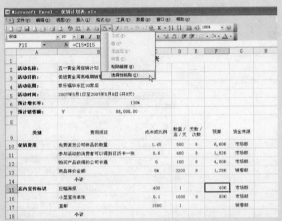

③在弹出的"选择项粘贴"对话框中勾选"粘贴"组合框中的"公式"单选按钮，然后单击"确定"按钮。

④选中 F17 单元格，按<Ctrl+V>组合键粘贴。

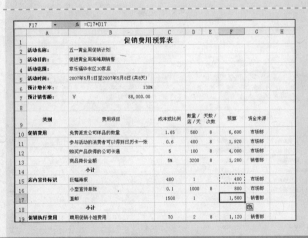

关键知识点讲解

移动或复制公式

在移动公式时，公式内的单元格引用不会更改。当复制公式时，单元格引用将根据所用的引用类型而变化。

①选中包含公式的单元格。

②验证公式中使用的单元格引用是否产生所需的结果，切换到所需的引用类型。若要移动公式，请使用绝对引用。

③选中包含公式的单元格。

④在"编辑"菜单上单击"复制"。

⑤选择要复制到的目标单元格。

⑥若复制公式和任何设置，可以单击菜单"编辑"→"粘贴"。

⑦若仅复制公式，可以单击菜单"编辑"→"选择性粘贴"，再单击"公式"。

4.1.2 编制"小计"公式

Step 1 编制"小计"公式

选中 F14 单元格，在编辑栏中输入以下公式，按<Enter>键确认。

=SUM(F$10:F13)-SUMIF($A$10:$A13,$A14,F$10:F13)*2

Step 2 编制其他"小计"

①选中 F14 单元格，按<Ctrl+C>组合键复制此单元格公式。

②按<Ctrl>键同时选中 F18、F22、F24 单元格。

③按<Ctrl+V>组合键粘贴。

Step 3 统计"总费用"

选中 F25 单元格，在编辑栏中输入以下公式，按<Enter>键确认。
=SUM(F$10:F24)/2

Step 4 设置表格边框

参阅 1.1.2 小节 Step11，选中 A9:G25 单元格区域，然后设置表格边框。

Step 5 隐藏网格线

参阅 1.3 节 Step15 隐藏网格线。

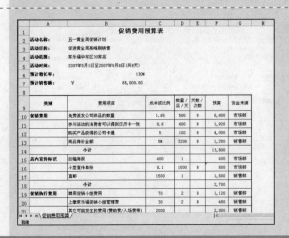

关键知识点讲解

SUMIF 函数

函数用途
根据指定的条件对若干个单元格求和。

函数语法

SUMIF(range,criteria,sum_range)

range：为用于条件判断的单元格区域。

criteria：为确定哪些单元格将被相加求和的条件，其形式可以为数字、表达式或文本。例如条件可以表示为 32、"32"、">32" 或者 "Excel"。

sum_range：是需要求和的实际单元格。

函数说明

● 只有在区域中相应的单元格符合条件的情况下，sum_range 中的单元格才求和。

● 如果忽略了 sum_range，则对区域中的单元格求和。

● Excel 还提供了其他的一些函数，它们可以根据条件来分析数据。例如要计算单元格区域内某个文本字符串或数字出现的次数，则可应用 COUNTIF 函数。如果要让公式根据某一个条件返回两个数值中的某一个值（例如根据指定销售额返回销售红利），则可应用 IF 函数。

	A 年龄	B 佣金
1		
2	20	7,000
3	30	14,000
4	40	21,000
5	50	28,000

函数简单示例

公　式	说明（结果）
=SUMIF(A2:A5,">25",B2:B5)	年龄超过 25 岁的佣金的和（63,000）

本例公式说明

本例中的公式为：

（1）`F14=SUM(F$10:F$13)-SUMIF($A$10:$A13,$A14,F$10:F13)*2`

其各个参数值指定 SUMIF 函数从 A10:A13 单元格区域，查找是否等于 A14 单元格"小计"的记录，并对 F 列中同一行的相应单元格的数值进行汇总。因为均不等于"小计"，所以 SUMIF 函数值为 0。F14 单元格则等于 F10:F13 单元格区域之和。

（2）`F18=SUM(F$10:F17)-SUMIF($A$10:$A17,$A18,F$10:F17)*2`

其各个参数值指定 SUMIF 函数从 A10:A17 单元格区域查找是否等于 A18 单元格"小计"的记录，并对 F 列中同一行的相应单元格的数值进行汇总。因为 A14 单元格等于"小计"，所以 SUMIF 函数值计算 F10:F17 单元格区域 F14 单元格的和。F18 单元格则等于 F10:F17 单元格区域之和减去 2 倍的 F14 单元格的值，即 F15:F18 单元格区域之和。

（3）`F22=SUM(F$10:F21)-SUMIF($A$10:$A21,$A22,F$10:F21)*2`

其各个参数值指定 SUMIF 函数从 A10:A21 单元格区域查找是否等于 A22 单元格"小计"的记录，并对 F 列中同一行的相应单元格的数值进行汇总。因为 A14 和 A18 单元格等于"小计"，所以 SUMIF 函数值计算 F10:F17 单元格区域中 F14 和 F18 单元格之和。F22 单元格则等于 F10:F21 单元格区域之和减去 2 倍的 F14 和 F18 单元格之和的值，即 F19:F21 单元格区域之和。

（4）`F24=SUM(F$10:F23)-SUMIF($A$10:$A23,$A24,F$10:F23)*2`

同理，F24 单元格等于 F23 单元格的值。

4.2 促销项目安排

案例背景

市场环境多变、竞争多样化是如今市场的真实写照。企业的促销管理也要适应这种市场竞争环境，做出统一的部署和安排，树立促销管理系统观。为了确保促销推广计划能高效、有序地进行，及时地了解实施的情况，这时绘制一个任务甘特图就显得尤为必要。

关键技术点

要实现本案例中的功能，读者应当掌握以下 Excel 技术点。

● 绘制甘特图　　　　New!
● 打印图表　　　　　New!

最终效果展示

任务甘特图

	计划开始日	天数	计划结束日
促销计划立案	2007-4-1	2	2007-4-2
促销战略决定	2007-4-4	5	2007-4-8
采购、与卖家谈判	2007-4-9	2	2007-4-10
促销商品宣传设计与印制	2007-4-11	5	2007-4-15
促销准备与实施	2007-4-25	14	2007-5-8
成果评估	2007-5-9	2	2007-5-10

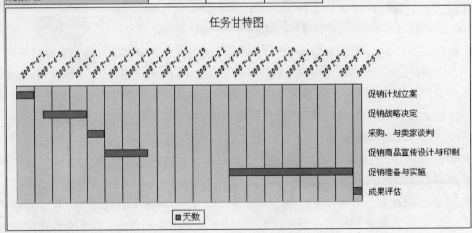

示例文件

光盘\本书示例文件\第 4 章\促销项目安排.xls

4.2.1　创建促销项目安排表

Step 1　创建工作簿、重命名工作表

参阅 1.2 节 Step1 至 Step2，创建工作簿"促销项目安排.xls"，然后将工作表重命名为"甘特图"并删除多余的工作表。

Step 2　输入表格标题

选中 A1:D1 单元格区域，设置格式为"合并及居中"，然后输入表格标题"任务甘特图"，并设置字形为"加粗"，字号为"14"。

Step 3　输入表格数据

参阅 1.1.1 小节 Step7 调整表格列宽，并输入表格数据。

Step 4　设置单元格格式

①按 <Ctrl> 键同时选中 A3:A8 和 B2:D2 单元格区域，设置填充颜色为"灰色-25%"。

②按 <Ctrl> 键同时选中 B2:D2 和 C3:C8 单元格区域，设置文本对齐方式为"居中"。

③选中 A2:D8 单元格区域，设置字号为"10"。

④选中 A2:D8 单元格区域，调整行高为"18"。

⑤选中 A2:D8 单元格区域，然后设置表格边框。

4.2.2 绘制甘特图

Excel 不包含内置的甘特图格式，不过可以通过自定义堆积条形图类型在 Excel 中创建甘特图。

1. 创建甘特图

Step 1 选择图表类型

①选择 A2:D8 单元格，单击"常用"工具栏中的"图表向导"按钮 📊。

②弹出"图表向导－4 步骤之 1－图表类型"对话框，在左侧的"图表类型"列表框中选择"条形图"，在右侧的"子图表类型"中选择"堆积条形图"（可以在对话框的底部找到每个子图表类型的名字）。

③单击"下一步"按钮。

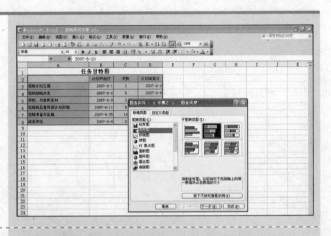

Step 2 选择图表源数据

在弹出的图表向导－4 步骤之 2－图表源数据"对话框中由于在 Step1 中已经选择了图表源所在的单元格区域，因此在这个对话框中不用再选择数据区域。

如果事先没有选择绘制图表的源数据区域，可以参阅 2.3.2 小节 Step2 选择绘制图表的源数据区域。

单击"下一步"按钮。

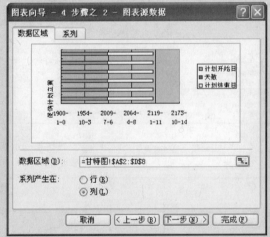

Step 3 配置"图表选项"

①在弹出的"图表向导－4 步骤之 3－图表选项"对话框中单击"标题"选项卡，然后在"图表标题"文本框中输入图表名称"任务甘特图"。

②单击"下一步"按钮。

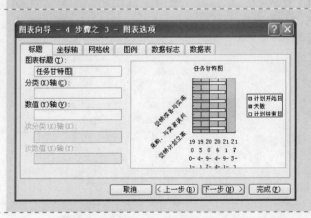

Step 4 设置"图表位置"

①在弹出的"图表向导—4 步骤之 4
—图表位置"对话框中选择默认的"作为
其中的对象插入"。

②单击"完成"按钮。

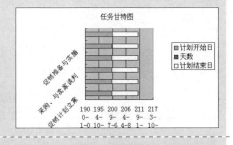

如图所示，一张简单的堆积条形图就
创建好了。

Step 5 拖曳堆积条形图至适当的位置

新建的堆积条形图可能会覆盖住含
有数据的单元格区域。为此可以在图表区
单击，按住鼠标左键不放拖曳堆积条形图
至合适的位置，然后松开鼠标即可。

2. 调整甘特图

Step 1 调整"数据系列格式"

①双击图表中的第一个表示"计划开
始日"的系列。Excel 2003 使用的是默认
颜色，该系列则为蓝色。随即弹出"数据
系列格式"对话框。

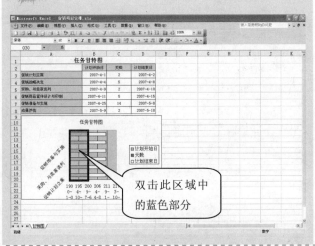

②在"数据系列格式"对话框中切换到"图案"选项卡，分别在"边框"和"内部"组合框中单击"无"，然后单击"确定"按钮。

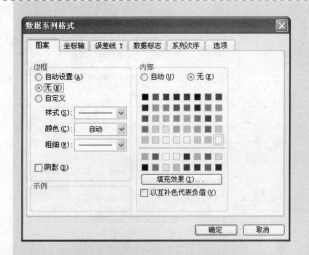

③双击图表中的第 2 个表示"计划结束日"的系列。Excel 2003 使用的是默认颜色，该系列则为象牙色。随即弹出"数据系列格式"对话框。

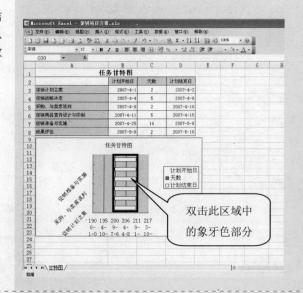

④在"数据系列格式"对话框中切换到"图案"选项卡，分别在"边框"和"内部"组合框中单击"无"，然后单击"确定"按钮。

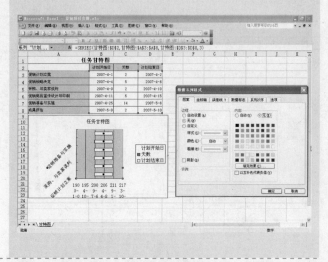

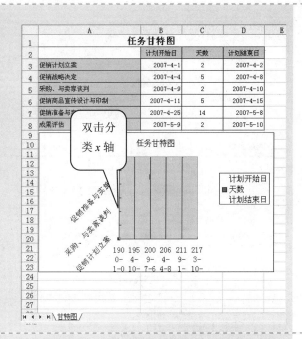

Step 2　调整坐标轴 *x* 轴格式

　　①在条形图中 *x* 轴和 *y* 轴与传统的习惯相反。双击分类（*x*）轴，它在条形图中为纵轴，随即弹出"坐标轴格式"对话框。

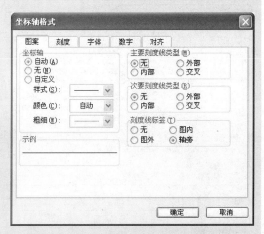

　　②在"坐标轴格式"对话框中切换到"图案"选项卡，在"主要刻度线类型"组合框中单击"无"。

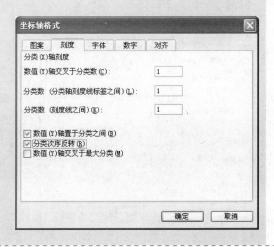

　　③在"坐标轴格式"对话框中切换到"刻度"选项卡，在"分类（*x*）轴刻度"列表框中的"分类数（分类轴刻度线标签之间）"文本框中输入"1"，并勾选"分类次序反转"复选框。

④切换到"字体"选项卡，在"字号"列表框中选择"8"。

⑤最后单击"确定"按钮。

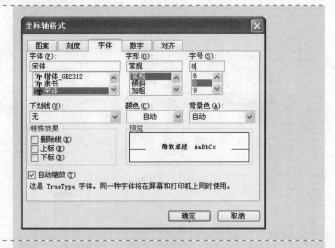

Step 3 调整坐标轴 y 轴格式

①双击取值（y）轴，它在条形图中为横轴。完成 Step2 后此轴应该位于图表区域的顶部，随即弹出"坐标轴格式"对话框。

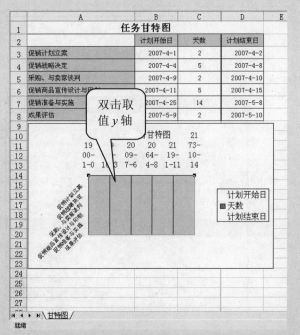

②在"坐标轴格式"对话框中切换到"刻度"选项卡，并在相应的文本框中输入下列值："最小值"为"39173"，"最大值"为"39212"，"主要刻度单位"为"2"，"次要刻度单位"为"1"。

③在"刻度"选项卡中选中"分类（x）轴交叉于最大值"复选框。

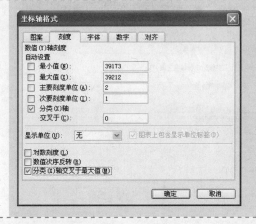

技巧 设置取值（y）轴刻度

这些值是一系列数字，代表取值（y）轴上用到的日期。"最小值" 39173 表示的日期是 2007 年 4 月 1 日，"最大值" 39212 表示的日期是 2007 年 5 月 10 日。"主要刻度单位" 2 表示两天，而 "次要刻度单位" 则表示 1 天。要查看日期的序列号，请在单元格中输入该日期 2007-4-1，然后应用 "常规" 数字格式设置该单元格的格式，即为 39173。

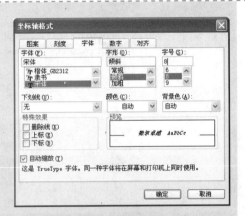

④单击 "字体" 选项卡，然后在 "字形" 列表框中选择 "倾斜"，在 "字号" 列表框中选择 "8"。

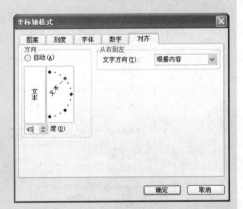

⑤切换到 "对齐" 选项卡，在 "方向" 下方 "度" 的文本框中输入 "45"。

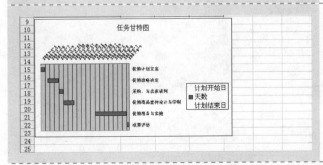

⑥单击 "确定" 按钮。

至此甘特图就基本调整好了，效果如图所示。

Step 4 放大甘特图

单击选中甘特图的绘图区，将光标移到绘图区的 4 个顶点的任意一个之上，然后向外拉即可放大甘特图，反之向里拉即可缩小甘特图。

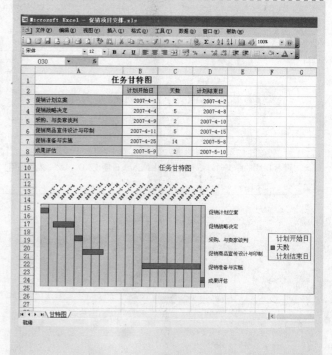

Step 5 调整图例格式

①右键单击图例，在弹出的快捷菜单上选择 "图例格式"弹出"图例格式"对话框。

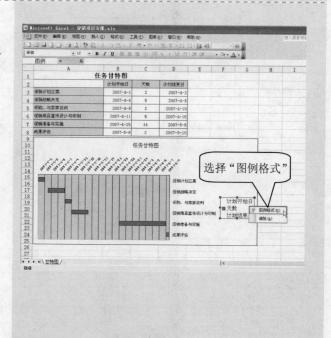

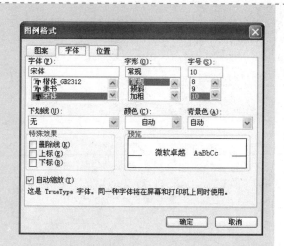

②切换到"字体"选项卡，然后在"字形"列表框中选择"常规"，在"字号"列表框中选择"10"。

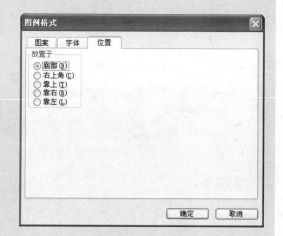

③切换到"位置"选项卡，在"放置于"组合框中勾选"底部"。
④单击"确定"按钮。

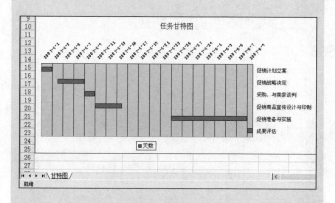

⑤在图例中单击选中"计划开始日"，然后按<Delete>键；单击选中"计划结束日"，然后按<Delete>键。
效果如左图所示。

Step 6 隐藏网格线、行号列标

①参阅 1.3 节 Step15 隐藏网格线。

②参阅 1.4.3 小节 Step4 隐藏行号列标。

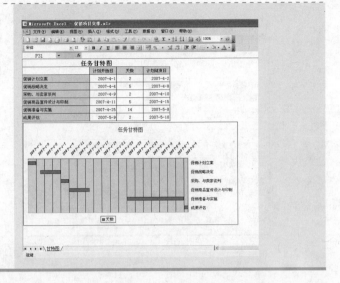

4.2.3 打印图表

Step 1 打印预览

①单击要打印的图表使图表处于激活的状态，单击菜单"文件"→"页面设置"打开"页面设置"对话框。

②切换到"图表"选项卡，然后单击"打印预览"按钮预览效果。

Step 2 调整页边距

①在预览的过程中单击"页边距"按钮，图表的周围就会出现虚框线，此时可以查看页边距的设置状态。如果不满意则可拖动虚线来改变图表的大小直到满意为止。

②页面设置完成单击"打印"按钮即可开始打印。

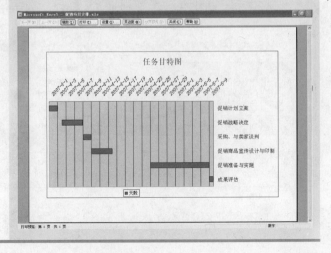

4.3 促销产品销售分析

案例背景

促销活动作为扩大市场、争夺顾客、树立形象的基本营销手段，必须做好对促销产品的销售分析并跟踪。为了便于及时地掌握销售量和库存量，以达到促销预期的效果，需要创建一张清晰的表格，按照门店名称自动筛选出每个区域的销售情况，并统计销售金额。

关键技术点

要实现本案例中的功能，读者应当掌握以下 Excel 技术点。

● 数据排序　　　　New!
● 自动筛选　　　　New!
● SUBTOTAL 函数的应用　　　New!

最终效果展示

	A	B	C	D	E	F	G	H	I
1	序号	门店名称	所在城市	责任人	产品型号	销售数	单价	金额	库存
17	6	家乐福上海南方店	上海	刘梅	0PS713-1	15	￥39.00	￥585.00	5
18	16	家乐福上海南方店	上海	刘梅	0TS700-3	25	￥29.00	￥725.00	7
19	26	家乐福上海南方店	上海	刘梅	AST500-3	15	￥49.00	￥735.00	13
20	36	家乐福上海南方店	上海	刘梅	JBS010-2	13	￥59.00	￥767.00	11
21	46	家乐福上海南方店	上海	刘梅	SHE009-1	14	￥66.00	￥924.00	12
22	5	家乐福上海联洋店	上海	刘梅	0PS713-1	23	￥39.00	￥897.00	7
23	15	家乐福上海联洋店	上海	刘梅	0TS700-3	24	￥29.00	￥696.00	13
24	25	家乐福上海联洋店	上海	刘梅	AST500-3	16	￥49.00	￥784.00	14
25	35	家乐福上海联洋店	上海	刘梅	JBS010-2	12	￥59.00	￥708.00	9
26	45	家乐福上海联洋店	上海	刘梅	SHE009-1	13	￥66.00	￥858.00	9
32	3	家乐福上海古北店	上海	刘梅	0PS713-1	45	￥39.00	￥1,755.00	2
33	13	家乐福上海古北店	上海	刘梅	0TS700-3	31	￥29.00	￥899.00	9
34	23	家乐福上海古北店	上海	刘梅	AST500-3	19	￥49.00	￥931.00	15
35	33	家乐福上海古北店	上海	刘梅	JBS010-2	17	￥59.00	￥1,003.00	6
36	43	家乐福上海古北店	上海	刘梅	SHE009-1	20	￥66.00	￥1,320.00	7
52		合计：				302		￥13,587.00	139

"合计"中的各项数值随着
筛选条件的改变而自动求和

示例文件

光盘\本书示例文件\第 4 章\促销产品销售分析.xls

4.3.1 创建促销产品销售分析表

Step 1 创建工作簿、重命名工作表

参阅 1.2 节 Step1 至 Step2 创建工作簿"促销产品销售分析.xls"，然后将工作表重命名为"促销分析"并删除多余的工作表。

Step 2 输入表格标题

输入单元格各个字段的标题名称，并设置字形为"加粗"。

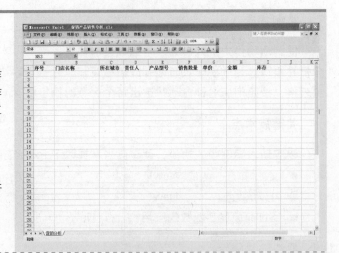

Step 3 输入表格数据

选中 A52:D52 单元格区域，设置格式为"合并及居中"，然后调整表格列宽，并输入各个单元格数据。

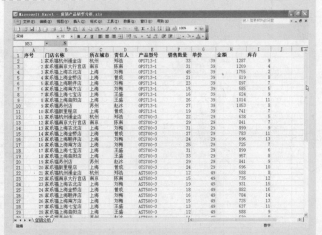

Step 4 设置表格格式

①使用前面介绍的方法设置 G 列、H 列货币样式。

②选中 A 列和 C:I 列，设置文本居中显示。

③选中 A2:I52 单元格区域，设置字号为"10"。

④选中 A1:I52 单元格区域，然后设置表格边框。

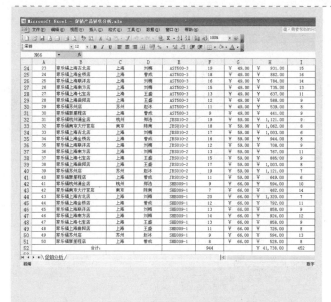

Step 5 统计"合计"

①选中 F52 单元格，在编辑栏中输入以下公式，按<Enter>键确认。

=SUBTOTAL(9,F2:F51)

②参阅 4.1.1 小节 Step15，将 F52 中的公式"选择性粘贴"至 H52 和 I52 单元格。

4.3.2 销售数据的排序

只有根据条件对数据进行排序，才能从一份毫无头绪的资料中迅速地获得重要的信息。

1. 简单排序

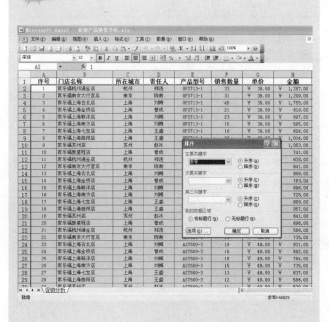

Step 1 选择排序的数据范围

选中 A1:I51 单元格区域，然后单击菜单"数据"→"排序"弹出"排序"对话框。

Step 2 选择排序关键词和顺序

①在"排序"对话框中单击"主要关键字"列表框右侧的下箭头按钮，然后选择"所在城市"。

②单击"次要关键字"列表框右侧的下箭头按钮，然后选择"门店名称"。

③单击"第三关键字"列表框右侧的下箭头按钮，选择"金额"，然后单击"降序"单选按钮。

④单击"确定"按钮。

随即 Excel 将促销产品按照所在城市、门店名称排序，且按照"金额"的高低降序来排列，结果如图所示。

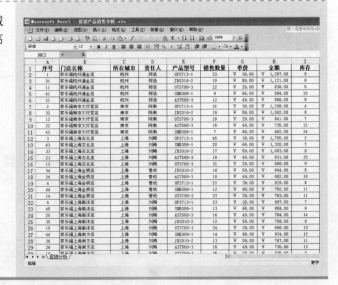

关键知识点讲解

解决常见的排序问题

● 没有正确地选择数据区域，而自动选择的区域中包含有空格

如果需要排序的数据区域不是标准的数据列表，并且包含空格，那么若在排序前没有手工先选定整个数据区域，而是只选定数据区域中的任意一个单元格，排序结果将很可能不正确。因为在这种情况下，Excel 并不总是能为用户自动地选择正确的数据区域。

● 内存不足的情况

Excel 是一款桌面型的电子表格软件，当处理过于庞大的数据量时，其性能会低于专业的数据库软件，并完全依赖于电脑的硬件配置。因此当排序或筛选的数据区域过大时，Excel 可能会提示用户"内存不足"。此时可以采用以下的方法解决。

（1）增加电脑的物理内存。

（2）优化电脑的性能，如关闭暂时不需要的其他程序，清理系统分区以保留足够剩余的空间，删除 Windows 临时文件等。

（3）减小排序的数据区域。

● 数据区域中包含有格式化为文本的数字

当数据区域中包含有格式化为文本的数字时，排序结果就会出错。在如下图所示的表格中，A5:A10 单元格区域是文本型数字，此时按"编号"进行排序，较小的"编号"就可能会排到较大的"编号"的后面。

	A	B
1	编号	名称
2	117	A电池
3	199	3A电池
4	229	太阳能电池
5	105	5A电池
6	124	2A电池
7	189	锂电池
8	244	4A电池
9	291	镍电池
10	402	电池

要想使排序结果正确，必须先将文本型数字转换为数值型数字，方法如下。

（1）单击工作表中的任意一个空单元格，然后按<Ctrl+C>组合键。

（2）选定 A5:A10 单元格区域，单击菜单"编辑"→"选择性粘贴"。

（3）在弹出的"选择性粘贴"对话框中选择"加"项，然后单击"确定"按钮即可。

● 提示"不同的单元格格式太多"

如果用户的工作簿中存在着 4000 种以上的单元格格式组合，那么在执行许多命令时（包括排序）Excel 都会提示"不同的单元格格式太多"。

这里所谈到的单元格格式组合是指工作簿中的任意一个单元格。如果所设置的单元格格式与其他的单元格有任何细微的差别，即成为一种单元格格式组合。比如有两个单元格，都设置单元格格式为红色宋体 12 号字，如果其中的一个单元格的数字格式使用 2 位小数，而另一个单元格的数据格式不使用小数，那么这两个单元格则各使用一种单元格格式组合。

在一般情况下，4000 种的上限已足够用户设置数据区域。但如果某个工作簿文件经过多人之手，长年累月地使用，并且有很多内容是从别的文件中复制而来的，那么也可能最终导致超出限制。

解决的方法是简化工作簿的格式，使用统一的字体、图案与数字格式。

● 排序区域包含合并单元格

如果在排序的时候 Excel 提示"此操作要求合并单元格都具有相同大小"，则说明数据区域中包含合并单元格，并且合并单元格的大小各不相同。例如下图所示的表格，A 列的数据是由合并单元格组成，而 B 列和 C 列中都没有合并单元格，此时如果对整个数据区域进行排序操作将无法进行。

	A	B	C
1	部门	姓名	奖金
2		办公室_1	1000
3	办公室	办公室_2	1000
4		办公室_3	1000
5		科技部_1	1500
6	科技部	科技部_2	1500
7		科技部_3	1500
8		科技部_4	1500
9	财务部	财务部_1	500
10		财务部_2	500

在上图所示的表格中，需要取消所有的已合并的单元格，然后才能排序。

而在如下图所示的表格中，由于同行次的合并单元格的大小完全相同，因此可以正常排序。

	A	B
1	列一	列二
2		
3		
4	B	1
5		
6		
7	C	2
8		
9		
10	A	3

2. 自定义排序

上面按"所在城市"的排序是按照字符的先后顺序进行排列的。用户也可以根据自己的需要设定排序的依据，即自定义排序。

Step 1 添加自定义序列

①单击菜单"工具"→"选项"打开"选项"对话框，切换到"自定义序列"选项卡。

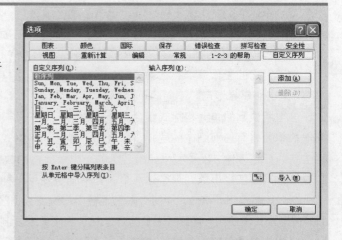

②选择"自定义序列"列表框中的"新序列"项，在"输入序列"文本框中填写自定义序列，输入每一个序列后应按<Enter>键或者用逗号隔开。

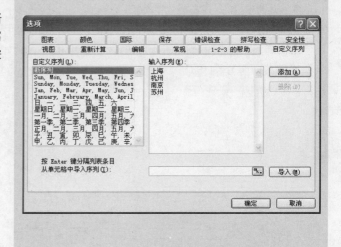

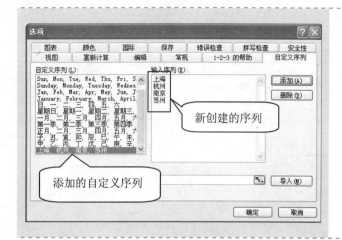

③输入完毕单击"添加"按钮将其添加到"自定义序列"中。

④单击"确定"按钮。

修改自定义序列

如果对某一个自定义序列需要修改，则可选择该序列，然后单击"删除"按钮，再重新添加自定义序列即可。

Step 2　选择排序的数据范围

①选中 A1:I51 单元格区域，然后单击菜单"数据"→"排序"弹出"排序"对话框。

②在"排序"对话框中单击"选项"按钮，弹出"排序选项"对话框。

③在"自定义排序次序"下拉列表中选择前面所添加的自定义所在城市序列。

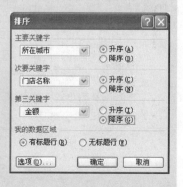

④单击"确定"按钮返回"排序"对话框，然后进行排序方式的设置。

⑤单击"确定"按钮，此时工作表就会显示出按自定义序列排序的结果。

	A	B	C	D	E	F	G	H
22	17	家乐福上海七宝店	上海	王盛	0TS700-3	31	¥ 29.00	¥ 899.00
23	37	家乐福上海七宝店	上海	王盛	JBS010-2	15	¥ 59.00	¥ 885.00
24	47	家乐福上海七宝店	上海	王盛	SHE009-1	13	¥ 66.00	¥ 858.00
25	27	家乐福上海七宝店	上海	王盛	AST500-3	13	¥ 49.00	¥ 637.00
26	7	家乐福上海七宝店	上海	王盛	0PST13-1	16	¥ 39.00	¥ 624.00
27	8	家乐福上海南方店	上海	王盛	0PST13-1	26	¥ 39.00	¥ 1,014.00
28	38	家乐福上海南方店	上海	王盛	JBS010-2	17	¥ 59.00	¥ 1,003.00
29	18	家乐福上海南方店	上海	王盛	0TS700-3	33	¥ 29.00	¥ 957.00
30	48	家乐福上海南方店	上海	王盛	SHE009-1	11	¥ 66.00	¥ 726.00
31	28	家乐福上海南方店	上海	王盛	AST500-3	12	¥ 49.00	¥ 588.00
32	9	家乐福新里程店	上海	曾成	0PST13-1	19	¥ 39.00	¥ 741.00
33	20	家乐福新里程店	上海	曾成	0TS700-3	24	¥ 29.00	¥ 696.00
34	40	家乐福新里程店	上海	曾成	JBS010-2	11	¥ 59.00	¥ 649.00
35	50	家乐福新里程店	上海	曾成	SHE009-1	8	¥ 66.00	¥ 528.00
36	30	家乐福新里程店	上海	曾成	AST500-3	9	¥ 49.00	¥ 441.00
37	1	家乐福杭州涌金店	杭州	郑浩	0PST13-1	33	¥ 39.00	¥ 1,287.00
38	31	家乐福杭州涌金店	杭州	郑浩	JBS010-2	19	¥ 59.00	¥ 1,121.00
39	11	家乐福杭州涌金店	杭州	郑浩	0TS700-3	22	¥ 29.00	¥ 638.00
40	41	家乐福杭州涌金店	杭州	郑浩	SHE009-1	9	¥ 66.00	¥ 594.00
41	21	家乐福杭州涌金店	杭州	郑浩	AST500-3	12	¥ 49.00	¥ 588.00
42	32	家乐福苏州店	苏州	赵冰	JBS010-2	19	¥ 59.00	¥ 1,121.00
43	9	家乐福苏州店	苏州	赵冰	0PST13-1	27	¥ 39.00	¥ 1,053.00
44	19	家乐福苏州店	苏州	赵冰	0TS700-3	29	¥ 29.00	¥ 841.00
45	49	家乐福苏州店	苏州	赵冰	SHE009-1	9	¥ 66.00	¥ 594.00

4.3.3 销售数据的自动筛选

利用 Excel 的筛选功能能够在一份复杂的数据清单中迅速地查到满足条件的数据资料。

Step 1　对单一值筛选

①选中清单中的任意一个单元格，然后单击菜单"数据"→"筛选"→"自动筛选"，此时数据清单中的每一列都会添加一个下箭头按钮 ▾。

	A 序号	B 门店名称	C 所在城市	D 责任人	E 产品型号	F 销售数量	G 单价	H 金额	I 库存
1	1	家乐福杭州涌金店	杭州	郑浩	0PST13-1	33	¥ 39.00	¥ 1,287.00	9
2	2	家乐福南京大行宫店	南京	陈南	0PST13-1	31	¥ 39.00	¥ 1,209.00	4
3	3	家乐福上海古北店	上海	刘梅	0PST13-1	45	¥ 39.00	¥ 1,755.00	2
4	4	家乐福上海金桥店	上海	刘梅	0PST13-1	21	¥ 39.00	¥ 819.00	8
5	5	家乐福上海联洋店	上海	刘梅	0PST13-1	23	¥ 39.00	¥ 897.00	7
6	6	家乐福上海南方店	上海	刘梅	0PST13-1	15	¥ 39.00	¥ 585.00	5
7	7	家乐福上海七宝店	上海	王盛	0PST13-1	16	¥ 39.00	¥ 624.00	9
8	8	家乐福上海南方店	上海	王盛	0PST13-1	26	¥ 39.00	¥ 1,014.00	11
9	9	家乐福苏州店	苏州	赵冰	0PST13-1	27	¥ 39.00	¥ 1,053.00	8
10	10	家乐福新里程店	上海	曾成	0PST13-1	19	¥ 39.00	¥ 741.00	7
11	11	家乐福杭州涌金店	杭州	郑浩	0TS700-3	22	¥ 29.00	¥ 638.00	5
12	12	家乐福南京大行宫店	南京	陈南	0TS700-3	29	¥ 29.00	¥ 841.00	7
13	13	家乐福上海古北店	上海	刘梅	0TS700-3	31	¥ 29.00	¥ 899.00	9
14	14	家乐福上海金桥店	上海	曾成	0TS700-3	27	¥ 29.00	¥ 783.00	11
15	15	家乐福上海联洋店	上海	刘梅	0TS700-3	24	¥ 29.00	¥ 696.00	13
16	16	家乐福上海南方店	上海	刘梅	0TS700-3	25	¥ 29.00	¥ 725.00	7
17	17	家乐福上海七宝店	上海	王盛	0TS700-3	31	¥ 29.00	¥ 899.00	6
18	18	家乐福上海南方店	上海	王盛	0TS700-3	33	¥ 29.00	¥ 957.00	8
19	19	家乐福苏州店	苏州	赵冰	0TS700-3	29	¥ 29.00	¥ 841.00	9
20	20	家乐福新里程店	上海	曾成	0TS700-3	24	¥ 29.00	¥ 696.00	10
21	21	家乐福杭州涌金店	杭州	郑浩	AST500-3	12	¥ 49.00	¥ 588.00	8

②单击下箭头按钮 ▾ 将显示这一列所有的不重复的值，用户可以对这些值进行选择。

	A 序号	B 门店名称	C 所在城市	D 责任人	E 产品型号	F 销售数量	G 单价	H 金额	I 库存
1	1	升序排列 / 降序排列 / (全部) / (前10个...) / (自定义...)	杭州	郑浩	0PST13-1	33	¥ 39.00	¥ 1,287.00	9
2	2		南京	陈南	0PST13-1	31	¥ 39.00	¥ 1,209.00	4
3	3		上海	曾成	0PST13-1	45	¥ 39.00	¥ 1,755.00	2
4	4		上海	曾成	0PST13-1	21	¥ 39.00	¥ 819.00	8
5	5		上海	刘梅	0PST13-1	23	¥ 39.00	¥ 897.00	7
6	6		上海	刘梅	0PST13-1	15	¥ 39.00	¥ 585.00	5
7	7		上海	王盛	0PST13-1	16	¥ 39.00	¥ 624.00	9
8	8		上海	王盛	0PST13-1	26	¥ 39.00	¥ 1,014.00	11
9	9		苏州	赵冰	0PST13-1	27	¥ 39.00	¥ 1,053.00	8
10	10		上海	曾成	0PST13-1	19	¥ 39.00	¥ 741.00	7
11	11		杭州	郑浩	0TS700-3	22	¥ 29.00	¥ 638.00	5
12	12	(空白)	南京	陈南	0TS700-3	29	¥ 29.00	¥ 841.00	7
13	13	家乐福上海古北店	上海	刘梅	0TS700-3	31	¥ 29.00	¥ 899.00	9
14	14	家乐福上海金桥店	上海	曾成	0TS700-3	27	¥ 29.00	¥ 783.00	11
15	15	家乐福上海联洋店	上海	刘梅	0TS700-3	24	¥ 29.00	¥ 696.00	13
16	16	家乐福上海南方店	上海	刘梅	0TS700-3	25	¥ 29.00	¥ 725.00	7
17	17	家乐福上海七宝店	上海	王盛	0TS700-3	31	¥ 29.00	¥ 899.00	6
18	18	家乐福上海南方店	上海	王盛	0TS700-3	33	¥ 29.00	¥ 957.00	8
19	19	家乐福苏州店	苏州	赵冰	0TS700-3	29	¥ 29.00	¥ 841.00	9

③选中某一个数值，如"家乐福南京大行宫店"，Excel 将会显示出与这个数据有关的记录，其他的记录都会被隐藏起来。筛选出来的记录的行标记会变为蓝色，这些蓝色的行标记是在原始数据清单中的行标记。

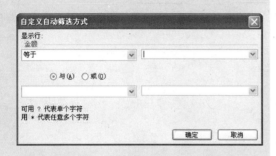

Step 2 指定条件筛选

①单击"金额"的下箭头按钮 ▾，在弹出的下拉列表中选择"自定义"选项弹出"自定义自动筛选方式"对话框。

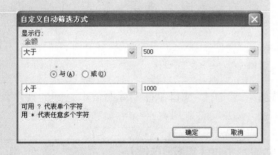

②在该对话框中"金额"的设置条件为"大于 500"和"小于 1000"，两者的关系是"与"。

最后单击"确定"按钮。

③筛选后的结果是"金额"在 500～1000 的记录。

当单击下箭头按钮 ▼ 时，在其下拉列表中还有"升序排列"和"降序排列"两个选项，这就是 Excel 的另一个功能，在筛选的同时还可以排序，即将筛选结果按照"升序"或者"降序"的方式进行排序。

如果要取消筛选结果，可以在下拉列表中选择"全部"选项，这样记录就会全部显示出来。

如果要撤消数据列中的下箭头按钮 ▼，可以单击菜单"数据"→"筛选"→"自动筛选"。

关键知识点讲解

SUBTOTAL 函数

函数用途

返回列表或数据库中的分类汇总。通常使用"数据"菜单中的"分类汇总"命令能很容易地创建带有分类汇总的列表。一旦创建了分类汇总，就可以通过应用 SUBTOTAL 函数对该列表进行修改。

函数语法

SUBTOTAL(function_num,ref1,ref2,...)

function_num：为 1~11（包含隐藏值）或 101~111（忽略隐藏值）之间的数字，指定应用何种函数在列表中进行分类汇总计算。

Function_num（包含隐藏值）	Function_num（忽略隐藏值）	函　　数
1	101	AVERAGE
2	102	COUNT
3	103	COUNTA
4	104	MAX
5	105	MIN
6	106	PRODUCT
7	107	STDEV
8	108	STDEVP
9	109	SUM
10	110	VAR
11	111	VARP

ref1,ref2,：为要进行分类汇总计算的 1 到 29 个区域或引用。

函数说明

● 如果在 ref1,ref2,…中有其他的分类汇总（嵌套分类汇总），将忽略这些嵌套分类汇总，以避免重复计算。

● 当 function_num 为从 1～11 的常数时，SUBTOTAL 函数将包括通过"格式"菜单的"行"子菜单下面的"隐藏"命令所隐藏的行中的值。当要分类汇总列表中的隐藏和非隐藏值时，可使用这些常数。当 function_num 为从 101～111 的常数时，SUBTOTAL 函数将忽略通过"格式"菜单的"行"子菜单下面的"隐藏"命令所隐藏的行中的值。当只分类汇总列表中的非隐藏数字时，可使用这些常数。

● SUBTOTAL 函数忽略任何不包括在筛选结果中的行，不论使用什么 function_num 值。

● SUBTOTAL 函数适用于数据列或垂直区域，不适用于数据行或水平区域。例如当 function_num 大于或等于 101 需要分类汇总某个水平区域时，例如 SUBTOTAL(109,B2:G2)，则隐藏某一列而不影响分类汇总。但是隐藏分类汇总的垂直区域中的某一行就会对其产生影响。

● 如果所指定的某一个引用为三维引用，SUBTOTAL 函数将返回错误值"#VALUE!"。

函数简单示例

	A
1	120
2	10
3	150
4	23

公　　式	说明（结果）
=SUBTOTAL(9,A1:A4)	对 A 列应用 SUM 函数计算出的分类汇总（303）
=SUBTOTAL(1,A1:A4)	对 A 列应用 AVERAGE 函数计算出的分类汇总（75.75）

本例公式说明

本例中的公式为：

`=SUBTOTAL(9,F2:F51)`

其各个参数值指定 SUBTOTAL 函数对 F2:F51 单元格区域应用 SUM 函数计算出的分类汇总。

4.4 产品销售占比分析

案例背景

每一次促销活动结束，就必须对促销活动进行分析。通过分析产品的销售排行、销售占比、销售的增长等可以对经营的产品优胜劣汰，以达到产品结构调整与更新的目的。通过分析得出的数字，更有利于评估分析促销活动的效果。

关键技术点

要实现本案例中的功能，读者应当掌握以下 Excel 技术点。

● 分类汇总　　　　　　　New!

● 选择性粘贴工作表　　　New!

● 三维饼图　　　　　　　New!

最终效果展示

产品型号	销售数量	单价		金额		库存
OPS713-1 汇总	256	¥	39.00	¥	9,984.00	70
OTS700-3 汇总	275	¥	29.00	¥	7,975.00	85
AST500-3 汇总	140	¥	49.00	¥	6,860.00	115
JBS010-2 汇总	157	¥	59.00	¥	9,263.00	81
SHE009-1 汇总	116	¥	66.00	¥	7,656.00	101
总计	944			¥	41,738.00	452

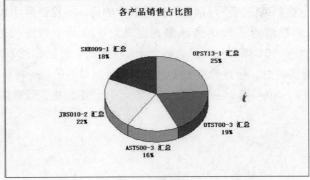

各产品销售占比图

示例文件

光盘\本书示例文件\第 4 章\促销产品销售占比分析.xls

4.4.1 分类汇总

分类汇总是对数据列表进行数据分析的一种方法，即对数据列表中指定的字段进行分类，然后统计同一类记录的有关信息。汇总的内容由用户指定，既可以汇总同一类记录的记录总数，也可以对某些字段值进行计算。

Step 1 创建工作簿、重命名工作表

参阅 1.2 节 Step1 至 Step 2 创建工作簿"促销产品销售占比分析.xls"，然后将工作表重命名为"分类汇总"并删除多余的工作表。

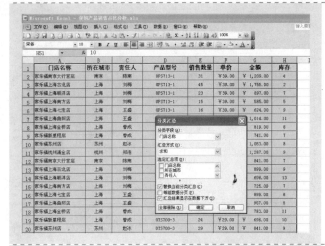

Step 2 分类汇总

①选中 A1:H51 单元格区域，然后单击菜单"数据"→"分类汇总"打开"分类汇总"对话框。

②在"分类字段"下拉列表中选择"产品型号"选项，在"汇总方式"下拉列表中选择"求和"选项，在"选定汇总项"列表框中勾选"销售数量"、"金额"和"库存"等复选框，接着勾选"替换当前分类汇总"和"汇总结果显示在数据下方"两个复选框。

③单击"确定"按钮，每个型号的促销产品的分类汇总就会清晰地显示在工作表中。

技巧 取消分列汇总

分类汇总是根据字段名进行汇总的，因此要对销售数据表进行分类汇总，数据表中的每一个字段就必须有字段名，即每一列都有列标题。

如果要取消数据的分类汇总，只要在"分类汇总"对话框中单击"全部删除"按钮即可将销售数据恢复原样。

Step 3 预览分页显示汇总

①选中数据清单中的任意一个非空单元格，单击菜单"数据"→"分类汇总"弹出"分类汇总"对话框，勾选"每组数据分页"复选框，然后单击"确定"按钮即可完成分页显示分类汇总设置，此时在每一个分类汇总项的下方会出现一条虚线。

②单击菜单"文件"→"打印预览"，可以看到页面中只有一个汇总项。单击"关闭"按钮即可恢复至普通视图状态。

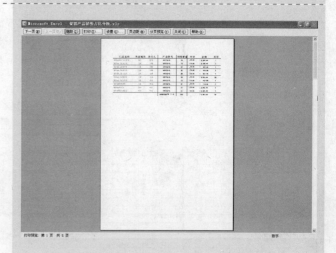

Step 4 填充"单价"字段

在分类汇总时，依据此时"分类字段"和"选定汇总项"中的位置，其余的字段不会显示，因此"单价"的单元格是空的。

①选中 F2:F56 单元格区域，单击菜单"编辑"→"定位"弹出"定位"对话框。

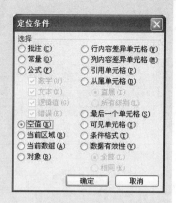

②单击"定位"对话框中的"定位条件"按钮弹出"定位条件"对话框。

③在"选择"组合框中勾选"空值"，然后单击"确定"按钮退出。

	A	B	C	D	E	F	G	H
1	门店名称	所在城市	责任人	产品型号	销售数量	单价	金额	库存
2	家乐福南京大行宫店	南京	陈南	0PS713-1	31	¥39.00	¥ 1,209.00	4
3	家乐福上海古北店	上海	刘梅	0PS713-1	45	¥39.00	¥ 1,755.00	2
4	家乐福上海联洋店	上海	刘梅	0PS713-1	23	¥39.00	¥ 897.00	7
5	家乐福上海南方店	上海	刘梅	0PS713-1	15	¥39.00	¥ 585.00	6
6	家乐福上海七宝店	上海	王盛	0PS713-1	16	¥39.00	¥ 624.00	9
7	家乐福上海曲阳店	上海	王盛	0PS713-1	26	¥39.00	¥ 1,014.00	11
8	家乐福上海金桥店	上海	曾成	0PS713-1	21	¥39.00	¥ 819.00	8
9	家乐福新里程店	上海	曾成	0PS713-1	19	¥39.00	¥ 741.00	7
10	家乐福苏州店	苏州	赵冰	0PS713-1	27	¥39.00	¥ 1,053.00	8
11	家乐福杭州浦金店	杭州	郑浩	0PS713-1	33	¥39.00	¥ 1,287.00	9
12				0PS713-1 汇总	256		¥ 8,984.00	70
13	家乐福南京大行宫店	南京	陈南	0TS700-3	29	¥29.00	¥ 841.00	7
14	家乐福上海古北店	上海	刘梅	0TS700-3	31	¥29.00	¥ 899.00	9
15	家乐福上海联洋店	上海	刘梅	0TS700-3	24	¥29.00	¥ 696.00	13
16	家乐福上海南方店	上海	刘梅	0TS700-3	25	¥29.00	¥ 725.00	7
17	家乐福上海七宝店	上海	王盛	0TS700-3	31	¥29.00	¥ 899.00	6
18	家乐福上海曲阳店	上海	王盛	0TS700-3	33	¥29.00	¥ 957.00	8
19	家乐福上海金桥店	上海	曾成	0TS700-3	27	¥29.00	¥ 783.00	11
20	家乐福新里程店	上海	曾成	0TS700-3	24	¥29.00	¥ 696.00	10
21	家乐福苏州店	苏州	赵冰	0TS700-3	29	¥29.00	¥ 841.00	9
22	家乐福杭州浦金店	杭州	郑浩	0TS700-3	22	¥29.00	¥ 638.00	5
23				0TS700-3 汇总	275		¥ 7,975.00	85

此时 F12、F23、F34 和 F56 单元格会被同时选中。

	A	B	C	D	E	F	G	H
1	门店名称	所在城市	责任人	产品型号	销售数量	单价	金额	库存
2	家乐福南京大行宫店	南京	陈南	0PS713-1	31	¥39.00	¥ 1,209.00	4
3	家乐福上海古北店	上海	刘梅	0PS713-1	45	¥39.00	¥ 1,755.00	2
4	家乐福上海联洋店	上海	刘梅	0PS713-1	23	¥39.00	¥ 897.00	7
5	家乐福上海南方店	上海	刘梅	0PS713-1	15	¥39.00	¥ 585.00	6
6	家乐福上海七宝店	上海	王盛	0PS713-1	16	¥39.00	¥ 624.00	9
7	家乐福上海曲阳店	上海	王盛	0PS713-1	26	¥39.00	¥ 1,014.00	11
8	家乐福上海金桥店	上海	曾成	0PS713-1	21	¥39.00	¥ 819.00	8
9	家乐福新里程店	上海	曾成	0PS713-1	19	¥39.00	¥ 741.00	7
10	家乐福苏州店	苏州	赵冰	0PS713-1	27	¥39.00	¥ 1,053.00	8
11	家乐福杭州浦金店	杭州	郑浩	0PS713-1	33	¥39.00	¥ 1,287.00	9
12				0PS713-1 汇总	256	¥39.00	¥ 9,984.00	70
13	家乐福南京大行宫店	南京	陈南	0TS700-3	29	¥29.00	¥ 841.00	7
14	家乐福上海古北店	上海	刘梅	0TS700-3	31	¥29.00	¥ 899.00	9
15	家乐福上海联洋店	上海	刘梅	0TS700-3	24	¥29.00	¥ 696.00	13
16	家乐福上海南方店	上海	刘梅	0TS700-3	25	¥29.00	¥ 725.00	7
17	家乐福上海七宝店	上海	王盛	0TS700-3	31	¥29.00	¥ 899.00	6
18	家乐福上海曲阳店	上海	王盛	0TS700-3	33	¥29.00	¥ 957.00	8
19	家乐福上海金桥店	上海	曾成	0TS700-3	27	¥29.00	¥ 783.00	11
20	家乐福新里程店	上海	曾成	0TS700-3	24	¥29.00	¥ 696.00	10
21	家乐福苏州店	苏州	赵冰	0TS700-3	29	¥29.00	¥ 841.00	9
22	家乐福杭州浦金店	杭州	郑浩	0TS700-3	22	¥29.00	¥ 638.00	5
23				0TS700-3 汇总	275	¥29.00	¥ 7,975.00	85

求和=¥ 242.00

④在编辑栏输入等号，用鼠标选中 F11 单元格，然后按<Ctrl+Enter>组合键实现批量录入。

⑤单击"格式"工具栏中的"填充颜色"按钮右侧的下箭头按钮，选择"浅绿"，填充已经被同时选中的 F12、F23、F34 和 F56 单元格。

Step 5 分级显示销售数据

从图中可以看出 A2:A12 单元格区域为一小组，A13:A23 单元格区域为另一个小组，依次类推，最外围的 A2:A57 单元格区域则为一大组。

选中 A2:H56 单元格区域，单击菜单"数据"→"组及分级显示"→"隐藏明细数据"。

此时在该数据清单中仅有汇总结果行显示，其他的详细数据已经被隐藏起来。

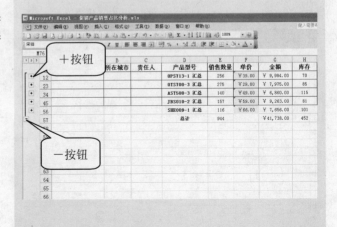

技巧　取消隐藏明细操作

　　如果要取消隐藏明细操作，只要单击菜单"数据"→"组及分级显示"→"显示明细数据"，此时隐藏的明细数据又会显示在列表上。

　　其实显示和隐藏明细数据还有一种非常简便的方法，就是直接单击 ✚ 或 ━ 按钮进行显示或隐藏。如果要按级别显示数据，则可单击按钮 1 2 3，级别分别为 1～4。当对销售数据分类汇总后，数据清单就会形成分级显示的样式，这样便于了解总体结构。通过对 ✚ 或 ━ 按钮的操作，用户可以观察到不同级别的数据。

4.4.2　创建"分类汇总后统计表"

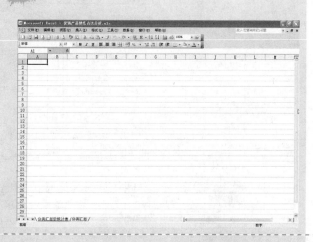

Step 1　新建工作表

　　单击菜单"插入"→"工作表"，在"分类汇总"工作表之前插入新的工作表"Sheet1"，然后将工作表重命名为"分类汇总后统计表"。

Step 2　移动工作表

　　单击"分类汇总后统计表"工作表标签，按住鼠标左键不放，待光标变为 ▯ 形状拖曳光标至"分类汇总"工作表标签的右边，然后松开鼠标即可，此时"分类汇总后统计表"工作表就成为了工作簿中的第 2 个工作表。

Step 3 选择性粘贴工作表

①单击"分类汇总"工作表标签切换到"分类汇总"工作表，然后参阅 4.4.1 小节 Step5，单击按钮 ②按级别显示数据。

②选中 D1:H57 单元格区域。

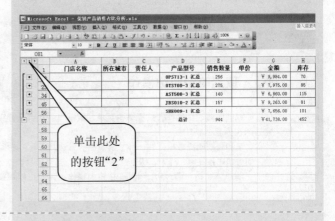

③参阅 4.4.1 小节 Step4，单击菜单"编辑"→"定位"，在弹出的"定位"对话框中单击"定位条件"按钮弹出"定位条件"对话框，在"选择"组合框中勾选"可见单元格"，然后单击"确定"按钮退出。

单击"常用"工具栏上的"复制"按钮。

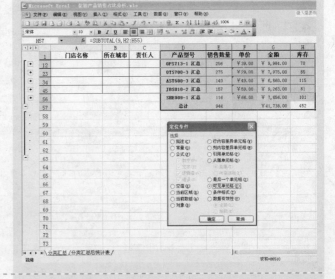

④单击"分类汇总后统计表"工作表标签切换到此工作表中，选中 A1 单元格，然后在右键快捷菜单中单击"选择项粘贴"。

⑤在弹出的"选择项粘贴"对话框中勾选"粘贴"组合框中"数值"单选按钮，然后单击"确定"按钮。

Step 4　设置单元格格式

①参阅 1.1.1 小节 Step7 和 Step14，适当地调整表格的列宽和行高。

②参阅 1.1.2 小节 Step6，设置 C 列和 D 列为货币样式。

③设置字号、文本居中显示及字形加粗。

④参阅 1.1.2 小节 Step11 设置表格边框。

4.4.3　绘制三维饼图

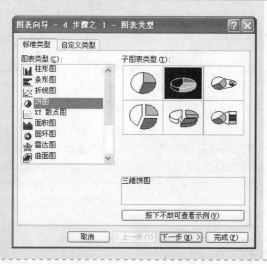

Step 1　选择图表类型

选中 A2:A6 单元格区域，按住<Ctrl>键不放同时选中 D2:D6 单元格区域。单击"常用"工具栏中的"图表向导"按钮弹出"图表向导－4 步骤之 1－图表类型"对话框，在左侧的"图表类型"列表框中选择"饼图"，在右侧的"子图表类型"中选择默认的"三维饼图"，然后单击"下一步"按钮。

Step 2 选择图表源数据

在弹出的"图表向导—4 步骤之 2—图表源数据"对话框中由于在 Step1 中已经选择了图表源所在的单元格区域，因此在这个对话框中不用再选择数据区域。

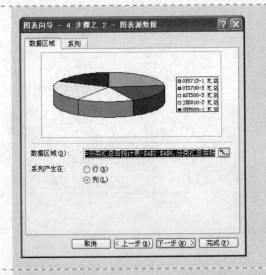

如果事先没有选择绘制图表的源数据区域，则需要单击"数据区域"文本框右侧的"折叠"按钮。

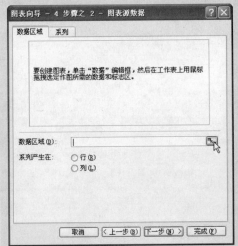

弹出"数据区域："选项框。

拖动鼠标选择源数据所在的 A2:A6 单元格区域，然后按住<Ctrl>键不放同时选中 D2:D6 单元格区域。

这时在"数据区域："选项框中会出现"=分类汇总后统计表!$A$2:$A$6,分类汇总后统计表!$D$2:$D$6"。

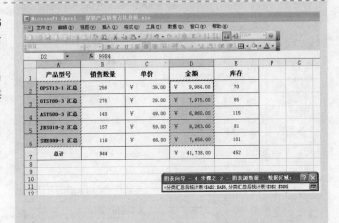

数据源区域确定后单击"数据区域："选项框右侧的"展开"按钮返回"源数据"对话框，然后单击"下一步"按钮。

Step 3 配置"图表选项"

在弹出的"图表向导－4 步骤之 3－图表选项"对话框中单击"标题"选项卡，在"图表标题"文本框中输入图表名称"各产品销售占比图"，然后单击"下一步"按钮。

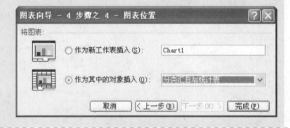

Step 4 设置"图表位置"

在弹出的"图表向导－4 步骤之 4－图表位置"对话框中选择默认的"作为其中的对象插入"。

最后单击"完成"按钮。

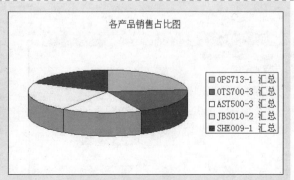

这样一张简单的饼图就创建好了。

Step 5 拖曳饼图至适当的位置

新建的饼图可能会覆盖住含有数据的单元格区域，为此可以在图表区单击，按住鼠标不放拖曳饼图至合适的位置，然后松开鼠标即可。

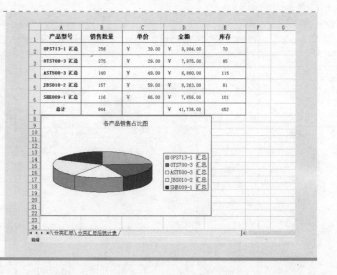

4.4.4 设置三维饼图格式

简单的三维饼图已经绘制完毕，但是看起来并不是很美观，接下来要对三维饼图的图例、数据标签和数据标志等进行设置。

Step 1 取消"图例"显示

右键单击三维饼图的图表区，然后从弹出的快捷菜单中选择"图表选项"。

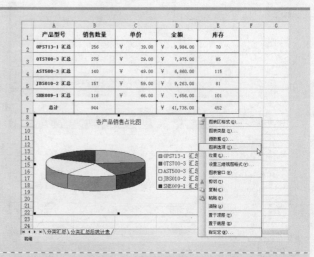

在弹出的"图表选项"对话框中单击"图例"选项卡，然后取消勾选"显示图例"复选框。

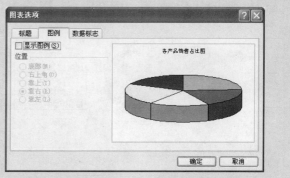

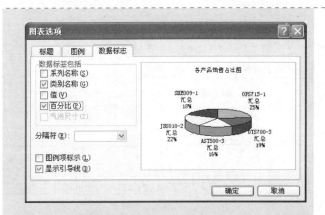

Step 2 设置数据标签

单击"图表选项"对话框中的"数据标志"选项卡,在"数据标签包括"组合框中勾选"类别名称"和"百分比"两个复选框,然后单击"确定"按钮。

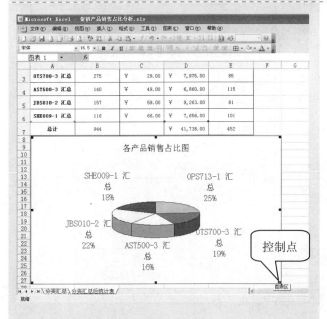

Step 3 调整三维饼图的大小

将鼠标移近三维饼图的控制点,当指针变为双箭头 ↔ 形状时拖动鼠标左键到达合适的位置后松开即可。

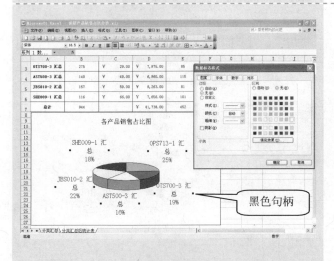

Step 4 设置数据标志字体样式和大小

在设置好数据标签的饼图中双击任意一个数据标志,此时所有的数据标志都会被选中,四周会出现很多的黑色句柄,并弹出"数据标志格式"对话框。

在"数据标志格式"对话框中切换到"字体"选项卡。

①在"字体"列表框中选择"宋体"。

②在"字形"列表框中选择"加粗"。

③在"字号"列表框中选择"10"。

④单击"确定"按钮。

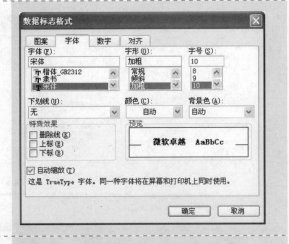

Step 5 设置三维视图格式

①右键单击三维饼图的图表区，从弹出的快捷菜单中选择"设置三维视图格式"弹出"设置三维视图格式"对话框。

②在"上下仰角"文本框中输入"45"，此时在右边的预览区中可以预览效果。

③单击"确定"按钮。

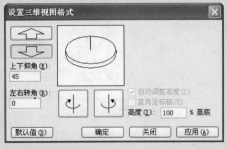

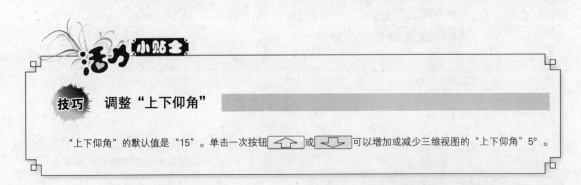

技巧 调整"上下仰角"

"上下仰角"的默认值是"15"。单击一次按钮 或 可以增加或减少三维视图的"上下仰角"5°。

Step 6 调整图表标题字体样式和大小

双击图表标题弹出"图表标题格式"对话框，切换到"字体"选项卡。

①在"字体"列表框中选择"宋体"。

②在"字形"列表框中选择"加粗"。

③在"字号"列表框中选择"14"。

④单击"确定"按钮。

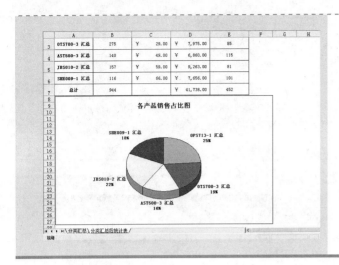

Step 7 隐藏网格线

参阅 1.3 节 Step15 隐藏网格线，效果如左图所示。

4.5 促销效果评估分析

案例背景

促销活动效果评估是对促销策划方案实施情况的总结和分析。通过对促销商品的统计得出最佳的促销商品及促销方式，可以优化促销流程。通过评估每一次促销活动的效果、成功经验和教训，总结促销活动成功或失败的原因，可以积累促销的经验。

关键技术点

要实现本案例中的功能，读者应当掌握以下 Excel 技术点。

● 绘制簇状柱形图　　　　New!

最终效果展示

产品型号	销售数量	促销价	促销金额	目标任务	上月同期销售量	正常零售价	上月销售金额	成长率	完成率
OPS713-1 汇总	256	¥ 39.00	¥ 9,984.00	¥12,000.00	165	¥ 48.00	¥ 7,920.00	26%	83%
OTS700-3 汇总	275	¥ 29.00	¥ 7,975.00	¥ 9,000.00	142	¥ 36.00	¥ 5,112.00	56%	89%
AST500-3 汇总	140	¥ 49.00	¥ 6,860.00	¥ 8,000.00	78	¥ 62.00	¥ 4,836.00	42%	86%
JBS010-2 汇总	157	¥ 59.00	¥ 9,263.00	¥ 8,000.00	65	¥ 73.00	¥ 4,745.00	95%	116%
SHE009-1 汇总	116	¥ 66.00	¥ 7,656.00	¥ 8,000.00	58	¥ 83.00	¥ 4,814.00	59%	96%
总计	944		¥41,738.00	¥45,000.00	508		¥ 27,427.00	52%	93%

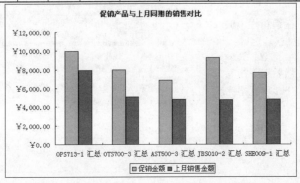

示例文件

光盘\本书示例文件\第 4 章\促销效果评估分析.xls

4.5.1 创建促销效果评估分析表

Step 1 创建工作簿、重命名工作表

参阅 1.2 节 Step1~Step 2 创建工作簿"促销效果评估分析.xls"，然后将工作表重命名为"促销效果评估分析"并删除多余的工作表。

Step 2 输入表格标题

在 A1:J1 单元格区域输入表格各列的标题名称，在 A2:A7 单元格区域输入表格各行的标题名称，然后设置字形为"加粗"，并适当地调整表格的行高和列宽。

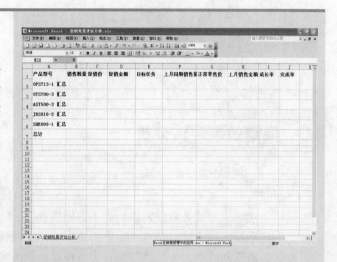

Step 3 输入表格数据

依次在单元格中输入每一款产品的销售信息。

	A	B	C	D	E	F	G	H	I	J
1	产品型号	销售数量	促销价	促销金额	目标任务	上月同期销售量	正常零售价	上月销售金额	成长率	完成率
2	0PS713-1 汇总	256	39	9984	12000	165	48			
3	0TS700-3 汇总	275	29	7975	9000	142	36			
4	AST500-3 汇总	140	49	6860	8000	78	62			
5	JBS010-2 汇总	157	59	9263	8000	65	73			
6	SHE009-1 汇总	116	66	7656	8000	58	83			
7	总计									

Step 4 编制"上月销售金额"公式

①选中 H2 单元格，在编辑栏中输入以下公式，按<Enter>键确认。
=F2*G2
②选中 H2 单元格，然后向下拖曳该单元格右下角的填充柄至 H6 单元格完成公式的填充。

	A	B	C	D	E	F	G	H	I
1	产品型号	销售数量	促销价	促销金额	目标任务	上月同期销售量	正常零售价	上月销售金额	成长率
2	0PS713-1 汇总	256	39	9984	12000	165	48	7920	
3	0TS700-3 汇总	275	29	7975	9000	142	36	5112	
4	AST500-3 汇总	140	49	6860	8000	78	62	4836	
5	JBS010-2 汇总	157	59	9263	8000	65	73	4745	
6	SHE009-1 汇总	116	66	7656	8000	58	83	4814	
7	总计								

Step 5 编制"总计"公式

①选中 B7 单元格，在编辑栏中输入以下公式，按<Enter>键确认。

=SUM(B2:B6)

②选中 B7 单元格，按<Ctrl+C>组合键。

③选中 D7:F7 单元格区域，然后按<Ctrl>键同时选中 H7 单元格。

④按<Ctrl+V>组合键进行粘贴。

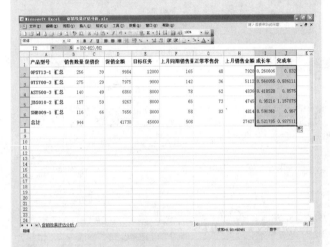

Step 6 编制"成长率"、"完成率"公式

①选中 I2 单元格，在编辑栏中输入以下公式，按<Enter>键确认。

=(D2-H2)/H2

②选中 J2 单元格，在编辑栏中输入以下公式，按<Enter>键确认。

=D2/E2

③选中 I2:J2 单元格区域，然后向下拖曳 J2 单元格右下角的填充柄至 J7 单元格完成公式的填充。

Step 7 设置单元格格式

①设置 A2:J7 单元格区域字号为"10"。

②设置 C 列、D 列、E 列、G 列和 H 列格式为"货币"样式。

③设置 I 列、J 列格式为"百分比"样式。

④设置 A1:J7 单元格区域文本居中显示。

⑤设置 I1:J7 单元格区域背景色为"浅黄"。

⑥设置表格边框。

4.5.2 绘制簇状柱形图

Step 1 选择"图表类型"

选中 A1:A6 单元格区域，按住<Ctrl>键不放同时选中 D1:D6 和 H1:H6 单元格区域。单击"常用"工具栏中的"图表向导"按钮弹出"图表向导—4 步骤之 1—图表类型"对话框，在"图表类型"列表框中选择"柱形"，在"子图表类型"中选择默认的"簇状柱形图"，然后单击"下一步"按钮。

Step 2 选择"图表源数据"

在弹出的"图表向导—4 步骤之 2—图表源数据"对话框中由于在 Step1 中已经选择了图表源所在的单元格区域，因此在这个对话框中不用再选择数据区域。

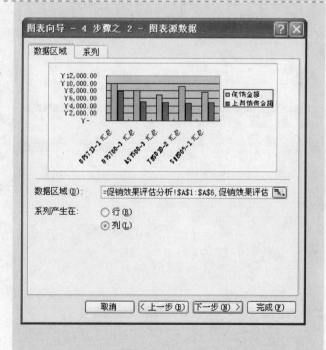

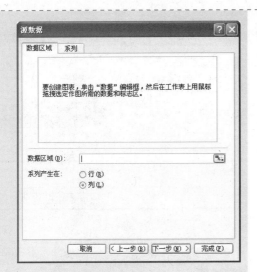

如果事先没有选择绘制图表的源数据区域，则需要单击"数据区域"文本框右侧的"折叠"按钮。

弹出"源数据－数据区域:"选项框。

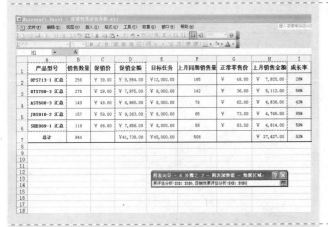

拖动鼠标选择源数据所在的 A1:A6 单元格区域，然后按住<Ctrl>键不放同时选中 D1:D6 和 H1:H6 单元格区域。

这时在"数据区域:"选项框中会出现"=促销效果评估分析!$A$1:$A$6,促销效果评估分析!$D$1:$D$6,促销效果评估分析!$H$1:$H$6"。

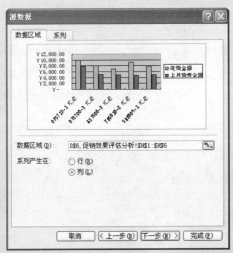

数据源区域确定单击"数据区域"选项框右侧的"展开"按钮返回"源数据"对话框，然后单击"下一步"按钮。

Step 3 配置"图表选项"

在弹出的"图表向导—4 步骤之 3—图表选项"对话框中单击"标题"选项卡，在"图表标题"文本框中输入图表名称"促销产品与上月同期的销售对比"，然后单击"下一步"按钮。

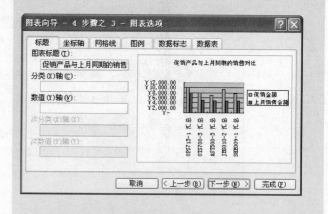

Step 4 设置"图表位置"

在弹出的"图表向导—4 步骤之 4—图表位置"对话框中选择默认的"作为其中的对象插入"。

最后单击"完成"按钮。

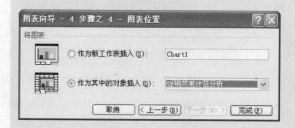

这样一张简单的簇状柱形图就创建好了。

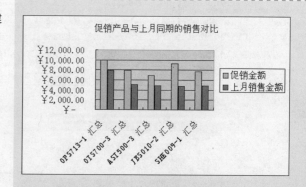

Step 5 拖曳簇状柱形图至适当的位置

新建的簇状柱形图可能会覆盖住含有数据的单元格区域，为此可以在图表区单击，按住鼠标左键不放拖曳簇状柱形图至合适的位置，然后松开鼠标即可。

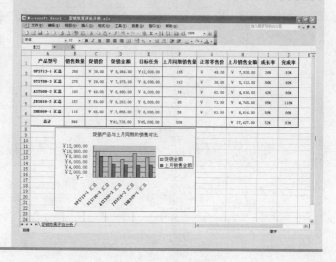

4.5.3　设置簇状柱形图格式

简单的簇状柱形图已经绘制完毕，但是看起来并不是很美观，接下来要对簇状柱形图的图例、数据标签和数据标志等进行设置。

Step

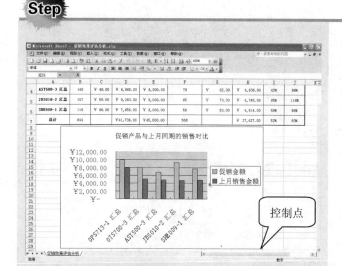

Step 1　调整簇状柱形图的大小

将鼠标移近簇状柱形图的控制点，当指针变为 ↘ 形状时拖动鼠标左键到达合适的位置后松开即可。

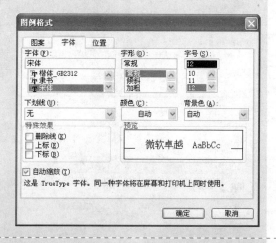

Step 2　调整图例格式

①双击图例弹出"图例格式"对话框，切换到"字体"选项卡，然后在"字形"列表框中选择"常规"，在"字号"列表框中选择"12"。

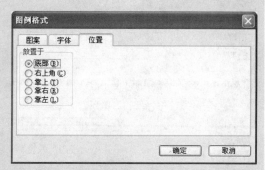

②切换到"位置"选项卡，在"放置于"组合框中勾选"底部"。

③单击"确定"按钮。

效果如图所示。

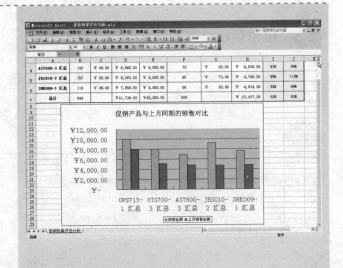

Step 3 调整分类轴 *x* 轴格式

①双击分类（*x*）轴弹出"坐标轴格式"对话框。

②切换到"字体"选项卡，在"字号"列表框中选择"12"，然后单击"确定"按钮。

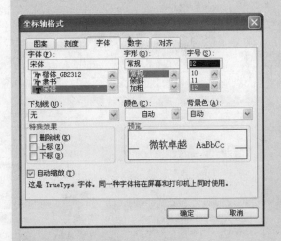

Step 4 调整数值轴 *y* 轴格式

①双击数值（*y*）轴弹出"坐标轴格式"对话框。

②切换到"字体"选项卡，在"字号"列表框中选择"12"。

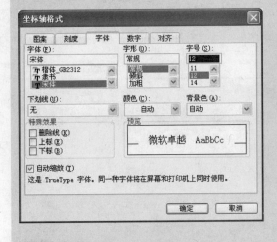

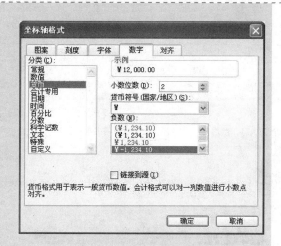

③切换到"数字"选项卡，在"分类"列表框中选择"货币"，在右侧的"货币符号（国家/地区）"下拉列表中选择人民币符号"￥"。

最后单击"确定"按钮。

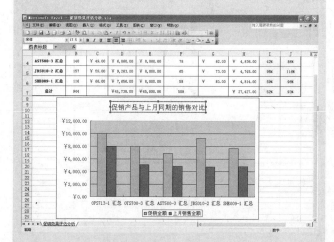

Step 5　调整图表标题格式

①单击图表标题，在图表标题的周围会显示黑色的虚框，表明已选中此图表标题。

②双击图表标题周围的黑色虚框弹出"图表标题格式"对话框，切换到"字体"选项卡，然后在"字形"列表框中选择"加粗"，在"字号"列表框中选择"12"。

③单击"确定"按钮。

技巧 修改图表标题格式

单击图表标题，此时所有的图表标题处于全选状态，然后使用"格式"工具栏中的"字号"和"加粗"按钮也可以修改图表标题的格式。

Step 6　调整绘图区格式

双击绘图区弹出"绘图区格式"对话框，在"图案"选项卡中分别在"边框"和"区域"组合框中单击"无"，然后单击"确定"按钮。

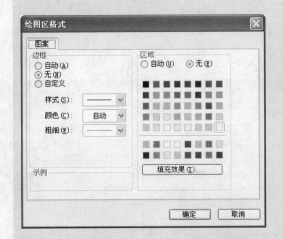

Step 7　清除图表网格线

①右键单击任意一条数值轴的主要网格线，此时所有的网格线均会被选中。
②在弹出的快捷菜单中选择"清除"即可。

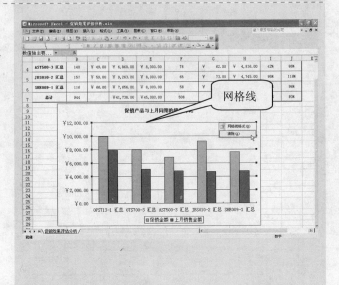

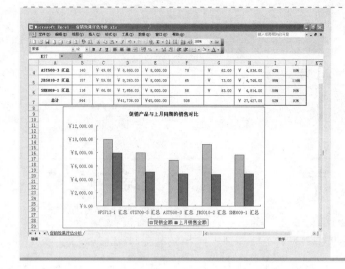

Step 8 隐藏网格线

参阅 1.3 节 Step15 隐藏网格线，
效果如图所示。

关键知识点讲解

"图表"工具栏中各个工具按钮的功能

用户单击一个嵌入式图表激活一个图表工作表，或者单击菜单"视图"→"工具栏"→"图表"，"图表"工具栏就会显示出来。此工具栏中包括以下 9 个工具按钮。

①图表对象：当激活一个图表时，选定图表元素的名字就会显示在控件中，用户可以使用下拉列表选定相应的图表元素。

②设置选定对象格式：为选择的图表元素显示格式的对话框。

③图表类型：单击这个下拉箭头时，会扩充显示 18 种图表类型。然后可以将它拖到新的位置，从而创建一个微型的浮动工具栏。

④图例：切换显示在图表中的图例。

⑤数据表：切换图表中的数据表的显示。

⑥按行：按行绘制数据。

⑦按列：按列绘制数据。

⑧顺时针斜排：以-45°角显示所选文本。

⑨逆时针斜排：以45°角显示所选文本。

第 **5** 章　销售数据管理与分析

　　当前市场竞争趋于同质化，数据库营销已经成为一种趋势。随着销售人员级别的日益提高，所接触的数据越来越多，市场对销售人员的销售数据分析能力的要求也越来越高。新时代的精益化营销对销售人员提出了更高的要求，因此每一名销售人员必须具有强烈的数据敏感性与较强的数据分析能力，并通过对这些销售数据的有效利用与精确分析，作出对市场的准确判断，对销售的有效预测和对产品的有效推广。

　　销售人员应当具有的数据敏感性与数据分析能力是指销售人员要善于进行数据的统计与整理，并能从现有的数据分析中发现市场中存在的问题，进而挖掘市场的潜能。具体来说它包括两个方面的能力：一是对相关数据的统计及整理能力，二是对数据的分析及运用能力。

5.1　月度销售分析

案例背景

销售经理一般侧重于关心自己所负责区域销售任务的完成、费用控制比率等公司考核的相关数据，但这是一种被动的状态。其实数据不仅是考核的指标，通过数据分析还可以帮助我们发现市场存在的问题，找到新的销量增长点，在几乎不增加市场额外投入的情况下通过提升管理的效率来增加产品的销量。下面举例来说明通过月度数据分析调整市场策略，可以有效地增加区域市场的销量。

关键技术点

要实现本案例中的功能，读者应当掌握以下 Excel 技术点。

● 数据透视表　　　　　New!
● 数据透视图　　　　　New!

最终效果展示

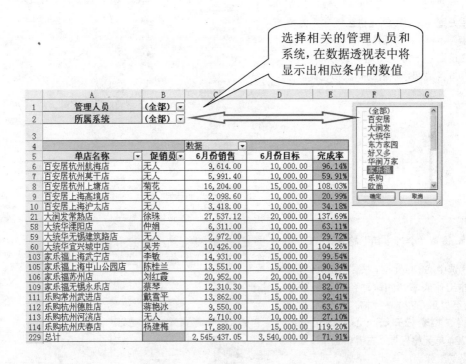

示例文件

光盘\本书示例文件\第 5 章\月度销售分析.xls

5.1.1 创建原始数据表

Step 1 创建工作簿、重命名工作表

参阅 1.2 节 Step1 至 Step2 创建工作簿"月度销售分析.xls"，然后将工作表重命名为"原始数据"并删除多余的工作表。

Step 2 输入原始数据

在"原始数据"工作表中输入原始数据。

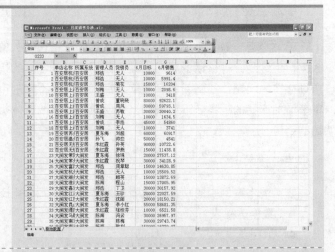

Step 3 设置表格格式

①设置 A1:G1 单元格区域文本为居中显示，字形为"加粗"。
②设置字号为"10"。
③适当地调整表格的列宽和行高。

Step 4 设置"会计专用"格式

①选中 G2 单元格，按住<Shift>键不放单击工作表右侧的滚动条的下箭头按钮，直至显示 G224 单元格，再选中 G224 单元格，接着松开<Shift>键即可选中 G2:G224 单元格区域，右键单击"设置单元格格式"弹出"单元格格式"对话框，然后切换到"数字"选项卡。

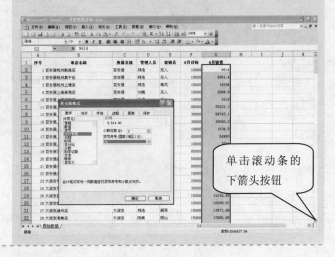

单击滚动条的下箭头按钮

②在"分类"列表框中选择"会计专用",在"小数位数"文本框中输入"2",在"货币符号(国家/地区)"下拉列表框中选择"无"。

③单击"确定"按钮即可完成 G2:G224 单元格区域"会计专用"格式的设置。

	A	B	C	D	E	F	G
1	序号	单店名称	所属系统	管理人员	促销员	6月目标	6月销售
2	1	百安居杭州航海店	百安居	郑洁	无人	10000	9,614.00
3	2	百安居杭州莫干店	百安居	郑洁	无人	10000	5,991.40
4	3	百安居杭州上塘店	百安居	郑洁	菊花	15000	16,204.00
5	9	百安居上海高境店	百安居	刘梅	无人	10000	2,098.60
6	10	百安居上海沪太店	百安居	王盛	无人	10000	3,418.00
7	11	百安居上海金桥店	百安居	曾成	董晓晓	80000	92,622.10
8	12	百安居上海龙阳店	百安居	曾成	周风	30000	59,793.10
9	15	百安居上海普陀店	百安居	王盛	苏敏	30000	30,040.20
10	16	百安居上海徐汇店	百安居	刘梅	无人	10000	1,634.50
11	17	百安居上海杨浦店	百安居	曾成	李洁	45000	54,860.00
12	18	百安居上海闸北店	百安居	刘梅	无人	10000	3,741.00
13	19	百安居苏州园区店	百安居	夏东海	刘超	60000	60,917.00
14	20	百安居温州上江店	百安居	孙飞	帅恋	50000	4,541.00
15	21	百安居无锡锡山店	百安居	朱红霞	孙英	90000	10,722.60
16	22	百安居无锡新区店	百安居	朱红霞	罗燕	15000	11,438.80

Step 5 设置表格边框

选中任意一个非空单元格,按 <Ctrl+A> 组合键选中 A1:G224 单元格区域,然后参阅 1.1.2 小节 Step11 设置表格边框。

	A	B	C	D	E	F	G
1	序号	单店名称	所属系统	管理人员	促销员	6月目标	6月销售
2	1	百安居杭州航海店	百安居	郑洁	无人	10000	9,614.00
3	2	百安居杭州莫干店	百安居	郑洁	无人	10000	5,991.40
4	3	百安居杭州上塘店	百安居	郑洁	菊花	15000	16,204.00
5	9	百安居上海高境店	百安居	刘梅	无人	10000	2,098.60
6	10	百安居上海沪大店	百安居	王盛	无人	10000	3,418.00
7	11	百安居上海金桥店	百安居	曾成	董晓晓	80000	92,622.10
8	12	百安居上海龙阳店	百安居	曾成	周风	30000	59,793.10
9	15	百安居上海普陀店	百安居	王盛	苏敏	30000	30,040.20
10	16	百安居上海徐汇店	百安居	刘梅	无人	10000	1,634.50
11	17	百安居上海杨浦店	百安居	曾成	李洁	45000	54,860.00
12	18	百安居上海闸北店	百安居	刘梅	无人	10000	3,741.00
13	19	百安居苏州园区店	百安居	夏东海	刘超	60000	60,917.00
14	20	百安居温州上江店	百安居	孙飞	帅恋	50000	4,541.00
15	21	百安居无锡锡山店	百安居	朱红霞	孙英	90000	10,722.60
16	22	百安居无锡新区店	百安居	朱红霞	罗燕	15000	11,438.80
17	23	大润发常熟店	大润发	夏东海	徐珠	20000	27,537.12
18	24	大润发常州店	大润发	朱红霞	祝琴	30000	34,128.90
19	25	大润发富阳店	大润发	郑洁	周章聪	15000	14,630.85
20	26	大润发杭州萧山店	大润发	郑洁	无人	10000	15,509.52

5.1.2　创建数据透视表

原始数据已经有了,接下来要在此基础上创建数据透视表。数据透视表是从数据库中产生的一个动态汇总表格,它的透视和筛选能力使其具有极强的数据分析能力,通过转换行或列可以查看源数据的不同汇总结果,并且可以显示不同的页面来筛选数据,还可以根据需要显示区域中的明细数据。

1. 创建"数据透视表分析"工作表

Step 1 选择数据源类型和报表类型

①在"原始数据"工作表中选择任意一个非空单元格如 A1 单元格，然后单击菜单"数据"→"数据透视表和数据透视图"弹出"数据透视表和数据透视图向导—3 步骤之 1"对话框。

②在"请指定待分析数据的数据源类型"组合框中选择默认的"Microsoft Office Excel 数据列表或数据库"，在"所需创建的报表类型"组合框中选择默认的"数据透视表"。

③单击"下一步"按钮弹出"数据透视表和数据透视图向导—3 步骤之 2"对话框。

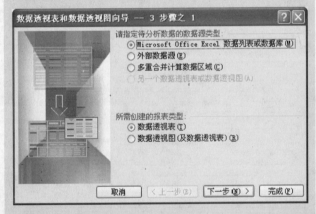

Step 2 选择数据源区域

①该对话框中，"选定区域"文本框中为默认的工作表数据区域"$A$1:$G$224"。

②单击"下一步"按钮弹出"数据透视表和数据透视图向导—3 步骤之 3"对话框。

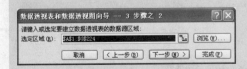

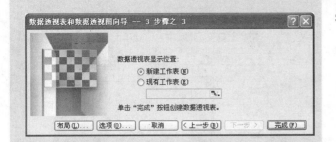

Step 3 选择数据透视表显示位置

①选中"新建工作表"单选按钮。

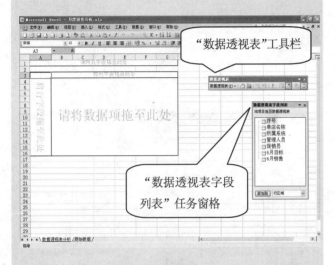

"数据透视表"工具栏

"数据透视表字段列表"任务窗格

②单击"完成"按钮即可创建 Excel 默认的数据透视表版式图，同时会弹出"数据透视表"工具栏和"数据透视表字段列表"任务窗格。

③参阅 1.2.节 Step2，将该数据透视表自动创建的"Sheet4"工作表重命名为"数据透视表分析"。

Step 4 设置页字段布局

将"数据透视表字段列表"任务窗格中的页字段"所属系统"和"管理人员"分别拖曳至工作表 A1:G1 单元格区域的"请将页字段拖至此处"。

此时"数据透视表字段列表"任务窗格中的页字段"所属系统"和"管理人员"的字形为"加粗"显示。

Step 5 设置行字段布局

将"数据透视表字段列表"任务窗格中的行字段"单店名称"和"促销员"拖曳至工作表 A5:A17 单元格区域的"将行字段拖至此处"。

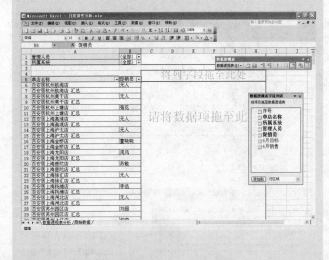

Step 6 设置数据项字段布局

①在"数据透视表字段列表"任务窗格中单击"6 月销售"，再单击"添加到"下拉列表框右侧的下箭头按钮，选中"数据区域"，然后单击"添加到"按钮即可将"6 月销售"添加至 B6:G229 单元格区域的"请将数据项拖至此处"。

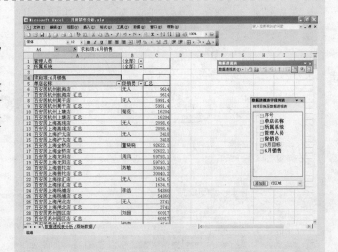

②使用同样的操作方法，将"6 月目标"添加到"数据区域"中。

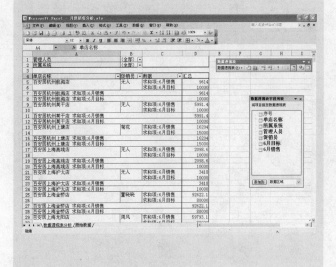

③拖曳 C4 单元格"数据"至 D4 单元格的"汇总"。

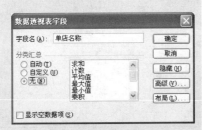

Step 7　设置字段

在数据透视表中当行字段达到两个以上时，Excel 会自动地在行字段上添加求和的分类汇总。

①选中 A5 单元格的"单店名称"，在右键菜单中单击"字段设置"弹出"数据透视表字段"对话框。

②在该对话框中的"分类汇总"组合框中选中"无"单选按钮，然后单击"确定"按钮关闭对话框。

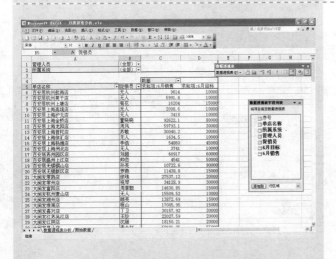

③选中 B5 单元格的"促销员"，使用同样的操作方法取消求和的分类汇总。

Step 8 修改字段名

右键单击 C5 单元格，从弹出的快捷菜单中选择"字段设置"弹出"数据透视表字段"对话框，在"名称"文本框中将旧名称"求和项：6 月销售"修改为新名称"6 月份销售"，然后单击"确定"按钮。

使用同样的操作方法将 D5 单元格的旧名称"求和项：6 月目标"修改为新名称"6 月份目标"。

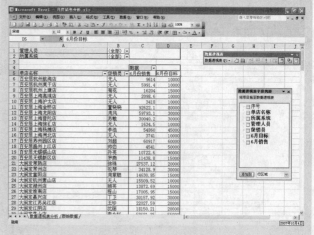

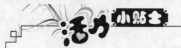

技巧 修改字段名不能与原始字段名重复

修改字段名时，欲设置的新名称不能与旧的字段名重复。例如在 Step8 中将字段名修改为："6 月销售"，则会弹出报错对话框"已有相同数据透视表字段名存在。"

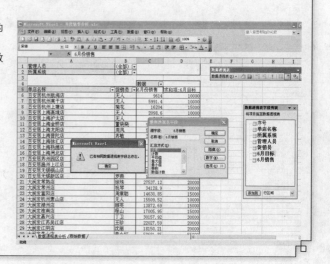

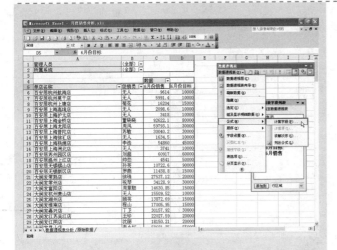

Step 9 计算字段

①单击"数据透视表"工具栏中的"数据透视表"右侧的下箭头按钮 ▾，然后在弹出的菜单中选择"公式"→"计算字段"弹出"插入计算字段"对话框。

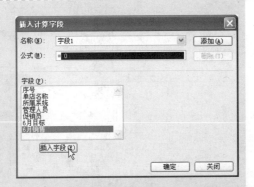

②在"字段"列表框中选中"6月销售"，再拖动鼠标选中"公式"文本框中的"0"，然后单击"插入字段"按钮。

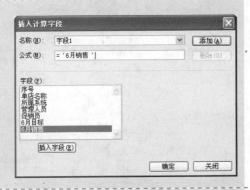

③此时"公式"文本框中则变为"='6月销售'"，在该文本的后面输入除号"/"，并在"字段"列表框中选中"6月目标"，然后单击"插入字段"按钮。

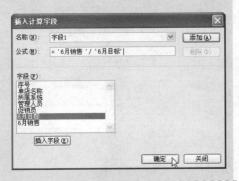

④此时"公式"文本框中则变为"='6月销售'/'6月目标'"。单击"确定"按钮。

至此计算字段就添加成功了。

插入字段

⑤参阅 Step8 将字段名"求和项：字段 1"修改为"完成率"。

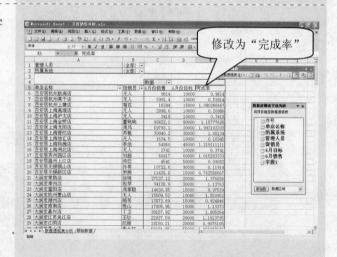

修改为"完成率"

Step 10 设置"6月份销售"数值格式

①右键单击 C5 单元格，从弹出的快捷菜单中选择"字段设置"弹出"数据透视表字段"对话框，从中单击"数字"按钮弹出"单元格格式"对话框，然后参阅 2.4.1 小节 Step4 设置数值格式。

②在"分类"列表框中选择"数值"，然后设置"小数位数"默认的值为"2"，取消勾选"使用千位分隔符"复选框。

③单击"确定"按钮返回"数据透视表字段"对话框，最后单击"确定"按钮。

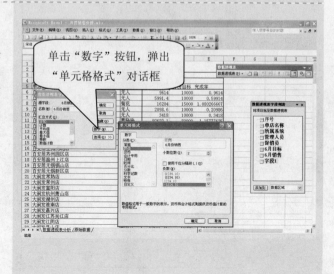

单击"数字"按钮，弹出"单元格格式"对话框

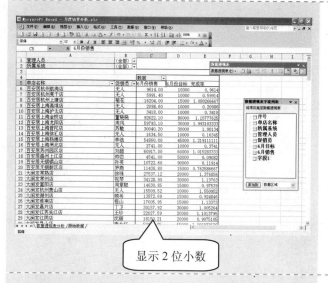

显示 2 位小数

至此 "6 月份销售" 列的格式就被修改为 2 位小数位数的数值格式。

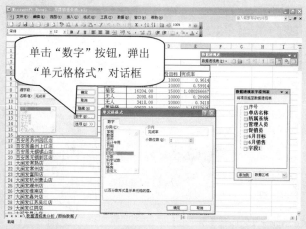

单击 "数字" 按钮，弹出 "单元格格式" 对话框

Step 11 设置 "完成率" 百分比格式

①右键单击 E5 单元格，从弹出的快捷菜单中选择 "字段设置" 弹出 "数据透视表字段" 对话框，从中单击 "数字" 按钮弹出 "单元格格式" 对话框，然后参阅 2.3.1 小节 Step5 设置百分比格式。

②单击 "确定" 按钮返回 "数据透视表字段" 对话框，最后单击 "确定" 按钮。

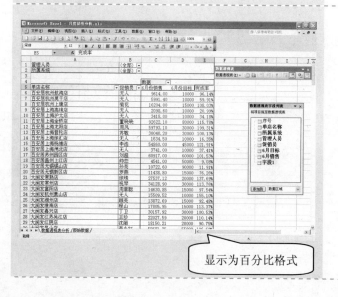

显示为百分比格式

至此 "完成率" 列的格式就被修改为百分比格式。

Step 12 设置条件格式

为了便于发现指标较低的部分以便改善，可以对表格数据设置条件格式。本例设定以不同方式显示"完成率"低于100%的单元格。

①选中 E6 至 E229 单元格区域，然后单击菜单"格式"→"条件格式"弹出"条件格式"对话框。

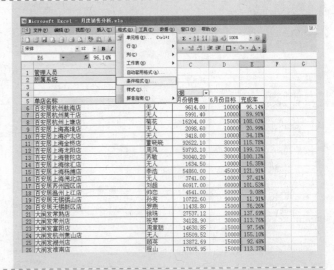

②在"条件格式"对话框的"条件1"文本框中依次设置："单元格数值"、"小于"和"1"。

③单击"格式"按钮弹出"单元格格式"对话框。

④在"单元格格式"对话框中切换到"图案"选项卡，然后在"单元格底纹"组合框中的"颜色"调色板中选择"灰色-25%"。

单击"确定"按钮返回"条件格式"对话框。

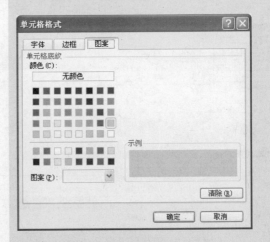

⑤单击"确定"按钮保存条件格式。

		数据		
4				
5	单店名称	促销员	6月份销售	6月份目标	完成率
6	百安居航海店	无人	9614.00	10000	96.14%
7	百安居杭州莫干店	无人	5991.40	10000	59.91%
8	百安居杭州上塘店	菊花	16204.00	15000	108.03%
9	百安居上海莘城店	无人	2098.60	10000	20.99%
10	百安居上海沪太店	无人	3418.00	10000	34.18%
11	百安居上海金桥店	董晓晓	92622.10	80000	115.78%
12	百安居上海龙阳店	周风	59793.10	30000	199.31%
13	百安居上海昔阳店	苏敏	30040.20	30000	100.13%
14	百安居上海徐汇店	无人	1634.50	10000	16.35%
15	百安居上海杨浦店	李洁	54860.00	45000	121.91%
16	百安居上海闸北店	无人	3741.00	10000	37.41%
17	百安居苏州园区店	刘超	60917.00	60000	101.53%
18	百安居温州上江店	帅恋	4541.00	50000	9.08%
19	百安居无锡锡山店	孙英	10722.60	90000	11.91%
20	百安居无锡新区店	罗燕	11438.80	15000	76.26%
21	大润发常熟店	徐珠	27537.12	20000	137.69%
22	大润发常州店	祝琴	34128.90	30000	113.76%
23	大润发富阳店	周童聪	14630.85	15000	97.54%
24	大润发湖州书山店	无人	15509.52	10000	155.10%
25	大润发湖州店	顾荣	13872.69	15000	92.48%
26	大润发淮南店	程山	17005.95	15000	113.37%
27	大润发嘉兴店	丁卫	30157.92	30000	100.53%
28	大润发江苏吴江店	王珍	22027.59	20000	110.14%
29	大润发江阴店	沈丽	18150.21	20000	90.75%
	李小红	58691.35	55000	106.6%	

数据透视表分析 / 原始数据 /

就绪

此时"完成率"中都将应用设置的条件格式，凡是值小于"1"的单元格均会显示为灰色，效果如图所示。

2. 创建"求和"工作表

Step

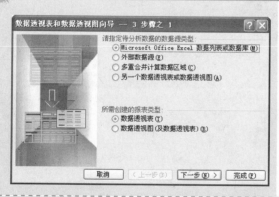

Step 1 选择数据源类型和报表类型

参阅 5.1.2 小节 "1" 中的 Step1 选择数据源类型和报表类型，然后单击"下一步"按钮。

Step 2 选择数据源区域

①参阅 5.1.2 小节 "1." 中的 Step2 选择数据源区域，然后单击"下一步"按钮。

②在弹出的"Microsoft Excel"对话框中单击"是"按钮。

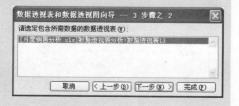

③单击"下一步"按钮。

Step 3 选择数据透视表显示位置

参阅 5.1.2 小节 "1." 中的 Step3（第 203 页）。

①选中"新建工作表"单选按钮。

②单击"完成"按钮。

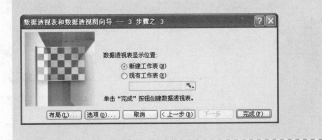

③参阅 1.2 节 Step2，将该数据透视表自动创建的工作表重命名为"求和"。

Step 4 设置页字段布局

①单击"数据透视表"工具栏中的"数据透视表"右侧的下箭头按钮，在弹出的菜单中选择"数据透视表向导"弹出"数据透视表和数据透视图向导—3 步骤之3"对话框。

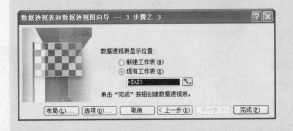

②单击"布局"按钮弹出"数据透视表和数据透视图向导—布局"对话框。

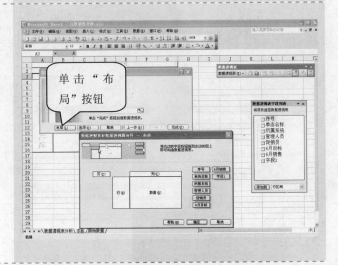

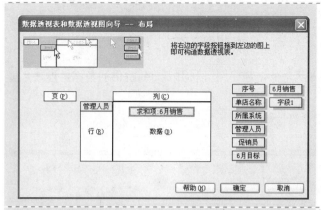

③在该对话框中将右侧的"管理人员"字段按钮拖曳到左边的图上的"行"框中,将"6月销售"字段按钮拖曳到左边的图上的"数据"框中。

④单击"确定"按钮返回"数据透视表和数据透视图向导—3 步骤之 3"对话框,然后单击"完成"按钮。

至此"求和"的数据透视表即创建完成。

技巧 关闭和打开"数据透视表字段列表"任务窗格

当不再需要使用"数据透视表字段列表"任务窗格时,可以单击"数据透视表字段列表"任务窗格的"关闭"按钮×将其关闭。当需要使用时,可以单击"数据透视表"工具栏中的"显示字段列表"按钮□再次打开。

技巧 数据的更新

数据透视表中的数据与数据源是相连的,所以当数据清单中的数据发生改变时,透视表中的数据也会随之发生相应的改变。

当更改数据清单后需要更新数据透视表时,首先应选中透视表中的任意一个单元格,然后单击"数据透视表"工具栏中的"更新数据"按钮或者单击菜单"数据"→"更新数据",数据透视表中的数据就会被更新。

也可以设置在每次打开数据透视表时自动更新数据。具体的方法是:选中数据透视表中的任意一个单元格,单击"数据透视表"工具栏中的"数据透视表"右侧的下箭头按钮,在弹出的下拉菜单中选择"表选项"打开"数据透视表选项"对话框,然后在"数据源选项"组合框中选中"打开时刷新"复选框,这样以后每次打开该数据透视表时系统就会自动地刷新数据。

5.1.3 创建数据透视图

如果需要更直观地查看和比较数据透视表中的结果，则可利用 Excel 提供的数据透视表生成的数据透视图来实现。

Step 1 创建数据透视图

①选中"求和"数据透视表中的任意一个非空单元格，然后单击"数据透视表"工具栏中的"图表向导"按钮 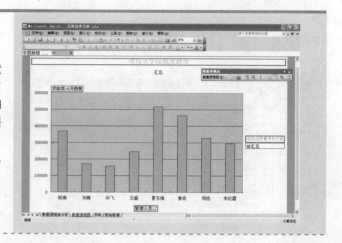，Excel 会自动地生成一个新工作表 Chart1，数据透视图就位于新工作表中。

②将工作表重命名为"数据透视图"。

技巧 数据透视图的灵活性

数据透视图的灵活性更高，在数据透视图中每个字段都有下拉菜单。可以单击其下箭头按钮，然后在弹出的下拉菜单中选择要查看的项，随后数据透视图就会根据所选的项形成所需的透视图。

其他字段的移动、添加或删除等操作都与数据透视表中的对应操作相同。

另外在改变数据透视图中数据的同时，数据透视表也会随之改变。

数据透视图除了拥有与数据透视表相同的功能外，它还同时拥有图表的各项功能，例如可以更改图表类型、格式化图表等。

Step 2 更改图表类型

①单击菜单"图表"→"图表类型"打开"图表类型"对话框。

②参阅 2.3.2 小节 Step1 选择图表类型。在左侧的"图表类型"列表框中选择"饼图"，在右侧的"子图表类型"中选择默认的"饼图"，然后单击"确定"按钮即可完成图表类型的设置。

此时一个简单的饼图状的数据透视图就绘制完成了。

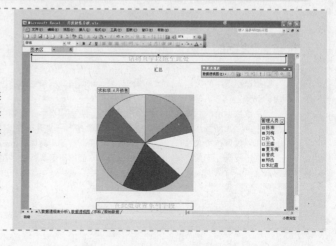

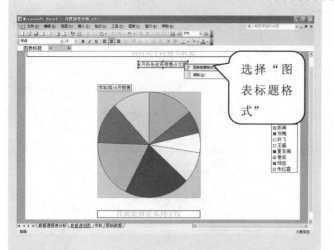

Step 3　修改图表标题

　　①单击选中图表标题，拖曳鼠标选中标题名称"汇总"，然后将图表标题"汇总"修改为"6 月份各业务销售占比图"。
　　②选中图表标题，在右键菜单中选择"图表标题格式"弹出"图表标题格式"对话框，切换到"字体"选项卡。

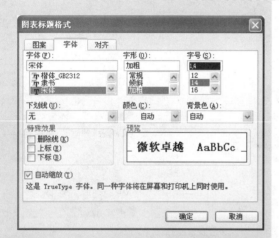

　　③在"字形"列表框中选择"加粗"在"字号"列表框中选择"14"，然后单击"确定"按钮。

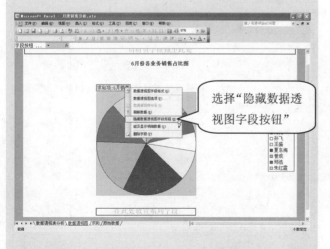

Step 4　隐藏数据透视图字段按钮

　　右键单击字段按钮"求和项：6 月销售"，然后从弹出的快捷菜单中选择"隐藏数据透视图字段按钮"。

此时数据透视图的字段按钮就会被隐藏起来。

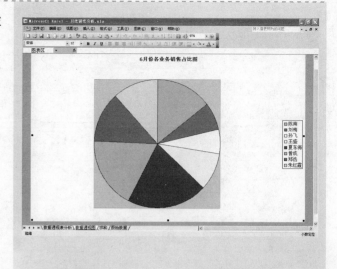

Step 5 设置绘图区格式

①右键单击绘图区，从弹出的快捷菜单中选择"绘图区格式"弹出"绘图区格式"对话框。

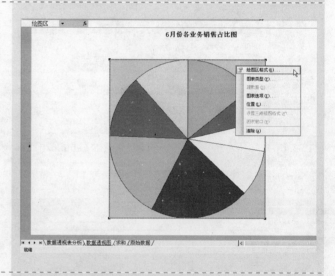

②选择"图案"选项卡，在"边框"组合框中选择"无"，在右侧的"区域"组合框中选择"无"。

③最后单击"确定"按钮。

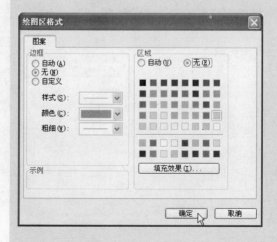

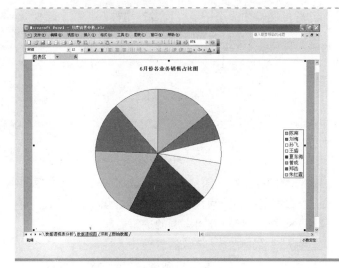

至此一个漂亮的数据透视图即绘制
完成。

技巧 创建数据透视图的其他方法

其实用户也可以直接创建数据透视图。在 5.1.2 小节 "1." 中的 Step1 中所示的 "数据透视表和数据透视图向导—3 步骤之 1" 对话框中选中 "所需创建的报表类型" 为 "数据透视图（及数据透视表）" 单选按钮即可。其创建的方法与创建数据透视表的方法相同：一种是利用布局向导创建透视图；另一种是先完成透视图版式的创建，然后再通过拖动数据字段添加数据项。

关键知识点讲解

创建数据透视表和数据透视图

（1）设置字段

在数据透视表中，当行字段达到两个以上时，Excel 会自动地在行字段上添加求和的分类汇总。除了可以设置是否显示分类汇总外，还可设置分类汇总项。

（2）格式化数据透视表

数据透视表的格式设置和普通单元格的格式设置一样，既可以采用自动套用格式，也可以手动修改美化数据透视表。

（3）更新数据

数据透视表中的数据与数据源紧密相连，所以如果改变数据清单中的数据，那么数据透视表中的数据也会随之改变。

（4）数据透视图

如果需要更直观地查看和比较数据透视表的结果,则可由数据透视表生成数据透视图来实现。

数据透视图与一般的图表的不同之处在于：一般的图表为静态图表；而数据透视图与数据透视表一样，为交互式的动态图表。

5.2 季度销售分析表

案例背景

销售公司季度的专业数据分析不同于由财务部门提交给决策部门的财务报表，它是对营销过程的数据分析。有人可能会说"数据是死的，以数据指导市场可能会出现管理僵化和死板"，但定期地对销售数据进行总结，从各种角度分析数据的报表不但对公司高层的决策能起到指导的作用，而且可以完善员工的绩效考核制度、完善员工的人事管理体系。将数据管理与人性化管理相融合，使数据分析作为公司管理的一个手段，能够提高人员素质、改善人员结构并为公司的发展提供持续的动力。

关键技术点

要实现本案例中的功能，读者应当掌握以下 Excel 技术点。

- 名称的高级定义　　　　New!
- 滚动条控件的应用　　　　New!
- 函数的应用：CHOOSE 函数、OFFSET 函数、ROW 函数和 COLUMN 函数　　　New!

最终效果展示

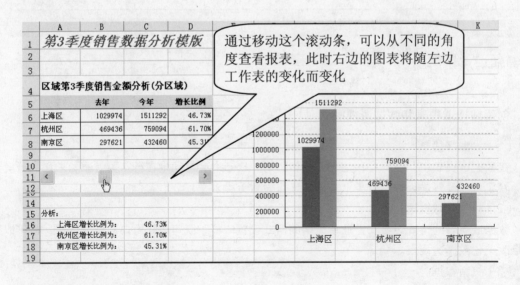

示例文件

光盘\本书示例文件\第 5 章\季度销售数据分析表.xls

5.2.1　创建原始资料表

Step

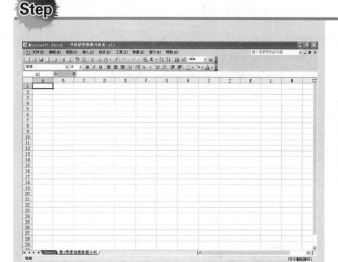

Step 1　创建工作簿、重命名工作表

①参阅 1.2 节 Step1 至 Step2，创建工作簿"季度销售数据分析表.xls"，然后将 Sheet2 工作表重命名为"第 3 季度销售数据分析"并删除多余的工作表。

②参阅 1.1.1 小节 Step4 设置 Sheet1 工作表标签颜色为"红色""第 3 季度销售数据分析"工作表标签颜色为"浅蓝"。

Step 2　输入表格标题

切换至"第 3 季度销售数据分析"工作表，选中单元格 A2，输入表格标题"第 3 季度销售数据分析模板"，然后单击"格式"工具栏中的字体"加粗"按钮 **B** 和"倾斜"按钮 *I* 设置单元格标题内容倾斜和加粗，设置字号为"20"，字体颜色为"红色"。

Step 3　输入原始数据

①在 A4:D9 单元格区域输入"区域第 3 季度销售台数分析(分型号)"清单。

②在 A15:D20 单元格区域输入"区域第 3 季度销售金额分析(分型号)"清单。

③在 A:D 列之间输入其他的原始数据。

Step 4 插入特殊符号

①选中 E5 单元格，单击菜单"插入"→"特殊符号"弹出"插入特殊符号"对话框。

②在"插入特殊符号"对话框中切换到"数字符号"选项卡，选择需要插入的特殊符号"①"，然后单击"确定"按钮。

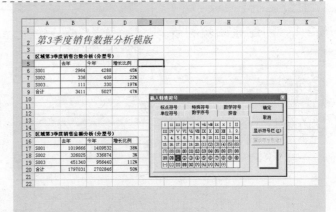

③选中 E5:E6 单元格区域，设置格式为"合并及居中"，设置字号为"20"，字形为"加粗"，字体颜色为"红色"。

Step 5 复制并修改特殊符号

①选中 E5:E6 单元格区域，按<Ctrl+C>组合键复制，再选中 E16:E17 单元格区域，按<Ctrl+V>组合键粘贴。

②选中 E16:E17 单元格区域，拖曳鼠标选中"①"，参阅 Step4 插入特殊符号"②"。

③使用同样的方法插入"③"、"④"…"⑩"等其他的特殊符号。

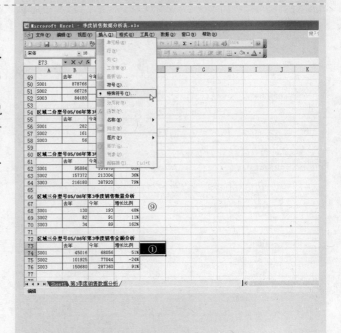

5.2.2 绘制柱形图

原始资料表已经有了，接下来在此基础上参阅 4.5.2 小节绘制簇状柱形图。

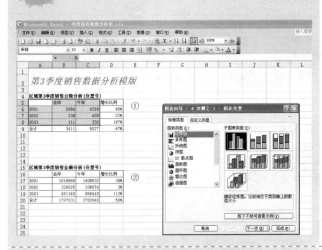

Step 1 选择"图表类型"

选中 A5:C8 单元格区域，单击"常用"工具栏中的"图表向导"按钮 弹出"图表向导—4 步骤之 1—图表类型"对话框，在左侧的"图表类型"列表框中选择"柱形图"，在右侧的"子图表类型"中选择默认的"簇状柱形图"，然后单击"下一步"按钮。

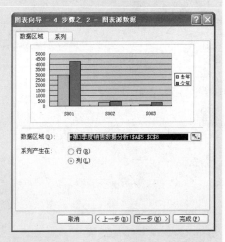

Step 2 选择图表源数据

在弹出的"图表向导—4 步骤之 2—图表源数据"对话框中由于在 Step 1 中已经选择了图表源所在的单元格区域，所以在这个对话框中不用再选择数据区域。

在"系列产生在"组合框中勾选"列"，然后单击"下一步"按钮。

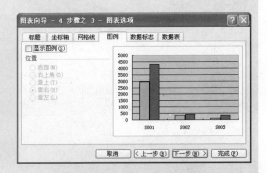

Step 3 配置"图表选项"

①在弹出的"图表向导—4 步骤之 3—图表选项"对话框中单击"图例"选项卡，然后取消勾选"显示图例"复选框。

②切换到"数据标志"选项卡，勾选"数据标签包括"组合框中的"值"复合框，然后单击"下一步"按钮。

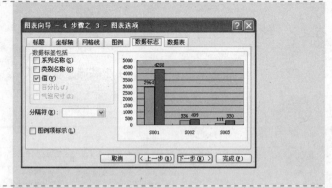

Step 4 设置"图表位置"

在弹出的"图表向导—4 步骤之 4—图表位置"对话框中选择默认的"作为其中的对象插入"。

最后单击"完成"按钮。

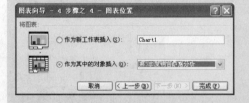

Step 5 拖曳簇状柱形图至适当的位置

新建的簇状柱形图可能会覆盖住含有数据的单元格区域，为此可以在图表区单击，按住鼠标左键不放拖曳簇状柱形图至合适的位置，然后松开鼠标即可。

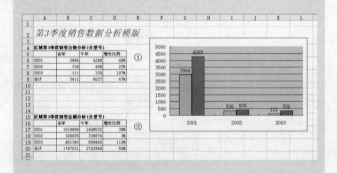

Step 6 调整簇状柱形图的大小

将光标移到簇状柱形图的控制点，当光标变为 ↖ 形状时拖动鼠标至合适的位置松开即可。

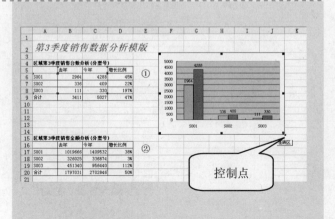

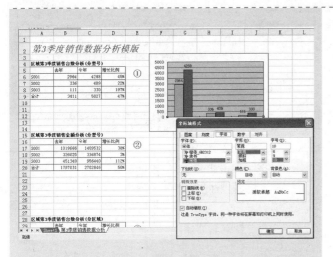

Step 7 调整分类轴 x 轴、数值轴 y 轴格式

参阅 4.5.3 小节 Step3 至 Step 4，将分类（x）轴和数值（y）轴的"坐标轴格式"对话框中的"字号"调整为"10"，然后单击"确定"按钮。

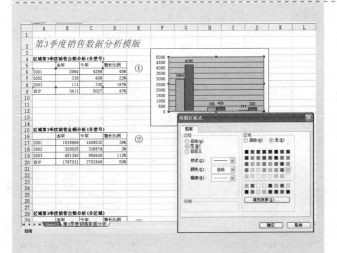

Step 8 调整绘图区格式

参阅 4.5.3 小节 Step6，双击绘图区弹出"绘图区格式"对话框，在"图案"选项卡中，分别在"边框"和"区域"组合框中单击"无"，然后单击"确定"按钮。

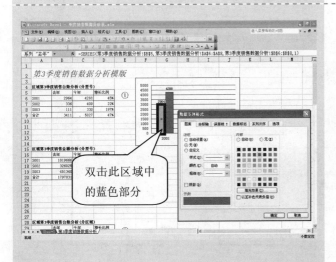

Step 9 调整"数据系列格式"

参阅 4.2.2 小节 "2." 中的 Step1 调整"数据系列格式"。

①双击 S001 中的系列"去年"弹出"数据系列格式"对话框，切换到"图案"选项卡，在"边框"组合框中单击"无"，在"内部"调色板中选择"青色"，然后单击"确定"按钮。

②双击S001中的系列"今年"弹出"数据系列格式"对话框，切换到"图案"选项卡，在"边框"组合框中单击"无"，在"内部"调色板中选择"橙色"，然后单击"确定"按钮。

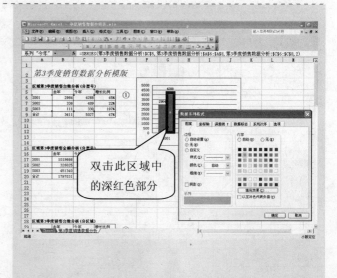

双击此区域中的深红色部分

至此"数据系列格式"即调整完毕。

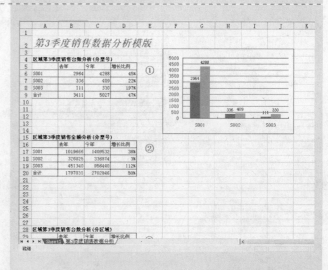

Step 10　调整网格线

①双击任意一条数值轴的主要网格线弹出"网格线格式"对话框。

②在"图案"选项卡中勾选"线条"组合框中的"自定义"单选按钮。

③单击"样式"下拉列表框右侧的下箭头按钮，然后选择第3种样式。

④单击"颜色"下拉列表框右侧的下箭头按钮，在弹出的调色板中选择"酸橙色"。

⑤单击"粗细"下拉列表框右侧的下箭头按钮，然后选择第1种样式。

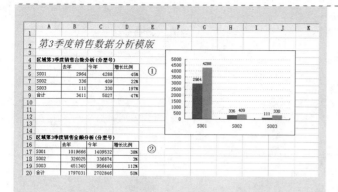

单击"确定"按钮后网格线的效果如图所示。

Step 11 调整图表区格式

双击图表区弹出"图表区格式"对话框，单击"图案"选项卡，分别在"边框"和"区域"组合框中单击"无"，然后单击"确定"按钮。

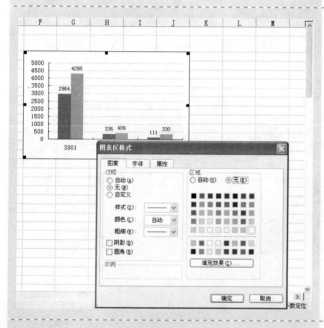

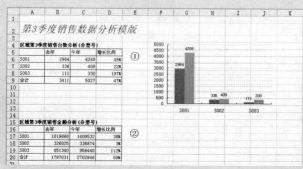

第 1 个美观的簇状柱形图即绘制完毕。接下来要在此基础上绘制其他类似的簇状柱形图。

Step 12 快速创建类似的簇状柱形图

①选中第 1 个簇状柱形图的图表区，然后按<Ctrl+C>组合键复制整个柱形图。

②选中 F15 单元格，然后按<Ctrl+V>组合键粘贴。

此时即可生成一个完全相同的簇状柱形图。

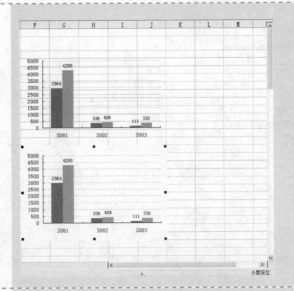

③右键单击第 2 个簇状柱形图的图表区，在弹出的快捷菜单中选择"源数据"弹出"源数据"对话框。

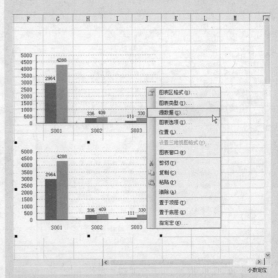

④在该对话框中单击"数据区域"选项卡，在"数据区域"文本框中将"=第3 季度销售数据分析!$A$5:$C$8"修改为"=第 3 季度销售数据分析!$A$16:$C$19"，然后单击"确定"按钮。

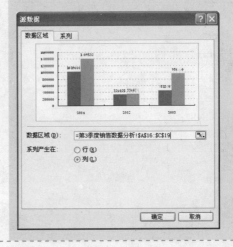

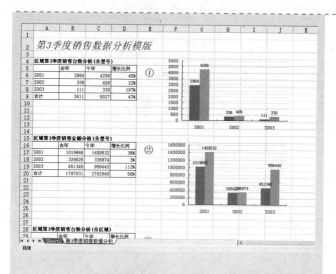

第 2 个簇状柱形图即快速地绘制完成。

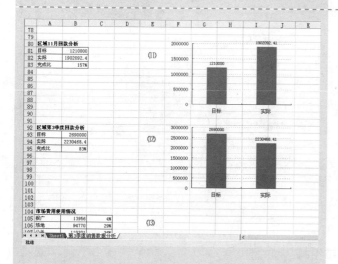

使用同样的操作方法绘制第3个至第12 个簇状柱形图。

技巧 调整行高对簇状柱形图的影响

在使用 Step12 中的方法快速地绘制第 3 个簇状柱形图时,由于第 3 个和第 4 个数据资料的单元格区域之间的距离过短,因此需要先调整增加第 33 行的行高,再复制第 1 个簇状柱形图,选中 F28 单元格,粘贴第 1 个簇状柱形图,然后修改源数据的数据区域即可。

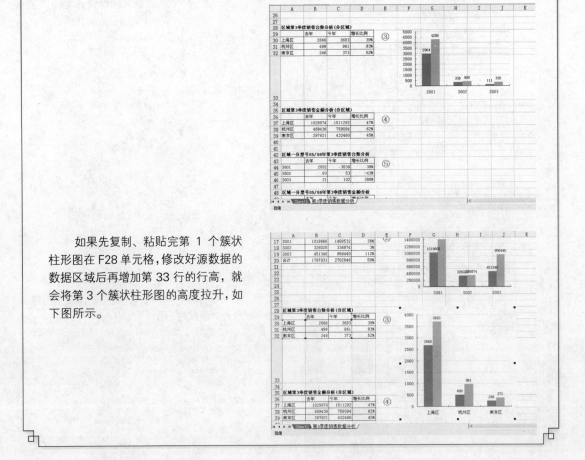

如果先复制、粘贴完第 1 个簇状柱形图在 F28 单元格，修改好源数据的数据区域后再增加第 33 行的行高，就会将第 3 个簇状柱形图的高度拉升，如下图所示。

5.2.3　绘制分离型三维饼图

参阅 2.3.2 小节绘制饼图和 4.4.3 小节绘制三维饼图。

Step 1　选择图表类型

选中 A105:B109 单元格区域，单击"常用"工具栏中的"图表向导"按钮 弹出"图表向导—4 步骤之 1—图表类型"对话框，在左侧的"图表类型"列表框中选择"饼图"，在右侧的"子图表类型"中选择"分离型三维饼图"，然后单击"下一步"按钮。

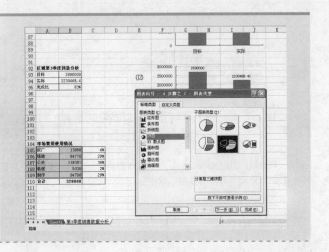

Step 2　选择图表源数据

在弹出的"图表向导—4 步骤之 2—图表源数据"对话框中由于在 step1 中已经选择了图表源所在的单元格区域，所以在这个对话框中不用再选择数据区域，直接单击"下一步"按钮。

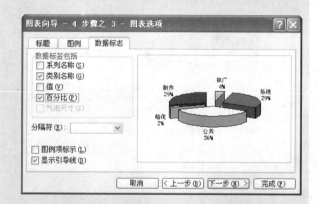

Step 3　配置"图表选项"

在弹出的"图表向导—4 步骤之 3—图表选项"对话框中切换到"图例"选项卡，取消勾选"显示图例"复选框。

切换到"数据标志"选项卡，在"数据标签包括"组合框中勾选"类别名称"和"百分比"复选框，然后单击"下一步"按钮。

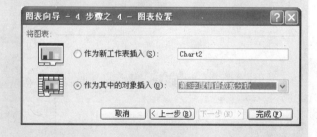

Step 4　设置"图表位置"

在弹出的"图表向导—4 步骤之 4—图表位置"对话框中选择默认的"作为其中的对象插入"。

最后单击"完成"按钮。

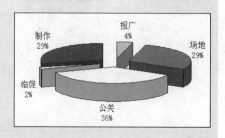

这样一张简单的分离型三维饼图就创建好了。

Step 5 拖曳饼图至适当的位置

新建的饼图可能会覆盖住含有数据的单元格区域，为此可以在图表区单击，按住鼠标不放拖曳饼图至合适的位置，然后松开鼠标即可。

Step 6 调整饼图的大小

参阅4.4.4 小节 Step3调整饼图的大小。

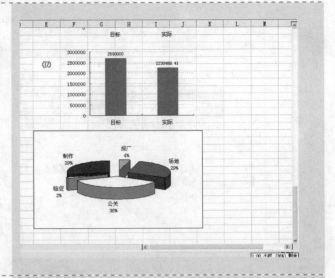

Step 7 调整数据点格式

①单击数据系列区选中所有系列的数据点。

②单击"公关"数据点将其选中。

③双击"公关"数据点弹出"数据点格式"对话框。

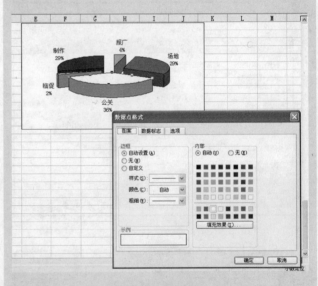

④在"数据点格式"对话框中单击"图案"选项卡，在"边框"组合框中单击"无"，在"内部"调色板中选择"橙色"，然后单击"确定"按钮。

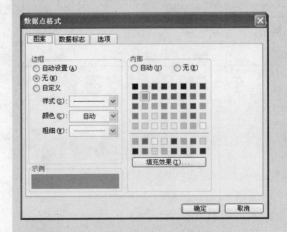

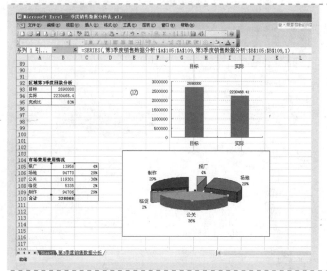

此时"公关"数据点的颜色就被修改为"橙色"。

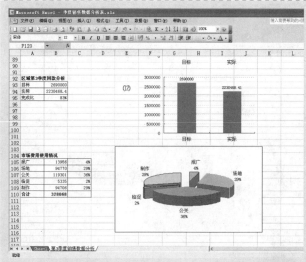

使用同样的方法,将"场地"、"报广"、"制作"和"临促"等数据点的颜色分别修改为"内部"调色板中的"酸橙色"、"浅蓝"、"金色"和"玫瑰红"。

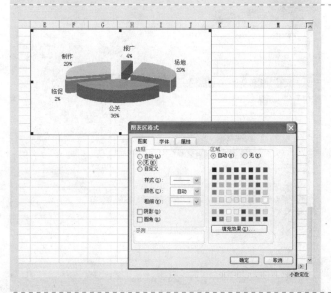

Step 8 调整图表区格式

①双击分离型三维饼图的图表区弹出"图表区格式"对话框。

②在该对话框中单击"图案"选项卡,在"边框"组合框中单击"无",然后单击"确定"按钮。

至此第 1 个分离型三维饼图绘制完毕。

Step 9　绘制其余的分离型三维饼图

参阅 5.2.1 小节 "3." 中的 Step1 至 Step8 绘制其余的分离型三维饼图。

①选中第 1 个分离型三维饼图，按 <Ctrl+C> 组合键复制，接着选中 L14 单元格，按 <Ctrl+V> 组合键粘贴。

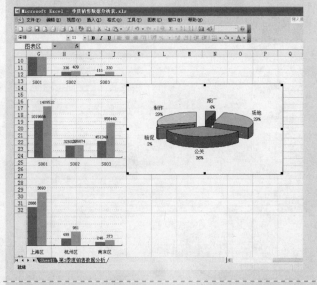

②右键单击第 2 个分离型三维饼图的图表区，在弹出的快捷菜单中选择 "源数据" 弹出 "源数据" 对话框，切换到 "数据区域" 选项卡，在 "数据区域" 文本框中将 "= 第 3 季度销售数据分析!$A$105:$B$109" 修改为 "= 第 3 季度销售数据分析!$A$17:$B$19"，然后单击 "确定" 按钮。

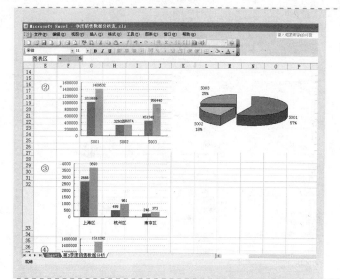

至此就完成了第 2 个分离型三维饼图的绘制。

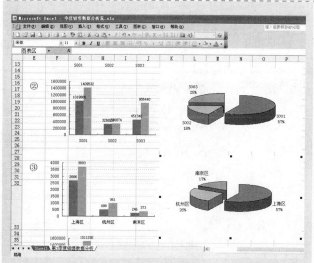

使用相同的方法复制第 2 个分离型三维饼图，选中 K28 单元格粘贴，快速地绘制第 3 个分离型三维饼图，然后将数据源区域修改为："=第 3 季度销售数据分析!$A$37:$B$39"

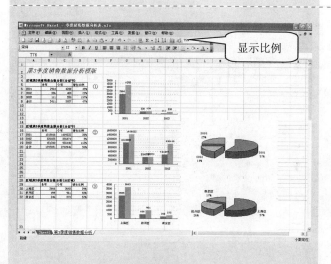

Step 10 调整显示比例

单击"常用"工具栏中的"显示比例"文本框右侧的下箭头按钮，选择"75%"。

Step 11 隐藏网格线

参阅 1.3 节 Step15 隐藏网格线。

至此一个美观的"第 3 季度销售数据
分析"工作表就创建完成了。

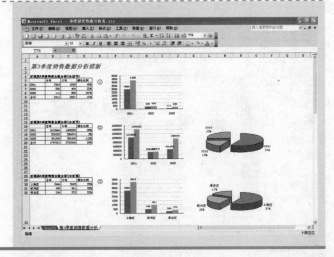

5.2.4　绘制动态图表

Step 1　输入表格标题

切换至"Sheet1"工作表，选中 A1
单元格，然后输入"=第 3 季度销售数据
分析!A2"。

这样"Sheet1"工作表中 A1 单元格
的内容将随着"第 3 季度销售数据分析"
工作表中 A2 单元格的内容的变化而变动。

Step 2　修改标题格式

参阅 1.1.2 小节 Step7 使用格式刷。
切换至"第 3 季度销售数据分析"工作表，
选中 A2 单元格，然后单击"格式"工具
栏中的"格式刷"按钮 ，再切换至
"Sheet1"工作表选中 A1 单元格，格式
即复制完成。

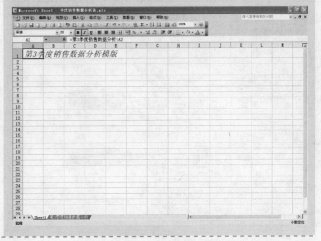

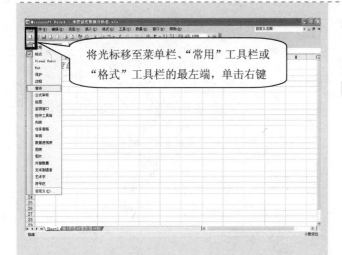

Step 3 打开"窗体"工具栏

将光标移到菜单栏、"常用"工具栏或"格式"工具栏的最左端，当光标变为 ✛ 形状时右键弹出快捷菜单，然后勾选"窗体"打开"窗体"工具栏。

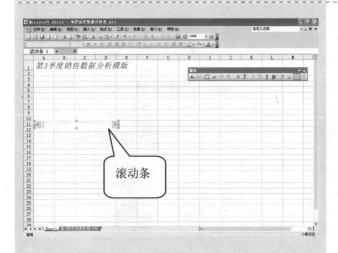

Step 4 绘制"滚动条"

单击"窗体"工具栏中的"滚动条"按钮 🎚，当光标变为 ✚ 形状时在工作表的合适位置拖动鼠标确定滚动条的大小，然后松开鼠标，工作表中就会添加一个滚动条。

Step 5 设置控件格式

①选中滚动条双击弹出"设置控件格式"对话框，切换到"控制"选项卡。

②将"当前值"调整为"1"，"最小值"调整为"1"，"最大值"调整为"10"，"步长"调整为"1"，"页步长"调整为"1"，在"单元格链接"文本框中输入"\$A\$11"，然后单击"确定"按钮。

Step 6 插入定义名称

参阅 3.2.2 小节 "1." 中的 Step5 插入定义名称。

① 单击菜单 "插入" → "名称" → "定义" 弹出 "定义名称" 对话框。

② 在 "在当前工作簿中的名称" 文本框中输入要定义的名称，如 "_1"。

③ 直接在 "引用位置" 文本框中输入需要设置的数据源区域 "=CHOOSE(Sheet1!$A$11，第 3 季度销售数据分析!$A$4，第 3 季度销售数据分析!$A$15，第 3 季度销售数据分析!$A$28，第 3 季度销售数据分析!$A$35，第 3 季度销售数据分析 !$A$42，第 3 季度销售数据分析!$A$48，第 3 季度销售数据分析!$A$54，第 3 季度销售数据分析!$A$60，第 3 季度销售数据分析!$A$66，第 3 季度销售数据分析!$A$72)"，然后单击 "确定" 按钮。

Step 7 调用标题名称

选中 A4 单元格，输入 "=_1"。

此时如果拖动滚动条，A4 单元格中的名称会随着滚动条的步长改变而相应地显示为 "第 3 季度销售数据分析" 工作表中的每个标题名称。

Step 8 调用数据

① 同时选中 A6:A9 和 B5:D9 单元格区域，在编辑栏中输入以下公式，按 <Ctrl+Enter>组合键同时输入公式。

=OFFSET(_1,ROW()-4,COLUMN()-1)

② 选中 D6:D9 单元格区域,设置百分比格式。

此时如果拖动滚动条，A5:D9 单元格区域中的数据会随着滚动条的步长改变而显示为 "第 3 季度销售数据分析" 工作表中的对应数据。

Step 9　分析数据

①选中 A15 单元格，输入"分析:"。

②选中 A16 单元格，在编辑栏中输入以下公式：

`="      "&$A$6&"增长比例为: "`

③选中 A17 单元格，在编辑栏中输入以下公式：

`="      "&$A$7&"增长比例为: "`

④选中 A18 单元格，在编辑栏中输入以下公式：

`="      "&$A$8&"增长比例为: "`

⑤选中 D16 单元格，输入以下公式：

`= D6`

⑥选中 D16 单元格，然后向下拖曳该单元格右下角的填充柄至 D18 单元格完成公式的填充。

Step 10　设置单元格格式

①调整第 4 行、第 13 行和第 20 行的行高。

②选中 A4 单元格和 B5:D5 单元格区域，设置字形为"加粗"。

③选中 B5:D5 单元格区域，设置文本居中显示。

④选中 A5:D9 和 A15:D18 单元格区域，设置字号为"10"。

⑤设置 A5:D5 和 A13:D13 单元格区域背景色为"黄色"，设置第 20 行背景色为"深红"。

⑥选中 A6:D9 单元格区域，然后设置表格边框。

Step 11 复制簇状柱形图

①参阅 5.2.1 小节"2."中的 Step12，切换至"第 3 季度销售数据分析"工作表，选中第 1 个簇状柱形图，按<Ctrl+C>组合键复制，再切换到"Sheet1"工作表，选中 F4 单元格，按<Ctrl+V>组合键粘贴，快速地生成同样的簇状柱形图。

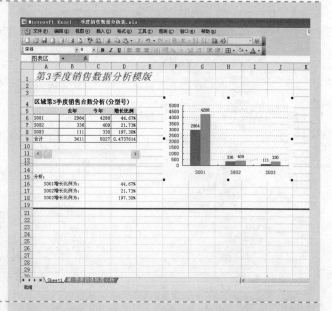

②右键单击簇状柱形图的图表区，在弹出的快捷菜单中选择"源数据"弹出"源数据"对话框。

③此时工作表会自动地跳转至"第 3 季度销售数据分析"工作表，需要再切换至"Sheet1"工作表。

④在"源数据"对话框中的"数据区域"选项卡中，随着在③中切换至"Sheet1"工作表，源数据会自动地修改为"=Sheet1!$A$5:$C$8"，然后单击"确定"按钮。

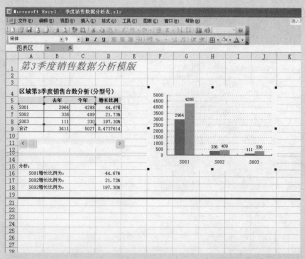

Step 12 隐藏网格线

参阅 1.3 节 Step15 隐藏网格线。

至此时整个季度销售数据分析表创建完毕。在"Sheet1"工作表中拖动滚动条，单元格中的数据和右侧的簇状柱形图都会随之切换。

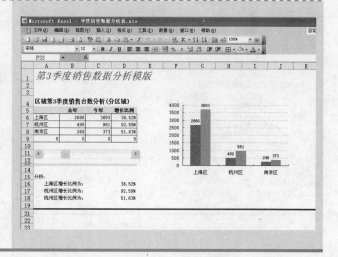

关键知识点讲解

1. CHOOSE 函数

函数用途

可以使用 index_num 返回数值参数列表中的数值。使用函数 CHOOSE 可以基于索引号返回多达 29 个基于 index_num 待选数值中的任何一个数值。例如数值 1~7 表示一个星期的 7 天，当用 1~7 之间的数字作 index_num 时，函数 CHOOSE 则返回其中的某一天。

函数语法

CHOOSE(index_num,value1,value2,...)

Index_num：用以指明待选参数序号的参数值。Index_num 必须为 1~29 之间的数字，或者是包含数字 1~29 的公式或单元格引用。

● 如果 index_num 为 1,函数 CHOOSE 返回 value1；如果为 2,CHOOSE 函数返回 value2,依次类推。

● 如果 index_num 小于 1 或大于列表中最后一个值的序号，CHOOSE 函数返回错误值"#VALUE!"。

● 如果 index_num 为小数，那么在使用前将被截尾取整。

value1,value2,...：为 1~29 个数值参数，CHOOSE 函数基于 index_num，从中选择一个数值或进行相应的操作。参数可以为数字、单元格引用、已定义的名称、公式、函数或文本。

函数说明

● 如果 index_num 为一个数组，那么在 CHOOSE 函数计算时每一个值都将计算。

● CHOOSE 函数的数值参数不仅可以为单个数值，也可以为区域引用。

例如下面的公式：

```
=SUM(CHOOSE(2, A1:A10, B1:B10, C1:C10))
```

相当于：

```
=SUM(B1:B10)
```

然后基于 B1:B10 单元格区域中的数值返回值。

CHOOSE 函数先被计算，返回引用 B1:B10 单元格区域。然后 SUM 函数用 B1:B10 单元格区域进行求和计算，即 CHOOSE 函数的结果是 SUM 函数的参数。

函数简单示例 1

	A	B
1	signature	Charles
2	long	Scott
3	locks	Shirley
4	胜利	Caroline

公　式	说明（结果）
=CHOOSE(2,A1,A2,A3,A4)	第 2 个参数 A2 的值（long）
=CHOOSE(4,B1,B2,B3,B4)	第 4 个参数 B4 的值（Caroline）

函数简单示例 2

	A
1	数据
2	35
3	44
4	28
5	59

公　式	说明（结果）
=SUM(A2:CHOOSE(2,A3,A4,A5))	A2:A4 单元格区域中所有数值的和（107）

本例公式说明

本例中的公式为：

=CHOOSE(Sheet1!$A$11,第3季度销售数据分析!$A$4,第3季度销售数据分析!$A$15,第3季度销售数据分析!$A$28,第 3 季度销售数据分析!$A$35,第 3 季度销售数据分析!$A$42,第 3 季度销售数据分析!$A$48,第 3 季度销售数据分析!$A$54,第3季度销售数据分析!$A$60,第3季度销售数据分析!$A$66,第3季度销售数据分析!$A$72)

其各个参数值指定 CHOOSE 函数基于 Sheet1!$A$11 的值返回数值参数列表中的数值。Sheet1!$A$11 的值与滚动条的值相链接。随着滚动条向右滚动，Sheet1!$A$11 的值在 1~10 变化。

2. ROW 函数

函数用途

返回引用的行号。

函数语法

ROW(reference)

reference：为需要得到其行号的单元格或单元格区域。

函数说明

● 如果省略 reference，则假定是对 ROW 函数所在单元格的引用。

● 如果 reference 为一个单元格区域，并且 ROW 函数作为垂直数组输入， ROW 函数则将 reference 的行号以垂直数组的形式返回。

● reference 不能引用多个区域。

函数简单示例

	A	B	C
1			
2			
3	3		
4			

公　式	说明（结果）
=ROW()	公式所在行的行号（3）
=ROW(C10)	引用所在行的行号（10）

本例公式说明

本例中的公式为：

=ROW()

其各个参数值指定 ROW 函数返回公式所在行的行号。

3. COLUMN 函数

函数用途

返回给定引用的列标。

函数语法

COLUMN(reference)

reference：为需要得到其列标的单元格或者单元格区域。

函数说明

● 如果省略 reference，则假定是对 COLUMN 函数所在单元格的引用。

● 如果 reference 为一个单元格区域，并且 COLUMN 函数作为水平数组输入， COLUMN 函数则将 reference 中的列标以水平数组的形式返回。

● reference 不能引用多个区域。

函数简单示例

公　　式	说明（结果）
=COLUMN()	公式所在的列（1）
=COLUMN(A10)	引用的列（1）

本例公式说明

本例中的公式为：

```
=COLUMN()
```

其各个参数值指定 COLUMN 函数返回公式所在列的列号。

4. OFFSET 函数

函数用途

以指定的引用为参照系，通过给定偏移量得到新的引用。返回的引用可以为一个单元格或单元格区域，并且可以指定返回的行数或者列数。

函数语法

OFFSET(reference,rows,cols,height,width)

reference：作为偏移量参照系的引用区域。reference 必须为对单元格或相连单元格区域的引用，否则 OFFSET 函数返回错误值 "#VALUE!"。

rows：相对于偏移量参照系的左上角单元格，上（下）偏移的行数。如果使用 5 作为参数 rows，则说明目标引用区域的左上角单元格比 reference 低 5 行。行数可以为正数（代表在起始引用的下方）或负数（代表在起始引用的上方）。

cols：相对于偏移量参照系的左上角单元格，左（右）偏移的列数。如果使用 5 作为参数 cols，则说明目标引用区域的左上角的单元格比 reference 靠右 5 列。列数可以为正数（代表在起始引用的右边）或负数（代表在起始引用的左边）。

height：高度，即所要返回的引用区域的行数。height 必须为正数。

width：宽度，即所要返回的引用区域的列数。width 必须为正数。

函数说明

- 如果行数和列数偏移量超出了工作表边缘，OFFSET 函数返回错误值 "#REF!"。
- 如果省略 height 或 width，则假设其高度或宽度与 reference 相同。
- OFFSET 函数实际上并不移动任何一个单元格或者更改选定区域，它只是返回一个引用。OFFSET 函数可用于任何需要将引用作为参数的函数。例如公式=SUM(OFFSET(C2,1,2,3,1))将计算比单元格 C2 靠下 1 行并靠右 2 列的 3 行 1 列的区域的总值。

函数简单示例

公　　式	说明（结果）
=OFFSET(C3,2,3,1,1)	显示 F5 单元格中的值（0）
=SUM(OFFSET(C3:E5,−1,0,3,3))	对数据区域 C2:E4 求和（0）
=OFFSET(C3:E5,0,−3,3,3)	返回错误值 "#REF!"，因为引用区域不在工作表中（#REF!）

本例公式说明

本例中的公式为：

`B6=OFFSET(_1,ROW()-4,COLUMN()-1)`

因为 B6 单元格，ROW()=6，COLUMN() = 2，所以公式可以简化为：

`B6=OFFSET(_1,2,1)`

名称 "_1" 被定义为：

`"=CHOOSE(Sheet1!$A$11, 第 3 季度销售数据分析!$A$4, 第 3 季度销售数据分析!$A$15, 第 3 季度销售数据分析!$A$28, 第 3 季度销售数据分析!$A$35, 第 3 季度销售数据分析!$A$42, 第 3 季度销售数据分析!$A$48, 第 3 季度销售数据分析!$A$54, 第 3 季度销售数据分析!$A$60, 第 3 季度销售数据分析!$A$66, 第 3 季度销售数据分析!$A$72)"`

因为 Sheet1!$A$11 的值与滚动条的值相链接，随着滚动条向右滚动，Sheet1!$A$11 的值在 1～0 变化。假设滚动条的值为 5，则 Sheet1!$A$11 = 5，所以 "_1" 被定义为 "第 3 季度销售数据分析!$A$42"，因此：

`B6=OFFSET(第 3 季度销售数据分析!$A$42,2,1)`

即 B6 单元格为 "第 3 季度销售数据分析!$B$44" 的值 "2552"。

扩展知识点讲解

ROWS 函数

函数用途

返回引用或数组的行数。

函数语法

ROWS(array)

array：为需要得到其行数的数组、数组公式或者对单元格区域的引用。

函数简单示例

公　　式	说明（结果）
=ROWS(C1:E4)	引用中的行数（4）
=ROWS({1,2,3;4,5,6})	数组常量中的行数（2）

5.3 数据分析表格分解

案例背景

一份完美的数据分析报告可以说明数据分析对管理、销售的重要作用。但往往要将分析出来的报告分发给相关的部门或人员，让大家认识到数据分析的重要性，使数据分析成为各个部门日常工作的内容，成为销售人员在销售管理中的基本工具，从而为企业的销售增长带来更多可预见的机会。

关键技术点

要实现本案例中的功能，读者应当掌握以下 Excel 技术点。
- COUNTIF 函数的应用

最终效果展示

	A	B	C	D	E	F
1	责任人	门店名称	产品型号	销售数量	单价	金额
2	陈南	家乐福南京大行宫店	0PS713-1	31	39	1209
3	刘梅	家乐福上海古北店	0PS713-1	45	39	1755
4	刘梅	家乐福上海联洋店	0PS713-1	23	39	897
5	刘梅	家乐福上海南方店	0PS713-1	15	39	585
6	王盛	家乐福上海七宝店	0PS713-1	16	39	624
7	王盛	家乐福上海曲阳店	0PS713-1	26	39	1014
8	曾成	家乐福上海金桥店	0PS713-1	21	39	819
9	曾成	家乐福新里程店	0PS713-1	19	39	741
10	赵冰	家乐福苏州店	0PS713-1	27	39	1053
11	郑浩	家乐福杭州涌金店	0PS713-1	33	39	1287
12	陈南	家乐福南京大行宫店	0TS700-3	29	29	841
13	刘梅	家乐福上海古北店	0TS700-3	31	29	899
14	刘梅	家乐福上海联洋店	0TS700-3	24	29	696
15	刘梅	家乐福上海南方店	0TS700-3	25	29	725
16	王盛	家乐福上海七宝店	0TS700-3	31	29	899
17	王盛	家乐福上海曲阳店	0TS700-3	33	29	957
18	曾成	家乐福上海金桥店	0TS700-3	27	29	783
19	曾成	家乐福新里程店	0TS700-3	24	29	696
48	曾成	家乐福上海金桥店	SHE009-1	12	66	792
49	曾成	家乐福新里程店	SHE009-1	8	66	528
50	赵冰	家乐福苏州店	SHE009-1	9	66	594

数据 / 郑浩 / 赵冰 / 曾成 / 王盛 / 刘梅 / 陈南

通过运行 VBA 宏，将数据工作表按每个责任人的数据分解，单独形成一张新的工作表

示例文件

光盘\本书示例文件\第 5 章\销售分析—表划分多表.xls

5.3.1 创建"数据"工作表

Step 1 创建工作簿、重命名工作表

创建工作簿"销售分析—表划分多表.xls"，将"Sheet1"工作表重命名为"数据"，然后设置"数据"工作表标签颜色为"红色"。

Step 2 输入原始数据

在 A1:F51 单元格区域输入原始数据。

Step 3 设置单元格格式

①选中 A1:F1 单元格区域，设置字形为"加粗"。

②适当地调整表格的列宽，使单元格内容能够完全显示。

③选中 A2:F51 单元格区域，设置字号为"10"。

④选中 A1:F51 单元格区域，设置文本居中显示，并设置表格边框。

5.3.2 一表划分多表

Step 1 打开 Visual Basic 编辑器

右键单击"数据"的工作表标签，在弹出的快捷菜单中选择"查看代码"。

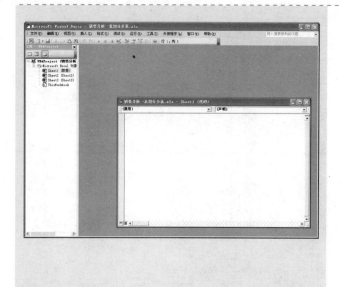

随即打开 Visual Basic 编辑器。

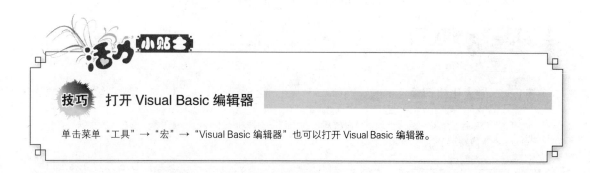

技巧 打开 Visual Basic 编辑器

单击菜单"工具"→"宏"→"Visual Basic 编辑器"也可以打开 Visual Basic 编辑器。

Step 2 插入模块

选中 VBAProject，然后在右键快捷菜单中选择"插入"→"模块"。

此时即可打开模块 1 的代码框。

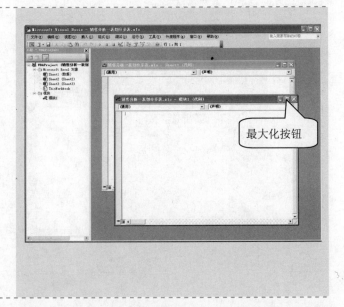

技巧 最大化代码框

单击代码框右上角的"最大化"按钮可以最大化代码框。当代码框被最大化后，单击右上角的"还原"按钮则可还原代码框的大小。

Step 3 录制宏

在模块 1 的代码框内录制 VBA 宏。

录制一表划分为多表的宏的代码如下。

```
Sub kk()
    Dim oNewWorksheet, kj As Worksheet
    Application.DisplayAlerts = False
    For Each kj In ThisWorkbook.Worksheets
        If kj.Name <> "数据" Then
            kj.Delete
        End If
    Next
    Application.DisplayAlerts = True
    For i = 2 To Worksheets("数据").UsedRange.Rows.Count
        If Application.WorksheetFunction.CountIf(Worksheets("数据").Range(Worksheets("数据
").Cells(2, 1), Worksheets("数据").Cells(i, 1)), Worksheets("数据").Cells(i, 1).Value) = 1 Then
            Set oNewWorksheet = Worksheets.Add
            oNewWorksheet.Activate
            ActiveSheet.Name = Worksheets("数据").Cells(i, 1).Value
            Worksheets("数据").Rows("1:1").Copy
            Rows("1:1").PasteSpecial Paste:=xlPasteAll, Operation:=xlNone, SkipBlanks:= _
False, Transpose:=False

            For b = 2 To Worksheets("数据").UsedRange.Rows.Count
                If Worksheets("数据").Cells(b, 1).Value = Worksheets("数据").Cells(i, 1).Value
Then
                    Worksheets("数据").Range(Worksheets("数据").Cells(b, 1), Worksheets("数据
").Cells(b, 255)).Copy
                    ActiveSheet.Range("a65536").End(xlUp).Offset(1,  0).PasteSpecial  Paste:
=xlPasteAll, Operation:=xlNone, SkipBlanks:= _
False, Transpose:=False
                End If
            Next
        End If
        [A1].Select
    Next
    Application.CutCopyMode = False
    Application.DisplayAlerts = True

End Sub
```

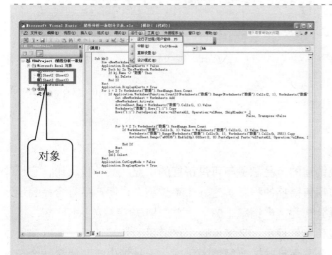

Step 4 执行宏

单击菜单 "运行" → "执行子过程/用户窗体" 或者直接按<F5>快捷键。

此时在 Excel 对象下就删除了 Sheet1 和 Sheet2 对象，并且自动创建了新的对象"陈南"、"刘梅"、"王盛"、"曾成"、"赵冰"和"郑浩"。

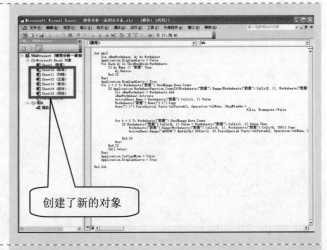

创建了新的对象

随即切换至工作簿中，Sheet2 和 Sheet3 工作表被自动删除，并且自动创建了工作表"陈南"、"刘梅"、"王盛"、"曾成"、"赵冰"和"郑浩"。

Step 5 调整各个工作表的列宽

分别适当地调整各个工作表的表格列宽，使单元格内容能够完全显示。

	责任人	门店名称	产品型号	销售数量	单价	金额		
1	责任人	门店名称	产品型号	销售数量	单价	金额		
2	郑浩	家乐福杭州涌金店	OPS713-1	33	39	1287		
3	郑浩	家乐福杭州涌金店	OTS700-3	22	29	638		
4	郑浩	家乐福杭州涌金店	AST500-3	12	49	588		
5	郑浩	家乐福杭州涌金店	JBS010-2	19	59	1121		
6	郑浩	家乐福杭州涌金店	SHE009-1	9	66	594		
7								
8								

5.4 产销率分析

案例背景

产品产销率是指企业在一定时期已经销售的产品总量与可供销售的工业产品总量之比，它反映了产品生产实现销售的程度，即生产与销售衔接的程度。这一比率越高，说明产品符合社会现实需要的程度越大，反之则越小，其计算公式为：产销率（%）＝总产值/总销售值/×100%。

计算产品产销率既能反映生产的发展和销售规模，又能反映生产成果的实现情况，即产销衔接的情况。这样做改变了过去只从生产一个方面反映工业经济的状况，而是把生产和销售结合起来反映整个工业经济发展的面貌，不仅看生产了多少，更要看销出去多少，这样更适应社会主义市场经济的发展，有利于提高企业家的市场意识，促进市场机制的完善。

关键技术点

要实现本案例中的功能，读者应当掌握以下 Excel 技术点。

● VLOOKUP 函数的应用　　　New!

最终效果展示

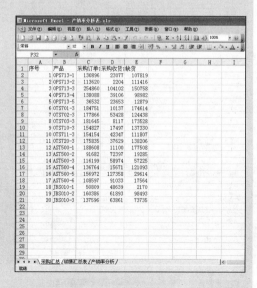

示例文件

光盘\本书示例文件\第 5 章\产销率分析表.xls

5.4.1　创建"采购汇总"和"销售汇总"工作表

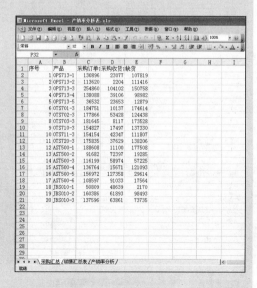

Step 1　创建工作簿、重命名工作表

创建工作簿"产销率分析表.xls"，然后将工作表重命名为"采购汇总"、"销售汇总"和"产销率分析"。

Step 2　创建"采购汇总"工作表

①在 A1:E1 单元格区域输入标题。

②在 A2:D21 单元格区域输入原始数据。

③选中 E2 单元格，在编辑栏中输入以下公式，按<Enter>键确认。

`=C2-D2`

④选中 E2 单元格，然后向下拖曳该单元格右下角的填充柄至 E21 单元格完成公式的填充。

Step 3　设置单元格格式

①适当地调整表格的列宽和行高。

②选中 A1:E1 单元格区域，设置字形为"加粗"。

③选中 C2:E21 单元格区域，设置单元格格式为"数值"。

④选中 A1:E21 单元格区域，设置文本居中显示。

⑤选中 A1:E21 单元格区域，然后设置表格边框。

	A	B	C	D	E	F
1	序号	产品	采购订单合计	采购收货合计	缺货	
2	1	OPS713-1	130,896	23,077	107,819	
3	2	OPS713-2	113,620	2,204	111,416	
4	3	OPS713-3	254,860	104,102	150,758	
5	4	OPS713-4	138,088	39,106	98,982	
6	5	OPS713-5	36,532	23,653	12,879	
7	6	OTS701-3	184,751	10,137	174,614	
8	7	OTS702-3	177,866	53,428	124,438	
9	8	OTS703-3	181,645	8,117	173,528	
10	9	OTS710-3	154,827	17,497	137,330	
11	10	OTS711-3	154,154	42,347	111,807	
12	11	OTS720-3	175,835	37,629	138,206	
13	12	AST500-1	188,608	11,100	177,508	
14	13	AST500-2	91,682	72,397	19,285	
15	14	AST500-3	116,199	58,974	57,225	
16	15	AST500-4	136,764	15,671	121,093	
17	16	AST500-5	156,972	127,358	29,614	
18	17	AST500-6	108,597	91,033	17,564	
19	18	JBS010-1	50,809	48,639	2,170	
20	19	JBS010-2	160,386	61,893	98,493	
21	20	JBS010-3	137,596	63,861	73,735	

采购汇总／销售汇总／产销率分析／

就绪

Step 4　创建"销售汇总"工作表

参阅 5.4.1 小节 Step2 至 Step3，创建"销售汇总"工作表。

	A	B	C	D	E	F
1	序号	产品	客户订单合计	实际发货合计	欠货	
2	1	OPS713-1	121,930	14,009	107,921	
3	2	OPS713-2	111,385	2,593	108,792	
4	3	OPS713-3	188,654	51,387	137,267	
5	4	OPS713-4	161,052	72,539	88,513	
6	5	OPS713-5	59,944	18,313	41,631	
7	6	OTS701-3	123,288	6,522	116,766	
8	7	OTS702-3	198,286	29,328	168,958	
9	8	OTS703-3	198,424	7,012	191,412	
10	9	OTS710-3	196,978	10,790	186,188	
11	10	OTS711-3	135,814	40,452	95,362	
12	11	OTS720-3	119,101	21,685	97,416	
13	12	AST500-1	173,883	6,590	167,293	
14	13	AST500-2	1,788,739	65,430	1,723,309	
15	14	AST500-3	109,276	36,871	72,405	
16	15	AST500-4	195,079	10,543	184,536	
17	16	AST500-5	175,582	96,857	78,725	
18	17	AST500-6	119,944	86,555	33,389	
19	18	JBS010-1	47,934	42,472	5,462	

采购汇总／销售汇总／产销率分析／

就绪

Step 5　插入定义名称

①参阅 3.2.2 小节"1."中的 Step5 插入定义名称。将"＝销售汇总!$B$2:$E$21"定义名称为"sales"。

②将"＝采购汇总!$B$2:$E$21"定义名称为"stock"。

定义名称

在当前工作簿中的名称(W)：

stock
sales
stock

确定　　关闭　　添加(A)　　删除(D)

引用位置(R)：

采购汇总!$B$2:$E$21

5.4.2 创建"产销率分析"工作表

Step 1 输入标题和原始数据

①选中 A1:E1 单元格区域，设置格式为"合并及居中"，并输入表格标题"畅销产品产销率分析"，设置字形为"加粗"。

②在 A2:E2 单元格区域的各个单元格中分别输入单元格标题。

③在 A3:B15 单元格区域，输入序号和产品名称。

Step 2 编制"采购收货合计"公式

选中 C3 单元格，在编辑栏中输入以下公式，按<Enter>键确认。

`=VLOOKUP(B3,stock,3,0)`

Step 3 编制"实际发货合计"公式

选中 D3 单元格，在编辑栏中输入以下公式，按<Enter>键确认。

`=VLOOKUP(B3,sales,3,0)`

Step 4 编制"产销率"公式

选中 E3 单元格，在编辑栏中输入以下公式，按<Enter>键确认。

`=D3/C3`

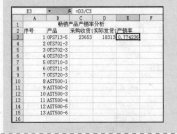

Step 5 自动填充公式

参阅 2.4.1 小节 Step7，选中 C3:E3 单元格区域，然后向下拖曳 E3 单元格右下角的填充柄至 E15 单元格完成公式的填充。

Step 6 设置单元格格式

①选中 A1:E1 单元格区域，设置字形为"加粗"。

②适当的调整表格的列宽和行高。

③选中 A1:E15 单元格区域，设置文本居中显示，并设置表格边框。

④选中 E3:E15 单元格区域，设置"小数位数"为"2"的百分比格式。

	A	B	C	D	E
1			畅销产品产销率分析		
2	序号	产品	采购收货合计	实际发货合计	产销率
3	1	0PS713-5	23653	18313	77.42%
4	2	0TS701-3	10137	6522	64.34%
5	3	0TS702-3	53428	29328	54.89%
6	4	0TS703-3	8117	7012	86.39%
7	5	0TS710-3	17497	10790	61.67%
8	6	0TS711-3	42347	40452	95.53%
9	7	0TS720-3	37629	21685	57.63%
10	8	AST500-1	11100	6590	59.37%
11	9	AST500-2	72397	65430	90.38%
12	10	AST500-3	58974	36871	62.52%
13	11	AST500-4	15671	10543	67.28%
14	12	AST500-5	127358	96857	76.05%
15	13	AST500-6	91033	86555	95.08%

Step 7 设置条件格式

参阅 5.1.2 小节"1."中的 Step12，本例设定以不同的方式显示"产销率"小于 80%的单元格。

①选中 E3:E15 单元格区域，单击菜单"格式"→"条件格式"弹出"条件格式"对话框。

②在"条件格式"对话框的"条件1"文本框中依次设置为"单元格数值"、"小于"和"0.8"。

③单击"格式"按钮弹出"单元格格式"对话框。

④在"单元格格式"对话框中切换到"图案"选项卡，然后在"单元格底纹"的"颜色"调色板中选择"灰色-25%"。单击"确定"按钮返回"条件格式"对话框。

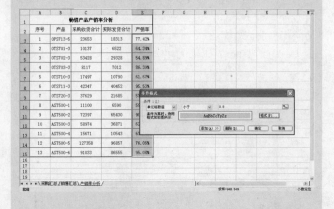

	A	B	C	D	E	F
1			畅销产品产销率分析			
2	序号	产品	采购收货合计	实际发货合计	产销率	
3	1	0PS713-5	23653	18313	77.42%	
4	2	0TS701-3	10137	6522	64.34%	
5	3	0TS702-3	53428	29328	54.89%	
6	4	0TS703-3	8117	7012	86.39%	
7	5	0TS710-3	17497	10790	61.67%	
8	6	0TS711-3	42347	40452	95.53%	
9	7	0TS720-3	37629	21685	57.63%	
10	8	AST500-1	11100	6590	59.37%	
11	9	AST500-2	72397	65430	90.38%	
12	10	AST500-3	58974	36871	62.52%	
13	11	AST500-4	15671	10543	67.28%	
14	12	AST500-5	127358	96857	76.05%	
15	13	AST500-6	91033	86555	95.08%	
16						
17						
18						
19						

采购汇总 / 销售汇总 / 产销率分析 /
就绪

⑤单击"确定"按钮保存条件格式。

此时"完成率"中就都会应用设置的条件格式，即凡是值小于"1"的单元格均显示为灰色。

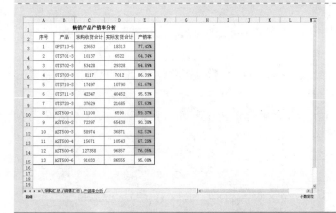

Step 8 隐藏网格线

参阅 1.3 节 Step15 隐藏网格线。

关键知识点讲解

VLOOKUP 函数

函数用途

在表格或数值数组的首列查找指定的数值，并由此返回表格或数组当前行中指定列处的数值。当比较值位于数据表首列时，可以使用 VLOOKUP 函数代替 HLOOKUP 函数。

VLOOKUP 中的 V 代表垂直。

函数语法

VLOOKUP(lookup_value，table_array，col_index_num，range_lookup)

lookup_value：为需要在数组第一列中查找的数值。lookup_value 可以为数值、引用或者文本字符串。

table_array：为需要在其中查找数据的数据表。可以使用对区域或区域名称的引用，例如数据库或列表。

- 如果 range_lookup 为 TRUE，table_array 的第一列中的数值则必须按升序排列：…、–2、–1、0、1、2、…、–Z、FALSE、TRUE，否则 VLOOKUP 函数不能返回正确的数值。如果 range_lookup 为 FALSE，table_array 则不必进行排序。

- 通过在"数据"菜单中的"排序"中选择"升序"，可以将数值按升序排列。

- table_array 的第一列中的数值可以为文本、数字或者逻辑值。

- 文本不区分大小写。

col_index_num：为 table_array 中待返回的匹配值的列序号。col_index_num 为 1 时返回 table_array 第一列中的数值，col_index_num 为 2 时返回 table_array 第 2 列中的数值，依次类推。如果 col_index_num 小于 1，VLOOKUP 函数返回错误值"#VALUE!"；如果 col_index_num 大于 table_array 的列数，VLOOKUP 函数返回错误值"#REF!"。

range_lookup：为一个逻辑值，指明 VLOOKUP 函数返回时是精确匹配还是近似匹配。如果为 TRUE 或省略，则返回近似匹配值，也就是说如果找不到精确匹配值，则返回小于 lookup_value 的最大数值；如果 range_lookup 为 FALSE，VLOOKUP 函数将返回精确匹配值，如果找不到则返回错误值"#N/A"。"FALSE"和"0"的作用等同，"TRUE"和"1"的作用等同。

函数说明

- 如果 VLOOKUP 函数找不到 lookup_value，且 range_lookup 为 TRUE，则使用小于等于 lookup_value 的最大值。

- 如果 lookup_value 小于 table_array 第一列中的最小数值，VLOOKUP 函数则返回错误值"#N/A"。

- 如果 VLOOKUP 函数找不到 lookup_value 且 range_lookup 为 FALSE，VLOOKUP 函数则返回错误值"#N/A"。

函数简单示例

	A	B	C
1	密度	粘度	温度
2	0.467	3.65	550
3	0.535	3.35	450
4	0.626	3.03	350
5	0.685	2.85	300
6	0.756	2.67	250
7	0.845	2.48	200
8	0.956	2.27	150
9	1.1	2.05	100
10	1.3	1.81	50

公　式	说明（结果）
=VLOOKUP(1,A2:C10,2)	使用近似匹配搜索 A 列中的值 1，在 A 列中找到小于等于 1 的最大值 0.956，然后返回同一行中 B 列的值（2.27）
=VLOOKUP(1,A2:C10,3,TRUE)	使用近似匹配搜索 A 列中的值 1，在 A 列中找到小于等于 1 的最大值 0.956，然后返回同一行中 C 列的值（150）
=VLOOKUP(.7,A2:C10,3,FALSE)	使用精确匹配在 A 列中搜索值 0.7。因为 A 列中没有精确匹配的值，所以返回一个错误值（#N/A）
=VLOOKUP(0.1,A2:C10,2,TRUE)	使用近似匹配在 A 列中搜索值 0.1。因为 0.1 小于 A 列中最小的值，所以返回一个错误值（#N/A）
=VLOOKUP(2,A2:C10,2,1)	使用近似匹配搜索 A 列中的值 2，在 A 列中找到小于等于 2 的最大值 1.3，然后返回同一行中 B 列的值（.1.81）

本例公式说明

本例中的公式为：

```
=VLOOKUP(B3,stock,3,0)
```

在"产销率分析"工作表中：

```
B3 = 0PS713-5
```

名称"stock"被定义为：

```
=采购汇总!$B$2:$E$21
```

其各个参数值指定 VLOOKUP 函数在 stock 区域内（即"采购汇总"工作表中的 B2:E21 单元格区域）的第 1 列（即 B 列）中查找 B3 单元格（其值为：0PS713-5）。因为"0PS713-5"在"采购汇总"工作表中位于 B6 单元格，所以 VLOOKUP 函数将从 B2:E21 单元格区域的相同行（第 6 行）的第 3 列（即 D 列）中返回值，也就是 D6 单元格的值 23653。

扩展知识点讲解

HLOOKUP 函数

函数用途

在表格或数值数组的首行查找指定的数值，并由此返回表格或数组当前列中指定行处的数值。当比较值位于数据表的首行，并且要查找下面给定行中的数据时，可应用 HLOOKUP 函数。当比较值位于要查找的数据左边的一列时，可应用 VLOOKUP 函数。

函数语法

HLOOKUP(lookup_value,table_array,row_index_num,range_lookup)

lookup_value：为需要在数据表第一行中进行查找的数值。lookup_value 可以为数值、引用或者文本字符串。

table_array：为需要在其中查找数据的数据表。可以使用对区域或者区域名称的引用。

● table_array 的第一行的数值可以为文本、数字或者逻辑值。

● 如果 range_lookup 为 TRUE，table_array 的第一行的数值则必须按升序排列：...-2、-1、0、1、2、...、A-Z、FALSE、TRUE，否则 HLOOKUP 函数将不能给出正确的数值。如果 range_lookup 为 FALSE，table_array 则不必进行排序。

● 文本不区分大小写。

● 可以用下面的方法实现数值从左到右的升序排列：选定数值，在"数据"菜单中单击"排序"，再单击"选项"，然后单击"按行排序"选项，最后单击"确定"按钮。在"排序依据"下拉列表框中选择相应的行选项，然后单击"升序"选项。

row_index_num：为 table_array 中待返回的匹配值的行序号。row_index_num 为 1 时返回 table_array 第一行的数值，row_index_num 为 2 时返回 table_array 第 2 行的数值，依次类推。如果 row_index_num 小于 1，HLOOKUP 函数则返回错误值"VALUE!"；如果 row_index_num 大于 table-array 的行数，HLOOKUP 函数则返回错误值"#REF!"。

range_lookup：为一个逻辑值，指明 HLOOKUP 函数查找时是精确匹配还是近似匹配。如果为 TRUE 或省略，则返回近似匹配值，也就是说如果找不到精确匹配值，则返回小于 lookup_value 的最大数值。如果 range_lookup 为 FALSE，HLOOKUP 函数查找精确匹配值，如果找不到则返回错误值"#N/A!"。

函数说明

● 如果 HLOOKUP 函数找不到 lookup_value，且 range_lookup 为 TRUE，则使用小于 lookup_value 的最大值。

● 如果 HLOOKUP 函数小于 table_array 第一行中的最小数值，HLOOKUP 函数则返回错误值 "#N/A!"。

函数简单示例

	A	B	C
1	Amanda	Beatrice	Caroline
2	5	6	7
3	8	3	9
4	1	22	11

公　式	说明（结果）
=HLOOKUP("Amanda",A1:C4,2,TRUE)	在首行查找 Amanda，并返回同列中第 2 行的值（5）
=HLOOKUP("Beatrice",A1:C4,3,FALSE)	在首行查找 Beatrice，并返回同列中第 3 行的值（3）
=HLOOKUP("B",A1:C4,3,TRUE)	在首行查找 B，并返回同列中第 3 行的值。由于 B 不是精确匹配，因此将使用小于 B 的最大值 Amanda（8）
=HLOOKUP("Caroline",A1:C4,4)	在首行查找 Caroline，并返回同列中第 4 行的值（11）
=HLOOKUP(3,{1,2,3;"a","b","c";"d","e","f"},2,TRUE)	在数组常量的第 1 行中查找 3，并返回同列中第 2 行的值（c）

5.5　淡旺季销售分析

案例背景

多数商品的销售都存在淡季和旺季的转换。由于大部分消费者对商品价格的敏感性都很强，因此企业在淡季销售时应循序渐进，因地制宜制定出适合自身的销售模式。

出于战略性的考虑，企业可能会选择在淡季时购入部分原材料，进行备货，这样做的好处主要有三点：一是淡季降价时备货可节约费用，降低成本，使企业在旺季到来时的竞争中占据成本优势；二是可以保证库存，避免出现旺季时产品畅销，到厂家却进不来货的不利局面；三是可以维护与供应商的关系，增进交流。

通过绘制的折线图，可以清晰地看到商品销售的淡季、旺季的变化，便于商家选择与淡旺季销售相适应的渠道，加强对物流、资金流、信息流的管理。

关键技术点

要实现本案例中的功能，读者应当掌握以下 Excel 技术点。

● NA 函数　　　New!

● 折线图　　　New!

最终效果展示

淡旺季销售分析				
产品	销售月份	总销售额（元）	淡季月	旺季月
童装	1月	8,100.00	#N/A	#N/A
童装	2月	10,000.00	#N/A	10,000.00
童装	3月	7,800.00	#N/A	#N/A
童装	4月	8,000.00	#N/A	#N/A
童装	5月	8,500.00	#N/A	#N/A
童装	6月	8,200.00	#N/A	#N/A
童装	7月	8,300.00	#N/A	#N/A
童装	8月	7,700.00	7,700.00	#N/A
童装	9月	7,900.00	#N/A	#N/A
童装	10月	9,000.00	#N/A	#N/A
童装	11月	9,300.00	#N/A	#N/A
童装	12月	9,500.00	#N/A	#N/A

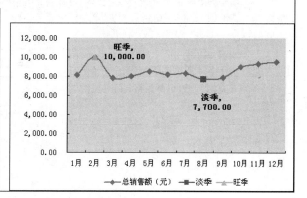

示例文件

光盘\本书示例文件\第 5 章\淡旺季销售分析.xls

5.5.1　创建"折线图"工作表

Step

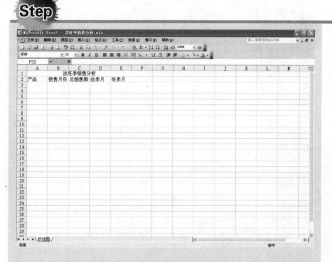

Step 1　创建工作簿、重命名工作表

参阅 1.2 节 Step1 与 Step2 创建工作簿"淡旺季销售分析.xls"，然后重命名工作表为"折线图"，并删除多余的工作表。

Step 2　输入表格标题和表格各字段标题

选中 A1 单元格，输入表格标题"淡旺季销售分析"，选中 A1:E1 单元格区域，设置"合并及居中"。

在 A2:E2 单元格区域中，输入表格各字段的标题。

Step 3 输入产品名称、销售月份和总销售额

①选中 A3:A14 单元格区域，输入"童装"，按<Ctrl+Enter>组合键批量输入相同数据。

②选中 B3 单元格，输入"1 月"。选中 B3 单元格，然后向下拖曳该单元格右下角的填充柄至 B14 单元格，完成月份的填充。

③在 C3:C14 单元格区域中，输入总销售额的数据。

Step 4 计算淡季月和旺季月

①选中 D3 单元格，输入以下公式，按<Enter>键确认。
=IF(C3=MIN($C$3:$C$14),C3,NA())

②选中 E3 单元格，输入以下公式，按<Enter>键确认。
=IF(C3=MAX($C$3:$C$14),C3,NA())

③选中 D3:E3 单元格区域，然后向下拖曳该单元格右下角的填充柄至 E14 单元格，完成公式的填充。

Step 5 设置单元格格式

①选中 A1:E2 单元格区域，设置"加粗"。选中 A2:E14 单元格区域，设置"字号"为"11"，设置"居中"。

②参阅 1.1.1 小节 Step7 和 Step14，适当地调整表格的列宽和行高。

③选中 C3:E5 单元格区域，参阅 2.4.1 小节 Step4，设置"小数位数"为"2"，"使用千位分隔符"的"数值"格式。

④参阅 1.1.2 小节 Step11，设置表格边框。

关键知识点讲解

NA 函数

函数用途

返回错误值 #N/A。错误值 #N/A 表示"无法得到有效值"。请使用 NA 标志空白单元格。在没有内容的单元格中输入 #N/A，可以避免不小心将空白单元格计算在内而产生的问题（当公式引用到含有 #N/A 的单元格时，会返回错误值 #N/A）。

函数语法

NA( )

函数说明

● 在函数名后面必须包括圆括号，否则 Microsoft Excel 无法识别该函数。

● 可以直接在单元格中键入 #N/A。提供 NA 函数是为了与其他电子表格程序兼容。

5.5.2 绘制数据点折线图

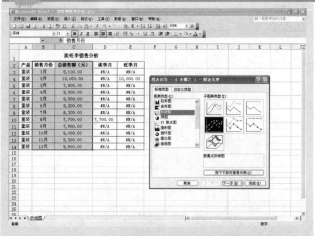

Step 1 选择图表类型

选中 B2:C14 单元格区域，单击"常用"工具栏中的"图表向导"按钮，弹出"图表向导—4 步骤之 1—图表类型"对话框，在"图表类型"列表框中选择"折线图"，在"子图表类型"中选择"数据点折线图"，然后单击"下一步"按钮。

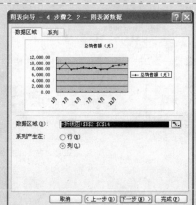

Step 2 选择图表源数据

弹出"图表向导—4 步骤之 2—图表源数据"对话框，由于已经选择了图表源所在的单元格区域，所以在这个对话框中不用再选择数据区域，直接单击"下一步"按钮。

Step 3 配置"图表选项"

①在弹出的"图表向导—4步骤之3—图表选项"对话框中切换到"网格线"选项卡，取消勾选"数值（*y*）轴"组合框中的"主要网格线"复选框。

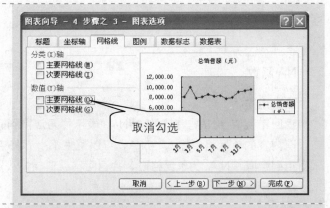

②切换到"图例"选项卡，在"位置"下方单击"底部"单选按钮，然后单击"完成"按钮。

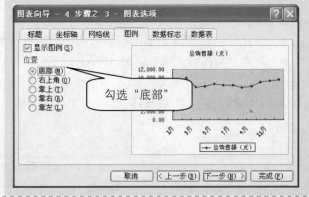

这样一张简单的数据点折线图就创建好了。

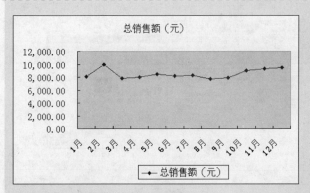

Step 4 拖曳数据点折线图至适当的位置

新建的数据点折线图可能会覆盖住含有数据的单元格区域，为此可以在图表区单击，按住鼠标左键不放拖曳数据点折线图至合适的位置，然后松开鼠标即可。

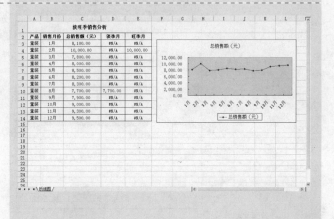

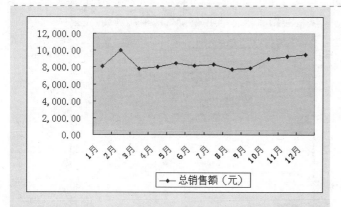

Step 5　删除图表标题

单击图表标题，按<Delete>键，删除图表标题。

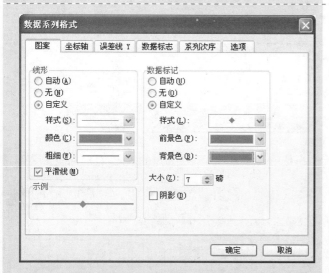

Step 6　调整"数据系列格式"

①双击图表区的任何一条蓝色折线，此时所有的蓝色折线均被选中，并弹出"数据系列格式"对话框，切换到"图案"选项卡。

②在"线形"组合框中的"颜色"下拉颜色面板中选择第2排第7列的"蓝–灰"颜色，在"粗细"下拉列表中选择第3种，勾选"平滑线"复选框。

③在"数据标记"组合框中的"前景色"下拉颜色面板中选择"蓝–灰"颜色，在"背景色"下拉颜色面板中选择"蓝–灰"颜色，单击"确定"按钮。

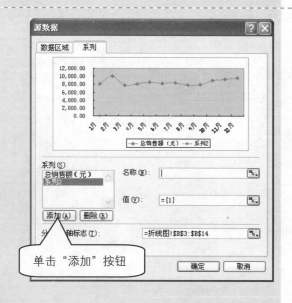

Step 7　添加源数据的"淡季"系列

①右键单击图表区，在弹出的快捷菜单中选择"源数据"弹出"源数据"对话框，切换到"系列"选项卡。

②单击"系列"列表框下方的"添加"按钮，在"系列"列表框中添加了"系列2"。

③在"名称"文本框右侧输入"="淡季""。单击"值"文本框右侧的"折叠"按钮。

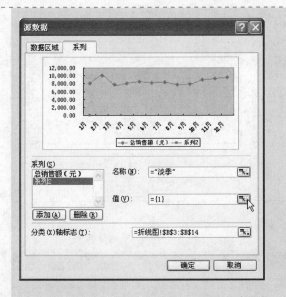

弹出"源数据－数值："选项框。

④拖动鼠标选择源数据所在的D3:D14单元格区域。

这时在"源数据－数值："文本框中会出现"=折线图!$D$3:$D$14"。

⑤数据源区域确定后，单击"源数据－数值："选项框右侧的"展开"按钮返回"源数据"对话框中。

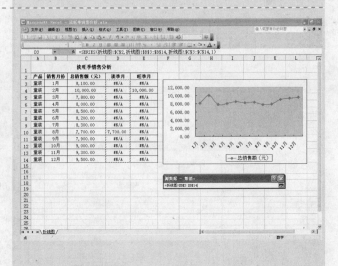

Step 8 添加源数据的 "旺季" 系列

①单击 "系列" 列表框下方的 "添加" 按钮，在 "系列" 列表框中添加了 "系列 3"。

②在 "名称" 文本框右侧输入 " ="旺季""。单击 "值" 文本框右侧的 "折叠" 按钮。

③弹出 "源数据 – 数值：" 选项框。拖动鼠标选择源数据所在的 E3:E14 单元格区域。这时在 "源数据 – 数值：" 文本框中会出现 "=折线图!$E$3:$E$14"。

④数据源区域确定后，单击 "源数据 – 数值：" 选项框右侧的 "展开" 按钮 返回 "源数据" 对话框中。

最后单击 "确定" 按钮，完成源数据的添加。

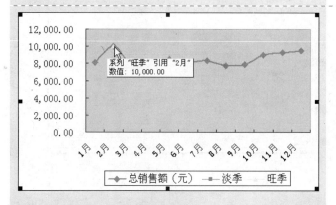

此时在绘图区内会出现一个黄色的三角点和一个粉红色的方点。将光标分别移近这两个点会出现 "系列 '旺季' 引用 '2 月' 数值：10,000.00" 等字样。

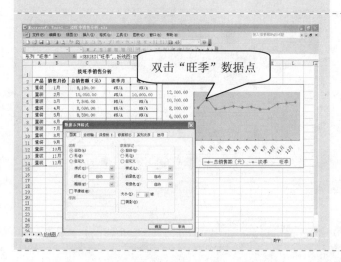

Step 9 调整数据系列格式

①双击数据系列区中黄色的三角点，即 "旺季" 数据点，弹出 "数据系列格式" 对话框。

②切换到"图案"选项卡，在"线形"组合框中的"颜色"下拉颜色面板中选择第3排第3列的"酸橙色"颜色，在"粗细"下拉列表中选择第3种。

③在"数据标记"组合框中的"前景色"下拉颜色面板中选择"酸橙色"颜色，在"背景色"下拉颜色面板中选择"酸橙色"颜色，在"大小"右侧的文本框中，输入"7"。

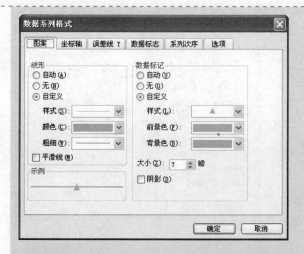

④切换到"数据标志"选项卡，在"数据标签包括"的下方勾选"系列名称"和"值"复选框。

单击"确定"按钮。

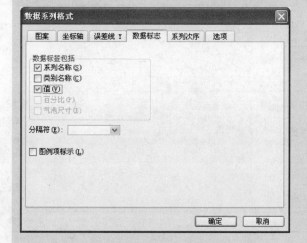

此时"旺季"数据点的颜色就会被修改为"酸橙色"，并且在数据点的周围会显示该数据点的"系列名称"和"值"。

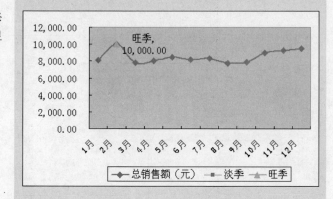

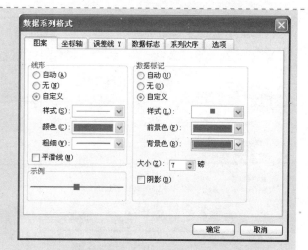

⑤同样的，双击数据系列区中粉红色的方点，即"淡季"数据点，弹出"数据系列格式"对话框。

修改该数据点的"线形"组合框中的"颜色"、"数据标记"组合框中的"前景色"和"背景色"颜色为颜色面板中第 6 排第 2 列的"梅红"。修改"线型"组合框中"粗细"为第 3 种，修改"数据标记"组合框中的大小为"7"。切换到"数据标志"选项卡，在"数据标签包括"下方的复选框中勾选"系列名称"和"值"。

单击"确定"按钮。

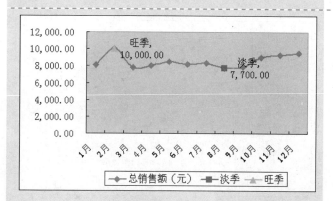

此时"淡季"数据点的颜色就会被修改为"梅红"。并且在数据点的周围会显示该数据点的"系列名称"和"值"。

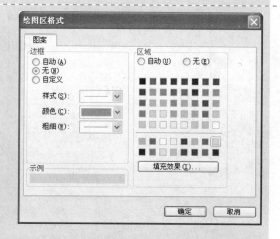

Step 10 调整绘图区格式

①双击折线图的图表区弹出"绘图区格式"对话框。

②在"图案"选项卡中，在"边框"组合框中单击"无"。

③在"区域"组合框下方的颜色面板中，选中第 6 行第 8 列的"淡蓝色"。

最后单击"确定"按钮。

Step 11 调整坐标轴 *x* 轴格式

①双击 *x* 轴，即横轴，弹出"坐标轴格式"对话框。

②切换到"字体"选项卡。在"字号"文本框中输入"10"。

单击"确定"按钮。

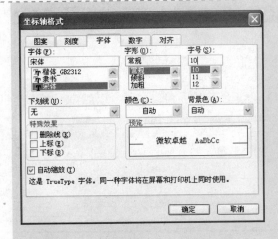

Step 12 调整坐标轴 *y* 轴格式

①双击 *y* 轴，即纵轴，弹出"坐标轴格式"对话框。

②切换到"字体"选项卡。在"字号"文本框中输入"10"。

单击"确定"按钮。

调整完坐标轴格式的折线图效果如图所示。

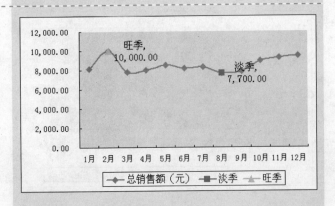

Step 13 调整图例格式

①双击图例，弹出"图例格式"对话框。

②切换到"图案"选项卡，在"边框"组合框中单击"无"。

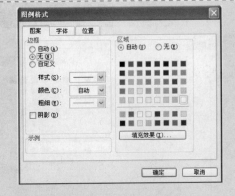

③切换到"字体"选项卡。在"字号"文本框中输入"10"。

单击"确定"按钮。

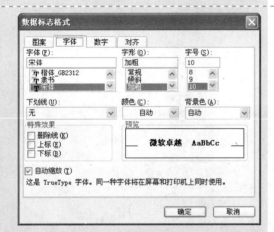

Step 14 调整数据标志格式

①双击"旺季"数据标志，弹出"数据标志格式"对话框，切换到"字体"选项卡，在"字形"下拉列表框中选择"加粗"，在"字号"文本框中输入"10"。

②双击"淡季"数据标志，弹出"数据标志格式"对话框，切换到"字体"选项卡，在"字形"下拉列表框中选择"加粗"，在"字号"文本框中输入"10"。

单击"确定"按钮。

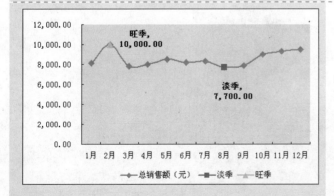

选中"旺季"的数据标志，按住鼠标左键不放拖曳至合适的位置。

选中"淡季"的数据标志，按住鼠标左键不放拖曳至合适的位置。

此时一条美观的数据点折线图即绘制完毕。

Step 15 隐藏网格线

参阅 1.3 节 Step15 隐藏网格线。至此数据点折线图绘制完毕，效果如右图所示。

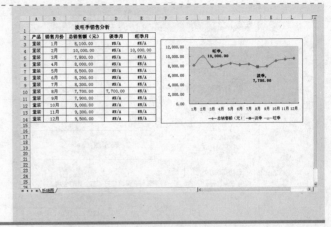

第 **6** 章 仓库数据管理与分析

　　营销是由市场开拓、库存管理、费用及利润等关键因素组成的,其中库存管理直接关系到企业在营销中的成败。所以,库存与销售是密切相关的,库存无效增大将对企业的利润构成极大威胁,企业资金周转就会存在缺口,所以要保证市场正常运转,必须控制库存,否则库存将侵吞掉利润。

6.1 库存结构分析

案例背景

从分析对象来说，库存结构可以分为总额、结构和比率总额等。根据这些信息，可以反映库存总金额、各类产品库存总金额结构以及各类产品占总库存金额的比例。

关键技术点

要实现本案例中的功能，读者应当掌握以下 Excel 技术点。

- 创建表格　　　New!
- 添加辅助列　　　New!
- 制作窗体控件实现数据链接　　　New!
- 绘制图表　　　New!

最终效果展示

年份	男性服装	女性服装	中性服装	男鞋	女鞋	童鞋
2003年	178693	64563	98566	95453	84635	68385
2004年	278564	84527	118532	105531	104520	78021
2005年	378533	102357	182256	195821	114112	88230
2006年	574293	124587	208746	287121	124214	99991

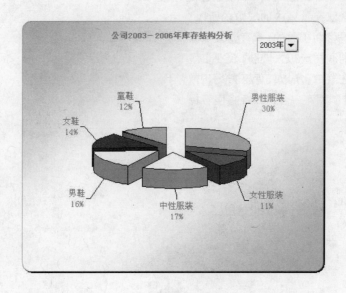

示例文件

光盘\本书示例文件\第 6 章\库存结构分析表.xls

6.1.1 创建库存结构分析表

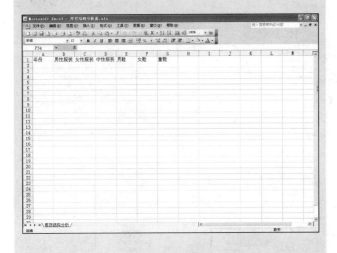

Step 1 创建工作簿、重命名工作表

参阅 1.2 节 Step1 至 Step 2 创建工作簿 "库存结构分析表.xls"，然后将工作表重命名为 "库存结构分析" 并删除多余的工作表。

Step 2 输入表格行标题

依次在 A1:G1 单元格区域输入各个字段的标题名称，并设置字形为 "加粗"。

Step 3 输入表格数据

依次在单元格中输入表格数据。

Step 4 调整单元格格式

①适当地调整表格的行高和列宽。
②设置字号为 "10"，并设置文本居中显示。
③设置表格边框。
效果如图所示。

6.1.2 绘制分离型三维饼图

根据库存结构分析表，利用各项产品库存数据绘制图表（示例选用饼图），对各年份的产品库存作相应的分析，从而生动形象地反映出各类产品在库存中所占的比例，以便公司做好相应的生产计划调整。可以参阅 5.2.1 小节 "3."，绘制分离型三维饼图。

Step 1 选择图表类型

选中 A1:G5 单元格区域，单击"常用"工具栏中的"图表向导"按钮 弹出"图表向导—4 步骤之 1—图表类型"对话框，在左侧的"图表类型"列表框中选择"饼图"，在右侧的"子图表类型"中选择"分离型三维饼图"，然后单击"下一步"按钮。

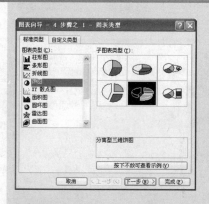

Step 2 选择图表源数据

在弹出的"图表向导—4 步骤之 2—图表源数据"对话框中由于在 Step1 中已经选择了图表源所在的单元格区域，所以在这个对话框中不用再选择数据区域。

如果事先没有选择绘制图表的源数据区域，可以单击"数据区域"文本框右侧的"折叠"按钮 。

弹出"数据区域:"选项框。拖动鼠标选择源数据所在的 A1:G5 单元格区域。这时在"数据区域:"选项框中会出现"=库存结构分析!\$A\$1:\$G\$5"。数据源区域确定后单击"数据区域:"选项框右侧的"展开"按钮返回"源数据"对话框，然后单击"下一步"按钮。

Step 3 配置"图表选项"

在弹出的"图表向导—4 步骤之 3—图表选项"对话框中单击"标题"选项卡，在"图表标题"文本框中输入图表名称"公司 2003－2006 年库存结构分析"，然后单击"下一步"按钮。

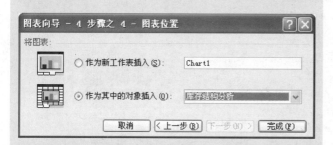

Step 4 设置"图表位置"

在弹出的"图表向导—4 步骤之 4—图表位置"对话框中选择默认的"作为其中的对象插入"。

最后单击"完成"按钮。

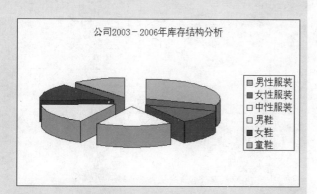

这样一张简单的分离型三维饼图就创建好了。

Step 5 拖曳饼图至适当的位置

新建的分离型三维饼图可能会覆盖住
含有数据的单元格区域,为此可以在图表
区单击,按住鼠标左键不放拖曳分离型三
维饼图至合适的位置,然后松开鼠标即可。

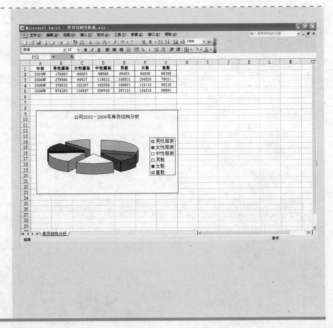

6.1.3 设置分离型三维饼图格式

简单的分离型三维饼图已经绘制完成,但是看起来并不是很美观,接下来要对分离型三维饼
图的图表区格式、图表选项和数据标志格式等进行设置。

Step 1 调整图表区格式

双击分离型三维饼图的图表区弹出
"图表区格式"对话框。

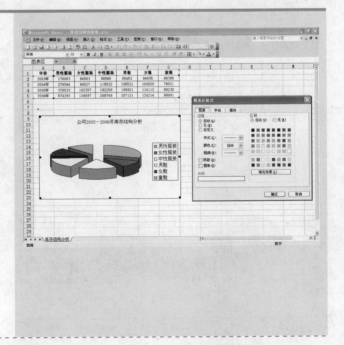

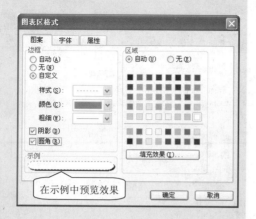

Step 2 设置图表区"图案"的"边框"

在"图表区格式"对话框中切换到"图案"选项卡，在"边框"组合框中选中"自定义"单选按钮。

①单击"样式"右侧的下箭头按钮，选中下拉列表中的第3种样式。

②单击"颜色"右侧的下箭头按钮，选中"浅蓝"。

③单击"粗细"右侧的下箭头按钮，选中下拉列表中的第2种粗细。

④勾选"阴影"复选框。

⑤勾选"圆角"复选框。

在"示例"中可以预览设置完"边框"后的效果。

Step 3 设置图表区"图案"的"区域"

在"图表区格式"对话框的"图案"选项卡中单击"区域"组合框中的"填充效果"按钮弹出"填充效果"对话框。

为了使图表产生渐变的效果，可以采用如下方法。

①勾选"颜色"组合框中的"双色"单选按钮。单击"颜色1"右侧的下箭头按钮，选中"珊瑚红"；单击"颜色2"右侧的下箭头按钮，选择"白色"。

②勾选"底纹样式"组合框中的"斜上"单选按钮。

③在"变形"列表框中单击左下方的变形方式。

在"示例"中可以预览设置"填充效果"后的效果。

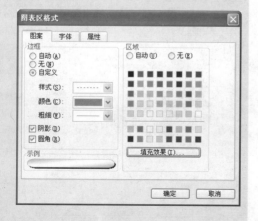

单击"确定"按钮完成"填充效果"对话框的设置，返回"图表区格式"对话框。

在"示例"中可以预览设置"边框"和"填充效果"后的整体效果。

Step 4 设置图表区"字体"

在"图表格式"对话框中切换到"字体"选项卡。

①在"字体"列表框中选择"宋体"。

②在"字形"列表框中选择"常规"。

③在"字号"文本框中输入"11.25"。

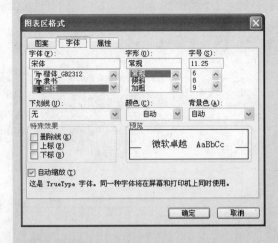

单击"确定"按钮，图表区格式即设置完毕，效果如右图所示。

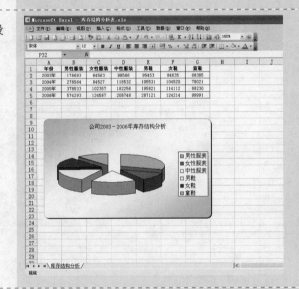

Step 5 取消显示"图例"

右键单击分离型三维饼图的图表区，从弹出的快捷菜单中选择"图表选项"。

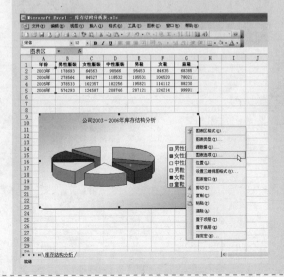

在弹出的"图表选项"对话框中单击
"图例"选项卡，取消勾选"显示图例"
复选框。

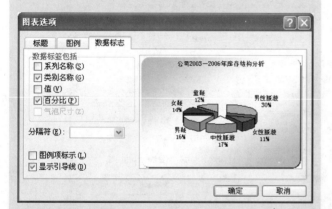

Step 6 设置数据标签

单击"图表选项"对话框中的"数据
标志"选项卡，在"数据标签包括"组合
框中勾选"类别名称"和"百分比"两个
复选框，然后单击"确定"按钮。

Step 7 设置数据标志字体样式和大小

在设置好数据标签的分离型三维饼
图中双击任意一个数据标志，此时所有
的数据标志都会被选中，四周会出现很
多的黑色句柄，并弹出"数据标志格式"
对话框。

在"数据标志格式"对话框中切换到
"字体"选项卡。

①在"字体"列表框中选择"宋体"。

②在"字形"列表框中选择"常规"。

③在"字号"列表框中选择"10"。

④在"颜色"下拉列表中单击右侧的
下箭头按钮，然后选择"浅蓝"。

最后单击"确定"按钮。

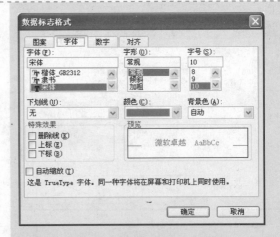

Step 8 调整图表标题

双击图表标题弹出"图表标题格式"
对话框，切换到"字体"选项卡。

①在"字体"列表框中选择"宋体"。

②在"字形"列表框中选择"加粗"。

③在"字号"文本框中输入"9.25"。

④在"颜色"下拉列表中单击右侧的
下箭头按钮，然后选择"浅蓝"。

最后单击"确定"按钮。

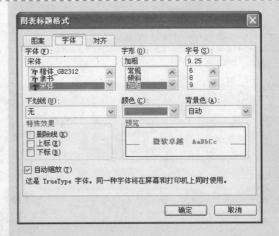

技巧 加大饼图数据标签的引导线

有时由于"数据标签"与"饼图"之间的距离过于靠近，"引导线"过短导致各个数据的百分比显示不明显，此时单击某个"数据标签"，待"数据标签"周围出现灰色虚线框后拖动该"数据标签"即可加大与各饼块之间的间隙。

技巧 放大或者缩小分离型三维饼图

单击选中饼图外侧的绘图区，将光标移到绘图区的 4 个顶点的任意一个之上，然后向外拉可以放大饼图，反之向里拉则可缩小饼图。

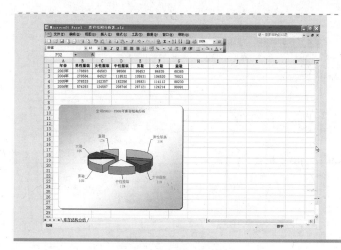

至此，分离型三维饼图的格式设置完毕，效果如图所示。

6.1.4 应用组合框绘制动态图表

1. 为图表添加组合框

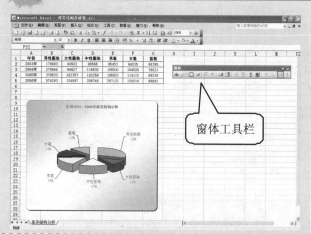

Step 1 为静态图表添加组合框

①单击菜单"视图"→"工具栏"→"窗体"调出"窗体"工具栏，然后将浮动的"窗体"工具栏拖动到合适的位置。

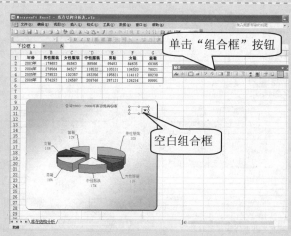

②单击"窗体"工具栏中的"组合框"按钮 ，在工作表中适当的位置拖动鼠标设定组合框的大小，然后松开鼠标，工作表中相应的位置就会显示空白组合框。

Step 2 设置控件格式

双击该空白组合框弹出"设置控件格式"对话框，切换到"大小"选项卡，然后在"大小和转角"组合框中分别将"高度"和"宽度"调整为"0.56厘米"和"1.64厘米"。

再切换到"控制"选项卡。

①单击"数据源区域"文本框右侧的"折叠"按钮 进行数据区域的选择，拖动鼠标选中 A2:A5 单元格区域。

②数据源区域确定后单击"展开"按钮 返回"设置控件格式"对话框。

③单击"单元格链接"文本框右侧的"折叠"按钮 进行数据区域的选择，拖动鼠标选中 A7 单元格。

④数据源区域确定后单击"展开"按钮 返回"设置控件格式"对话框。

⑤在"下拉显示项数"文本框中输入"4"。

⑥单击"确定"按钮完成控件设置。

Step 3 完成控件设置

单击组合框右侧的下箭头按钮，然后选择年份"2003 年"。

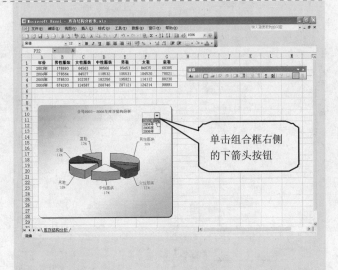

单击组合框右侧的下箭头按钮

2. 添加辅助列

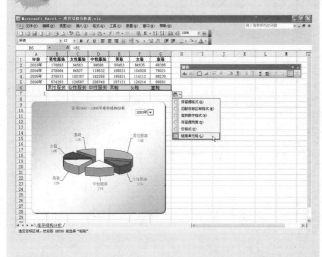

Step 1 设置标题栏辅助列

①选中 B1:G1 单元格区域，单击"格式"工具栏中的"复制"按钮，再选中 B6:G6 单元格区域，单击"格式"工具栏中的"粘贴"按钮。

②单击 G6 单元格右下角出现的"粘贴选项"图标，然后在其下拉框中选择"链接单元格"项。

技巧 选择"粘贴选项"

在粘贴行的最后一个单元格 B6 的下方会出现"粘贴选项"图标。单击图标，有以下 6 个选项可供选择：①保留源格式，②匹配目标区域格式，③值和数字格式，④保留源列宽，⑤仅格式，⑥链接单元格。此处选择"链接单元格"。

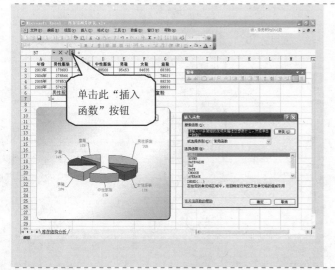

Step 2 在单元格中插入函数

①选中 B7 单元格，然后单击"插入函数"按钮弹出"插入函数"对话框。

②在"或选择类别"中单击右侧的下箭头按钮，然后选择"常用函数"项。

③在"选择函数"列表框中选择"INDEX"函数。

④单击"确定"按钮弹出"选定参数"对话框。

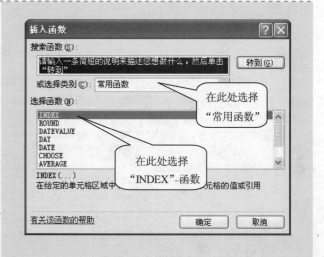

Step 3 选定函数参数组合方式

单击选中"选定参数"对话框中的"array,row_num,column_num"参数组合方式，然后单击"确定"按钮弹出"函数参数"对话框。

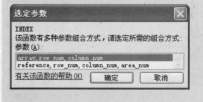

Step 4 设定函数参数

①单击"函数参数"对话框"Array"参数右侧的"折叠"按钮进行数据区域的选择，即拖动鼠标选中 B2:B5 单元格区域。数据源区域确定后单击"展开"按钮返回"函数参数"对话框。

②在"Row_num"参数右侧的文本框中输入"A7"，将数据区域直接选择为 A7 单元格。

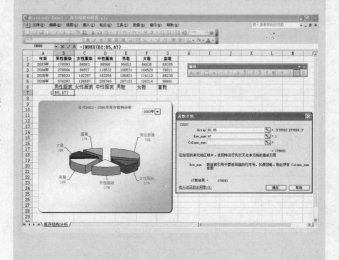

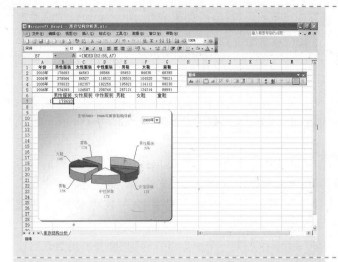

单击"确定"按钮完成 B 列的辅助列的设置。

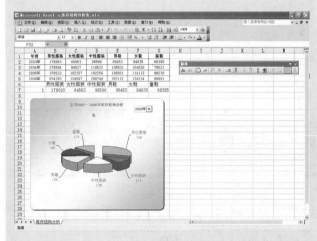

Step 5　添加剩余列的辅助列

参阅 Step2 ~ Step4 依次设置 C、D、E、F、G 列的辅助列，添加剩余的辅助列。

关键知识点讲解

INDEX 函数的数组形式

函数用途

返回列表或数组中的元素值，此元素由行序号和列序号的索引值给定。

INDEX 函数有两种语法形式：数组和引用。数组形式通常返回数值或数值数组，引用形式通常返回引用。当 INDEX 函数的第一个参数为数组常数时，则使用数组形式。

函数语法

INDEX(array,row_num,column_num)

array：为单元格区域或数组常量。

● 如果数组只包含一行或一列，那么相对应的参数 row_num 或 column_num 为可选。

● 如果数组有多行和多列，但只使用 row_num 或 column_num，INDEX 函数则返回数组中的整行或整列，且返回值也为数组。

row_num：数组中某行的行序号，函数从该行返回数值。如果省略 row_num，则必须有 column_num。

column_num：数组中某列的列序号，函数从该列返回数值。如果省略 column_num，则必须有 row_num。

函数说明

● 如果同时使用 row_num 和 column_num，INDEX 函数则返回 row_num 和 column_num 交叉处的单元格的数值。

● 如果将 row_num 或 column_num 设置为 0，INDEX 函数则分别返回整个列或行的数组数值。若要使用以数组形式返回的值，请将 INDEX 函数以数组公式形式输入，对于行以水平单元格区域的形式输入，对于列以垂直单元格区域的形式输入。若要输入数组公式，请按 <Ctrl+Shift+Enter> 组合键。

● row_num 和 column_num 必须指向 array 中的某一个单元格，否则 INDEX 函数返回错误值 "#REF!"。

函数简单示例 1

	A	B
1	苹果	香蕉
2	柠檬	梨

公　式	说明（结果）
=INDEX(A1:B2,2,2)	返回单元格区域的第 2 行和第 2 列交叉处的值（梨）
=INDEX(A1:B2,2,1)	返回单元格区域的第 2 行和第 1 列交叉处的值（柠檬）

函数简单示例 2

公　式	说明（结果）
=INDEX({1,2;3,4},0,2)	返回数组常量中第 1 行、第 2 列的值（2） 并且返回数组常量中第 2 行、第 2 列的值（4）

示例中的公式必须以数组公式的形式输入，即按 <Ctrl+Shift+Enter> 组合键输入公式。如果公式不是以数组公式的形式输入，则返回单个结果值 2，而不是整个第 2 列的数组数值。

本例公式说明

本例中的公式为：

```
=INDEX(B2:B5,A7)
```

其各个参数值指定 INDEX 函数返回 B2:B5 单元格区域中的第 A7 行的值。

扩展知识点讲解

INDEX 函数的引用形式

函数用途

返回指定的行与列交叉处的单元格引用。如果引用由不连续的选定区域组成，可以选择某一个连续区域。引用形式通常返回引用。

函数语法

INDEX(reference，row_num，column_num，area_num)

reference：对一个或多个单元格区域的引用。

● 如果为引用输入一个不连续的区域，则必须用括号括起来。

● 如果引用中的每个区域只包含一行或一列，那么相应的参数 row_num 或 column_num 分别为可选项。例如对于单行的引用，可以使用 INDEX(reference,column_num) 函数。

row_num：引用中某行的行序号，函数从该行返回一个引用。

column_num：引用中某列的列序号，函数从该列返回一个引用。

area_num：选择引用中的一个区域，并返回该区域中 row_num 和 column_num 的交叉区域。选中或输入的第一个区域的序号为 1，第二个为 2，依此类推。如果省略 area_num， INDEX 函数则使用区域 1。

例如引用描述的单元格为(A1:B4,D1:E4,G1:H4)，area_num1 则为 A1:B4 单元格区域，area_num2 则为 D1:E4 单元格区域，而 area_num3 则为 G1:H4 单元格区域。

函数说明

● 在通过 reference 和 area_num 选择了特定的区域后，row_num 和 column_num 将进一步选择指定的单元格：row_num1 为区域的首行，column_num1 为首列，依次类推。INDEX 函数返回的引用即为 row_num 和 column_num 的交叉区域。

● 如果将 row_num 或 column_num 设置为 0，INDEX 函数则分别返回对整个列或行的引用。

● row_num、column_num 和 area_num 必须指向 reference 中的单元格，否则 INDEX 函数返回错误值 "#REF!"。如果省略 row_num 和 column_num，INDEX 函数则返回由 area_num 所指定的区域。

● INDEX 函数的结果为一个引用，并且在其他的公式中也被解释为引用。根据公式的需要，INDEX 函数的返回值可以作为引用或是数值。例如公式 CELL（"width"，INDEX(A1:B2，1，2)) 等价于公式 CELL（"width"，B1)。CELL 函数将 INDEX 函数的返回值作为单元格引用。而在另一方面，公式 2*INDEX(A1:B2,1,2)则将 INDEX 函数的返回值解释为 B1 单元格中的数字。

函数简单示例

	A	B	C
1	水果	价格	数量
2	苹果	2.5	35
3	香蕉	1.2	40
4	柠檬	5	19
5	柑桔	2	31
6	梨	1	50
7	木瓜	3.5	4
8	哈密瓜	1.2	10
9	花生	2.8	15
10	火龙果	6.3	8

公　式	说明（结果）
=INDEX(A2:C6,2,3)	返回 A2:C6 单元格区域中第 2 行和第 3 列交叉处的 C3 单元格的引用（40）
=INDEX((A1:C6,A8:C10),2,2,2)	返回第 2 个 A8:C10 单元格区域中第 2 行和第 2 列交叉处的 B9 单元格的引用（2.8）
=SUM(INDEX(A1:C10,0,3,1))	返回 A1:C10 单元格区域中第一个区域的第 3 列的和，即 C1:C10 单元格区域的和（216）

续表

公　式	说明（结果）
=SUM(B2:INDEX(A2:C6,5,2))	返回以 B2 单元格开始到 A2:C6 单元格区域中第 5 行和第 2 列交叉处结束的单元格区域的和，即 B2:B6 单元格区域的和（11.7）

3. 设置图表动态数据链接

Step 1 设置"源数据"

①右键单击图表区，从弹出的快捷菜单中选择"源数据"弹出"源数据"对话框。

②在"源数据"对话框中单击"数据区域"选项卡。

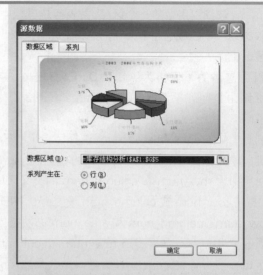

③单击"数据区域"文本框右侧的"折叠"按钮弹出"源数据－数据区域"对话框，然后进行数据区域的选择，拖动鼠标选中 B6:G7 单元格区域。

④单击"展开"按钮返回"源数据"对话框。

⑤单击"源数据"对话框中的"确定"按钮即可使数据区域链接动态数据单元。

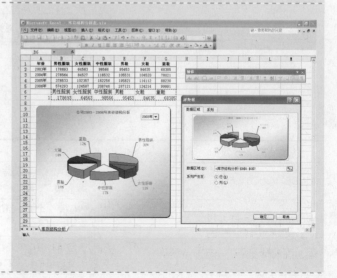

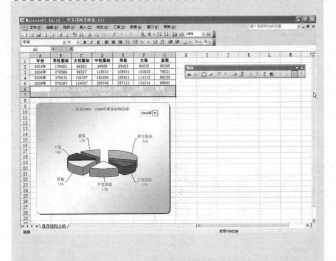

Step 2 设置字体颜色

选中 A6:G7 单元格区域，设置字体颜色为"白色"。

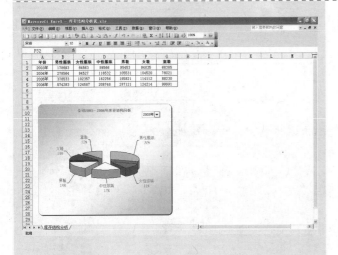

Step 3 隐藏网格线

参阅 1.3 节 Step15 隐藏网格线。

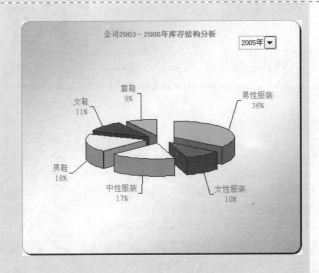

Step 4 查看效果

单击图表组合框的下箭头按钮，从中选择"2005 年"查看 2005 年份的动态图表效果。

6.1.5　图表打印设置

根据动态图表可以打印出美观详细的文档。页眉是每一个打印页顶部所显示的信息，对文档的归档清晰起着重要的作用。默认状态下，一个新的 Excel 工作簿若没有页眉则需要手工进行设置。

Step 1　设置页眉

单击数据清单中的任意一个单元格，单击菜单"视图"→"页眉和页脚"，在弹出的"页面设置"对话框中单击"页眉/页脚"选项卡，然后从"页眉"下拉列表中选择"第1页"样式。

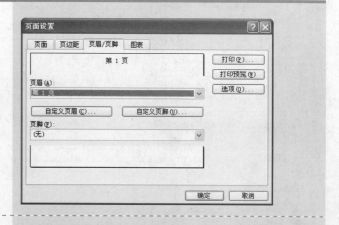

Step 2　显示页眉

单击"页面设置"对话框右侧的"打印预览"按钮就可以看到页面的上方显示出了页眉"第1页"。

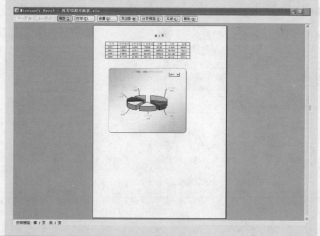

6.2　库存周转率分析

案例背景

产品的库存周转率=销售额/产品的库存价值。从这个公式可以看出，在销售额一定的情况下，库存品的资金占用越少，库存周转率越高，说明产品的库存效益越好。反之，当库存周转率减低时，库存占用资金多，库存费用会相应增加，资金运用效率差，说明经营水平较低。

关键技术点

要实现本案例中的功能,读者应当掌握以下 Excel 技术点。

- 自定义日期格式　　　New!
- 设置条件格式
- SUMPRODUCT 函数的应用　　　New!
- ROUND 函数的应用　　　New!

最终效果展示

月份	销售			平均库存			商品周转率			商品周转天数		
	服装	配件	鞋	服装	配件	鞋	服装	配件	鞋	服装	配件	鞋
2003-1	451	701	3,933	5,951	3,200	66,893	235%	679%	182%	13	5	17
2003-2	92	124	3,978	11,922	29,380	69,531	22%	12%	160%	130	237	17
2003-3	1,657	279	6,085	52,298	52,814	217,970	98%	16%	87%	32	189	36
2003-4	2,417	462	5,368	59,860	42,367	270,007	121%	33%	60%	25	92	50
2003-5	913	716	1,933	58,330	44,210	242,837	49%	50%	25%	64	62	126
2003-6	217	150	4,109	51,366	40,985	267,598	13%	11%	46%	237	273	65
2003-7	946	3,302	6,396	61,405	54,512	273,864	48%	188%	72%	65	17	43
2003-8	990	2,170	6,400	63,718	50,811	264,066	48%	132%	75%	64	23	41
2003-9	726	640	6,565	52,866	36,551	226,957	41%	53%	87%	73	57	35
2003-10	1,433	948	4,381	51,671	55,264	217,819	86%	53%	62%	36	58	50
2003-11	722	726	3,970	61,267	49,174	260,854	35%	44%	46%	85	68	66
2003-12	535	581	5,609	58,602	72,833	291,840	28%	25%	60%	110	125	52
2003年	931	911	4,900	49,331	44,487	223,406	689%	747%	801%	53	49	46
2004-1	1,189	491	3,525	77,897	93,336	301,938	47%	16%	36%	66	190	86
2004-2	880	1,227	6,726	73,196	88,439	263,780	35%	40%	74%	83	72	39
2004-3	3,124	798	5,663	79,229	88,754	220,825	122%	28%	79%	25	111	39
2004-4	3,551	1,120	3,998	90,417	65,486	230,544	118%	51%	52%	25	58	58
2004-5	1,370	447	1,546	99,302	51,509	216,927	43%	27%	22%	72	115	140
2004-6	915	418	1,697	141,224	43,561	289,321	19%	29%	18%	154	104	170
2004-7	1,728	922	6,105	170,102	64,049	306,046	31%	45%	62%	98	69	50
2004-8	2,071	2,168	7,970	149,720	131,538	253,437	43%	51%	97%	72	61	32
2004-9	4,145	2,038	7,648	137,399	74,731	197,954	91%	82%	116%	33	37	26
2004-10	2,801	437	3,731	163,842	76,380	241,786	53%	18%	48%	58	175	65
2004-11	1,757	225	3,839	183,917	78,121	278,410	29%	9%	41%	105	347	73
2004-12	984	1,641	4,620	195,722	112,198	305,636	16%	45%	47%	199	68	66
2004年	2,043	994	4,750	130,387	80,799	258,964	574%	450%	671%	64	81	55

示例文件

光盘\本书示例文件\第 6 章\库存周转率分析.xls

6.2.1　创建库存周转率分析表

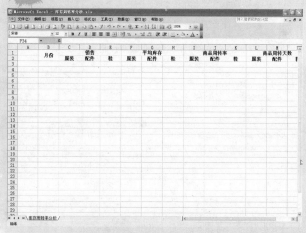

Step 1　创建工作簿、重命名工作表

　　参阅 1.2 节 Step1 至 Step 2 创建工作簿"库存周转率分析.xls",然后将工作表重命名为"库存周转率分析"并删除多余的工作表。

Step 2　输入表格字段标题

　　①在 B1:N2 单元格区域输入表格各个字段标题。
　　②选中 B1:N2 单元格区域,设置字体"加粗"。

Step 3 输入"月份"

①单击 B3 单元格，输入"2003-1"，然后按<Enter>键。

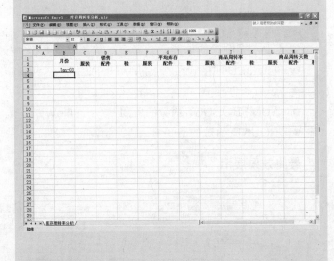

②选中 B3 单元格，向下拖曳该单元格右下角的填充柄至 B14 单元格，然后松开鼠标。

③同样在 B16 单元格输入"2004-1"，并按<Enter>键，然后向下拖曳该单元格右下角的填充柄至 B27 单元格。

④在 B15 单元格中输入"2003 年"，在 B28 单元格中输入"2004 年"。

Step 4 设置"月份"格式

①同时选中 B3:B14 和 B16:B27 单元格区域，在右键菜单中单击"设置单元格格式"打开"单元格格式"对话框，然后切换到"数字"选项卡。

②在左侧的"分类"列表框里选择"自定义"，单击右侧"类型"文本框右侧的上下箭头按钮 选择"yyyy-m-d"，再删除"yyyy-m-d"中的"-d"，即"类型"为"yyyy-m"。"示例"中会显示预览的效果"2004-1"。

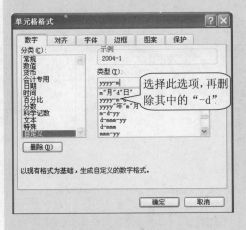

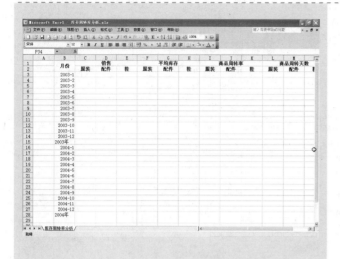

③单击"确定"按钮，B3:B14 和 B16:B27 单元格区域即被设定为自定义的格式。

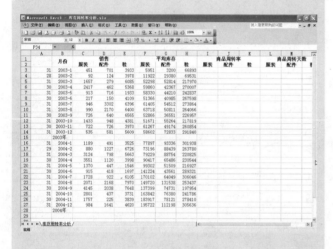

Step 5 输入"天数"、"服装"、"配件"和"鞋"等数据

在 A3:A14、A16:A27、C3:H14 和 C16:H27 单元格区域输入相关的原始数据。

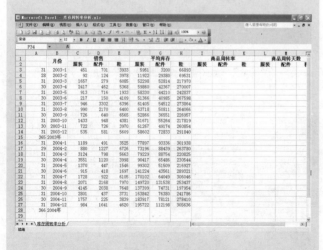

Step 6 统计天数总和

①选中 A15 单元格,在编辑栏中输入以下公式:

`=SUM(A3:A14)`

按<Enter>键确认。

②选中 A28 单元格,在编辑栏中输入以下公式:

`=SUM(A16:A27)`

按<Enter>键确认。

Step 7　统计"销售"和"平均库存"的日均值

选中 C15 单元格，在编辑栏中输入以下公式：

`=SUMPRODUCT(A3:A14,C3:C14)/A15`

选中 D15 单元格，在编辑栏中输入以下公式：

`=SUMPRODUCT(A3:A14,D3:D14)/A15`

选中 E15 单元格，在编辑栏中输入以下公式：

`=SUMPRODUCT(A3:A14,E3:E14)/A15`

选中 F15 单元格，在编辑栏中输入公式：

`=SUMPRODUCT(A3:E14,F3:F14)/A15`

选中 G15 单元格，在编辑栏中输入以下公式：

`=SUMPRODUCT(A3:A14,G3:G14)/A15`

选中 H15 单元格，在编辑栏中输入以下公式：

`=SUMPRODUCT(A3:A14,H3:H14)/A15`

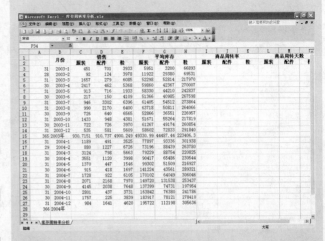

Step 8　选择性粘贴

①参阅 4.1.1 小节 Step15，选中 C15:H15 单元格区域，单击"格式"工具栏中的"复制"按钮。

②单击菜单"编辑"→"选择性粘贴"。

③在弹出的"选择性粘贴"对话框中单击"粘贴"组合框中的"公式"单选按钮，然后单击"确定"按钮。

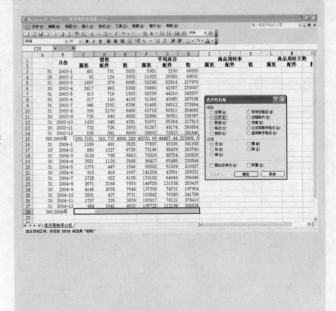

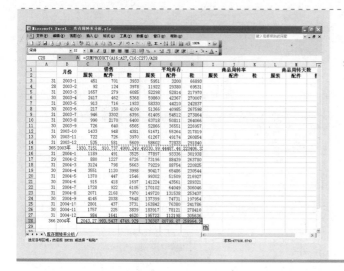

④选中 C28:H28 单元格区域。

⑤单击"格式"工具栏中的"粘贴"按钮 。

关键知识点讲解

SUMPRODUCT 函数

函数用途

在给定的几组数组中将数组间对应的元素相乘,并返回乘积之和。

函数语法

SUMPRODUCT(array1,array2,array3, …)

array1,array2,array3,…:为 2 ~ 30 个数组,其相应元素需要进行相乘并求和。

函数说明

● 数组参数必须具有相同的维数,否则 SUMPRODUCT 函数将返回错误值"#VALUE!"。

● SUMPRODUCT 函数将非数值型的数组元素作为 0 处理。

函数简单示例

	A	B	C	D
1	Array 1	Array 1	Array 2	Array 2
2	3	4	2	7
3	8	6	6	7
4	1	9	5	3

公　式	说明(结果)
=SUMPRODUCT(A2:B4,C2:D4)	两个数组的所有元素对应相乘,然后把乘积相加,即 3*2+4*7+8*6+6*7+1*5+9*3(156)

本例公式说明

本例中的公式为:

`=SUMPRODUCT(A3:A14,C3:C14)/A15`

其各个参数值指定 SUMPRODUCT 函数将 A3:A14 和 C3:C14 单元格区域两个数组的所有元素对应相乘,然后把乘积相加再除以 A15 单元格的值。

6.2.2 计算商品周转率和周转天数

Step 1 计算商品周转率

①选中 I3 单元格，在编辑栏中输入以下公式，按<Enter>键确认
`=C3*$A3/F3`

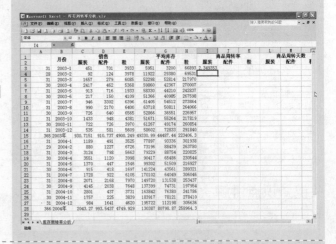

②选中 I3 单元格，然后向下拖曳该单元格右下角的填充柄至 I28 单元格完成公式的填充。

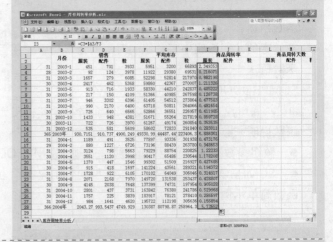

③选中 I3:I28 单元格区域，然后向右拖曳 I28 单元格右下角的填充柄至 K28 单元格完成公式的填充。

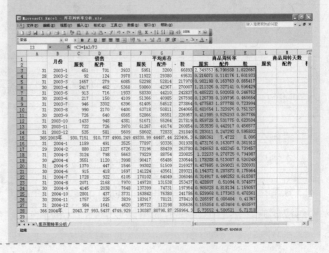

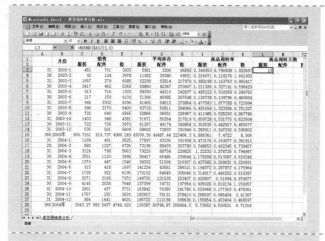

Step 2 计算商品周转天数

①选中 L3 单元格，在编辑栏中输入以下公式，按<Enter>键确认。

=ROUND($A3/I3,0)

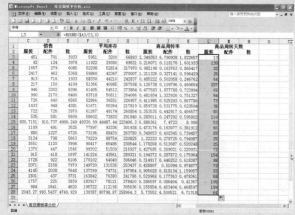

②选中 L3 单元格，然后向下拖曳该单元格右下角的填充柄至 L28 单元格完成公式的填充。

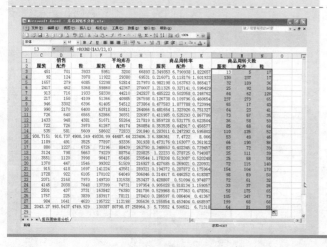

③选中 L3:L28 单元格区域，然后向右拖曳 L28 单元格右下角的填充柄至 N28 单元格完成公式的填充。

关键知识点讲解

ROUND 函数

函数用途

返回某个数字按指定位数取整后的数字。

函数语法

ROUND(number,num_digits)

number：需要进行四舍五入的数字。

num_digits：指定的位数，按此位数进行四舍五入。

函数说明

- 如果 num_digits 大于 0，则四舍五入到指定的小数位。
- 如果 num_digits 等于 0，则四舍五入到最接近的整数。
- 如果 num_digits 小于 0，则在小数点的左侧进行四舍五入。

函数简单示例

公　式	说明（结果）
=ROUND(2.15,1)	将 2.15 四舍五入到一个小数位（2.2）
=ROUND(2.149,1)	将 2.149 四舍五入到一个小数位（2.1）
=ROUND(-1.475,2)	将-1.475 四舍五入到两小数位（-1.48）
=ROUND(21.5,-1)	将 21.5 四舍五入到小数点左侧一位（20）

本例公式说明

本例中的公式为：

```
=ROUND($A3/I3,0)
```

其各个参数值指定 ROUND 函数将 A3 与 I3 单元格的值相除后的结果四舍五入到整数位。

6.2.3　设置表格格式

通过以上的操作，表格的主要统计功能已经实现了。但是这样的表格还比较原始，可读性较差。为了便于区分各个统计数据和时间段，需要进行一定的设置让表格变得更加美观。

Step 1　设置百分比格式

选中 I3:K28 单元格区域，右键弹出"单元格格式"对话框，选中"百分比"选项，在右侧的"小数位数"文本框里输入"0"，然后单击"确定"按钮。

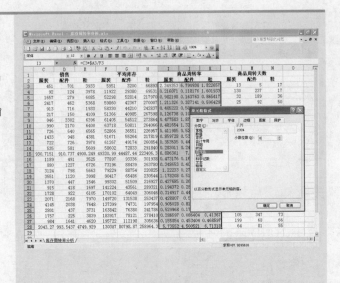

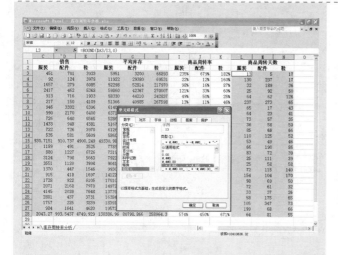

Step 2 设置自定义格式

①同时选中 C3:H28 和 L3:N28 单元格区域，在右键菜单中单击"设置单元格格式"打开"单元格格式"对话框，然后切换到"数字"选项卡。

②在左侧的"分类"列表框里选择"自定义"，单击右侧"类型"文本框右侧的上下箭头按钮 ⬍ 选择"_ * #,##0_ ;_ * −#,##0_ ;_ * "-"_ ;_ @_"。"示例"中会显示预览的效果"13"。

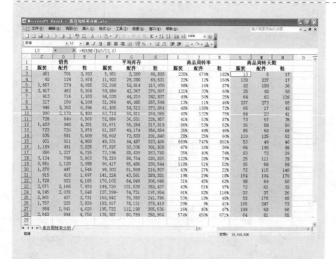

③单击"确定"按钮，此时选中的两个单元格区域即被设定为自定义的格式。

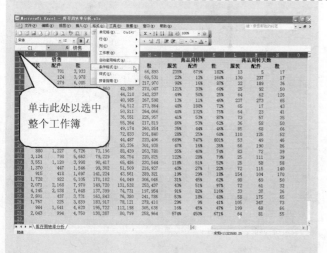

Step 3 设置条件格式

参阅本书第 210 页中的 Step12，本例设定以不同方式显示"商品周转率"小于 50% 的单元格。

①单击工作簿左上角行列交汇处以选中整个工作簿，然后单击菜单"格式"→"条件格式"弹出"条件格式"对话框。

②在"条件格式"对话框的"条件1"文本框中依次设置："单元格数值"、"小于"和"0.5"。

③单击"格式"按钮弹出"单元格格式"对话框。

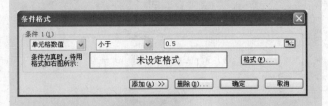

④在"单元格格式"对话框中切换到"字体"选项卡，单击"颜色"右侧的下箭头按钮，选择"红色"，然后单击"确定"按钮返回"条件格式"对话框。

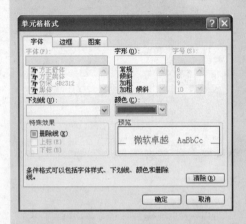

⑤在"条件格式"对话框中单击"确定"按钮保存条件格式。

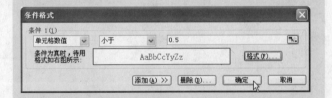

这样整个工作簿就都会应用设置的条件格式，即凡是值小于0.5的单元格均显示为红色。

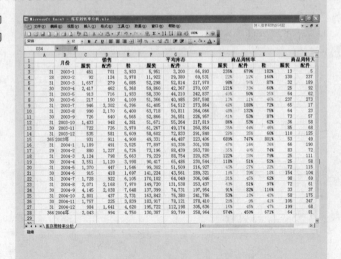

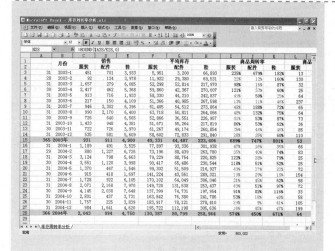

Step 4　设置单元格格式

　①按<Ctrl+A>组合键选中整个工作簿，然后设置文本居中显示。

　②选中 A15:N15 和 A28:N28 单元格区域，然后设置字形为"加粗"，并设置字体颜色为"蓝色"。

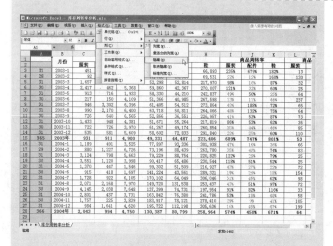

Step 5　隐藏数据列

　为了便于显示主要数据部分，可以设置隐藏数据列。

　单击 A 区域选中数据列 A，然后单击菜单"格式"→"列"→"隐藏"。

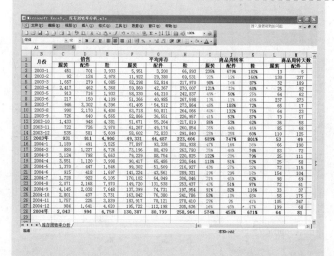

这样 A 数据列就被完全隐藏起来了。

技巧 恢复被隐藏的数据

如果需要恢复被隐藏的数据，应先选择包含隐藏单元格的区域（例如 C 列被藏，则应选择 B:D 列），然后单击菜单"格式"→"列"→"取消隐藏"即可。

Step 6 设置表格边框

①选中 B1:N28 单元格区域，在右键菜单中单击"设置单元格格式"弹出"单元格格式"对话框，切换到"边框"选项卡。

②在"线条"的"样式"列表框中单击选择第 10 种样式，然后单击"预置"组合框中的"外边框"按钮。

③在"线条"的"样式"列表框中选择第 13 种样式，然后单击"预置"组合框中的"内部"按钮。

单击"确定"按钮。

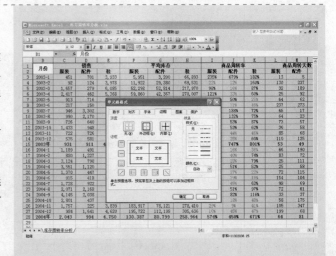

④选中 B15:N15 单元格区域，在右键菜单中单击"设置单元格格式"弹出"单元格格式"对话框，切换到"边框"选项卡。

⑤在"线条"的"样式"列表框中选择第 14 种样式。

⑥单击"边框"组合框中的"下边框"按钮。

最后单击"确定"按钮。

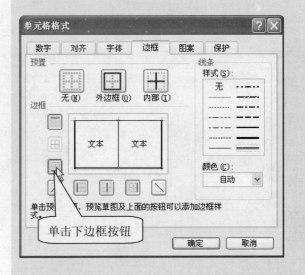

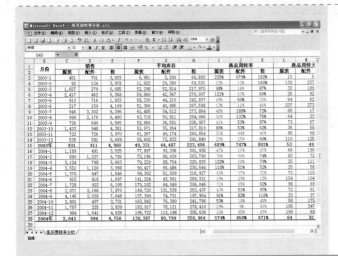

至此表格格式设置完毕，效果如左图所示。

扩展知识点讲解

常用自定义数字格式的代码与示例如下。

代　　码	注释与示例
G/通用格式	不设置任何格式，按原始输入的数值显示
#	数字占位符，只显示有效数字，不显示无意义的零值 <table><tr><td>显示为</td><td>原始数值</td><td>自定义格式代码</td></tr><tr><td>1234.56</td><td>1234.56</td><td>#.##</td></tr><tr><td>12.</td><td>12</td><td>#.##</td></tr><tr><td></td><td>0</td><td>#.##</td></tr></table>
0	数字占位符，当数字比代码的数量少时，显示无意义的 0 <table><tr><td>显示为</td><td>原始数值</td><td>自定义格式代码</td></tr><tr><td>5678.00</td><td>5678</td><td>0000.00</td></tr><tr><td>0005.68</td><td>5.678</td><td>0000.00</td></tr><tr><td>0056.00</td><td>56</td><td>0000.00</td></tr><tr><td>0000.00</td><td>0</td><td>0000.00</td></tr></table> 从上图可见，可以利用代码 0 来让数值显示前导零，并让数值固定按指定位数显示。下图是使用#与 0 组合为最常用的带小数的数字格式 <table><tr><td>显示为</td><td>原始数值</td><td>自定义格式代码</td></tr><tr><td>123456.0</td><td>123456</td><td>#0.0</td></tr><tr><td>123.5</td><td>123.546</td><td>#0.0</td></tr><tr><td>0.0</td><td>0</td><td>#0.0</td></tr></table>
?	数字占位符，需要的时候在小数点两侧增加空格；也可以用于具有不同位数的分数 <table><tr><td>显示为</td><td>原始数值</td><td>自定义格式代码</td></tr><tr><td>1234.1234</td><td>1234.1234</td><td>?????.????</td></tr><tr><td>- 123.123</td><td>-123.123</td><td>?????.????</td></tr><tr><td>12.123</td><td>12.123</td><td>?????.????</td></tr><tr><td>.</td><td>0</td><td>?????.????</td></tr></table>
.	小数点
%	百分数 <table><tr><td>显示为</td><td>原始数值</td><td>自定义格式代码</td></tr><tr><td>5600.00%</td><td>56</td><td>0.00%</td></tr><tr><td>560.00%</td><td>5.6</td><td>0.00%</td></tr><tr><td>56.70%</td><td>0.567</td><td>0.00%</td></tr></table>
,	千位分隔符 <table><tr><td>显示为</td><td>原始数值</td><td>自定义格式代码</td></tr><tr><td>123,456</td><td>123456</td><td>#,##0</td></tr><tr><td>123,456,789</td><td>123456789</td><td>#,##0</td></tr></table>

代　　码	注释与示例
E	科学计数符号
\	显示格式里的下一个字符

重复下一个字符来填充列宽

显示为	原始数值	自定义格式代码
********** 1,234	1234	**#,##0;**-#,##0
********** -1,234	-1234	**#,##0;**-#,##0
*************** 0	0	**#,##0;**-#,##0
---------- 1,234	1234	*-#,##0
?????????? 1,234	1234	*?#,##0
XXXXXXXXXXXXXX 0	0	*X#,##0

代码：*

留出与下一个字符等宽的空格

显示为	原始数值	自定义格式代码
(0.51)	-0.51	0.00_);(0.00)
1.25	1.25	0.00_);(0.00)
(0.78)	-0.78	0.00_);(0.00)

代码：_

利用这种格式可以很容易地把正负数对齐

显示双引号里面的文本

显示为	原始数值	格式
MU 5463	5463	"MU" 0000
USD 1,235M	1234567890	"USD "#,##0,,"M"
人民币1,235百万	1234567890	"人民币"#,##0,,"百万"

代码："文本"

文本占位符，如果只使用单个@，作用是引用原始文本

显示为	原始数值	自定义格式代码
集团公司财务部	财务	;;;"集团公司"@"部"
集团公司采购部	采购	;;;"集团公司"@"部"

如果使用多个@，则可重复文本

显示为	原始数值	自定义格式代码
人民公仆为人民	人民	;;;@"公仆为"@
继续继续继续	继续	;;;@@@

代码：@

颜色代码

显示为	原始数值	自定义格式代码
123,456	123456	#,##0;[红色]-#,##0
-123,456	-123456	#,##0;[红色]-#,##0
123	123	[蓝色]0

代码：[颜色]

「颜色」可以是[black] / [黑色]、[white] / [白色]、[red] / [红色]、[cyan] / [青色]、[blue] / [蓝色]、[yellow] / [黄色]、[magenta] / [紫红色]或[green] / [绿色]

需要注意的是：在英文版用英文代码，在中文版则必须用中文代码

显示 Excel 调色板上的颜色，n 是 0~56 的一个数值

显示为	原始数值	自定义格式代码
123,456	123456	[颜色1]#,##0
123,456	123456	[颜色9]#,##1
123,456	123456	[颜色23]#,##2

代码：[颜色 n]

设置格式的条件

显示为	原始数值	自定义格式代码
2875 8965	28758965	[>99999999] (0###) #### ####;#### ####
(021) 2345 9821	2123459821	[>99999999] (0###) #### ####;#### ####
(0755) 2345 9821	75523459821	[>99999999] (0###) #### ####;#### ####
99	99	[>100][红色]0;[蓝色]0
105	105	[>100][红色]0;[蓝色]0
123.70	123.7	[>100][绿色]#,##0.00;[<100][红色]#,##0.00
87.00	87	[>100][绿色]#,##0.00;[<100][红色]#,##0.00

代码：[条件值]

6.3 订单跟踪查询表

案例背景

一般来说规模较大的企业，每天都会有非常多的采购订单。为了实现大量订单的可视性和跟踪功能，必须创建订单跟踪查询表，以准确地反映出供应商的订单执行情况、产品质量、信用和订单执行效率，从而提高工作的效率，加强与合作交易伙伴的联系。

关键技术点

要实现本案例中的功能，读者应当掌握以下 Excel 技术点。

- 创建表格
- 设置单元格的自定义格式
- 编制公式
- MATCH 函数的应用　　　New!

最终效果展示

订单号	JS1204
客户名称	萧三元
下单日期	2007-6-4
发货日期	2007-6-7

序号	下单日期	订单号	客户名称	订单金额	发货日期	备注
1	2007-04-25	JS0102	张明	1600	2007-04-27	
2	2007-04-30	JS0607	洪培养	1890	2007-05-04	
3	2007-05-07	JS0100	蒋叶山	1200	2007-05-09	
4	2007-05-09	JS0501	李辉庆	2103	2007-05-11	
5	2007-05-12	JS1096	陆守仕	1765	2007-05-15	
6	2007-05-19	JS1104	李杰	1894	2007-05-21	
7	2007-05-22	JS1108	吴海生	2390	2007-05-25	
8	2007-05-28	JS1106	付爱东	2678	2007-06-01	
9	2007-06-04	JS1204	萧三元	1978	2007-06-07	
10	2007-06-06	JS1208	江青龙	1045	2007-06-09	
11	2007-06-13	JS1210	李辉庆	769	没有发货	量太少，等下单订单一起发
12	2007-06-18	JS1211	陆守仕	2836	2007-06-21	
13	2007-06-20	JS1203	李杰	1769	2007-06-23	
14	2007-06-22	JS1208	洪培养	1849	2007-06-25	
15	2007-07-01	JS1301	蒋叶山	1102	2007-07-04	
16	2007-07-12	JS1202	萧三元	2106	2007-07-15	

示例文件

光盘\本书示例文件\第 6 章\订单跟踪表.xls

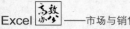

6.3.1　创建订单跟踪表

Step 1　创建工作簿、重命名工作表

创建工作簿"订单跟踪表.xls"，然后将工作表重命名为"订单跟踪表"并删除多余的工作表。

Step 2　输入表格行标题

依次在A2:A5和D1:J1单元格区域输入各个字段的标题名称，并设置字形为"加粗"。

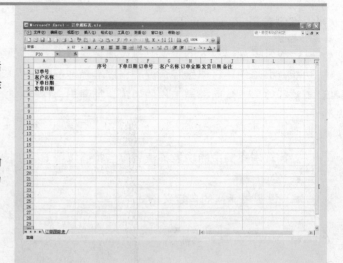

Step 3　输入数据

①分别在"序号"、"下单日期"、"订单号"、"客户名称"、"订单金额"、"发货日期"和"备注"等数据列输入原始数据。

②适当地调整E列和I列的列宽。

Step 4　设置单元格格式

①选中B4:B5单元格区域，在右键菜单中单击"设置单元格格式"打开"单元格格式"对话框，然后切换到"数字"选项卡。

②在左侧的"分类"列表框里选择"日期"，在右侧的"类型"列表框里选择"*2001-3-14"，然后单击"确定"按钮。

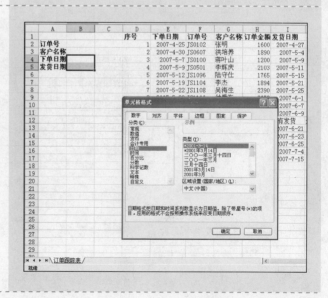

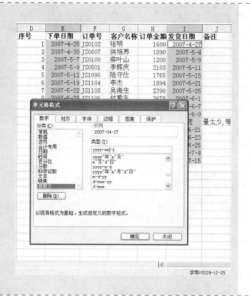

③选中 E2:E17 和 I2:I17 单元格区域，在右键菜单中单击"设置单元格格式"打开"单元格格式"对话框，然后切换到"数字"选项卡。

④在左侧的"分类"列表框里选择"自定义"，单击右侧"类型"文本框右侧的上下箭头按钮 ，选择"yyyy-m-d"，然后修改"yyyy-m-d"为"yyyy-mm-dd"，"示例"中会显示预览的效果"2007-04-27"。

⑤单击"确定"按钮，E2:E17 和 I2:I17 单元格区域即被设定为自定义的格式。

Step 5 插入函数

①选中 B2 单元格，输入订单号"JS0102"，按<Enter>键确认。

②选中 B3 单元格，在编辑栏中输入以下公式，按<Enter>键确认。
```
=INDEX(G2:G17,MATCH(B2,F2:F17,0))
```
③选中 B4 单元格，在编辑栏中输入以下公式，按<Enter>键确认。
```
=INDEX(E2:E17,MATCH(B2,F2:F17,0))
```
④选中 B5 单元格，在编辑栏中输入以下公式，按<Enter>键确认。
```
=INDEX(I2:I17,MATCH(B2,F2:F17,0))
```

至此表格基本创建完毕。在 B2 单元格中输入其他的订单号，如 "JS1204"，那么 B3、B4、B5 单元格就会分别显示与该订单号相对应的客户姓名：萧三元，下单日期：2007-6-4，发货日期：2007-6-7。

	A	B	C	D	E	F	G	H	I	J
1				序号	下单日期	订单号	客户名称	订单金额	发货日期	备注
2	订单号	JS1204		1	2007-04-25	JS0102	张明	1600	2007-04-27	
3	客户名称	萧三元		2	2007-04-30	JS0607	洪培养	1890	2007-05-04	
4	下单日期	2007-6-4		3	2007-05-07	JS0100	蒋叶山	1200	2007-05-09	
5	发货日期	2007-6-7		4	2007-05-09	JS0501	李辉庆	2103	2007-05-11	
6				5	2007-05-12	JS1096	陆守仕	1765	2007-05-15	
7				6	2007-05-16	JS1104	李杰	1894	2007-05-21	
8				7	2007-05-22	JS1108	吴梅生	2390	2007-05-25	
9				8	2007-05-28	JS1106	付爱东	2678	2007-06-01	
10				9	2007-06-04	JS1204	萧三元	1978	2007-06-09	
11				10	2007-06-06	JS1208	江青龙	1045	2007-06-09	
12				11	2007-06-13	JS1210	李辉庆	769	没有发货	量太少，等
13				12	2007-06-18	JS1211	陆守仕	2836	2007-06-21	
14				13	2007-06-20	JS1203	李杰	1769	2007-06-23	
15				14	2007-06-22	JS1208	洪培养	1849	2007-06-25	
16				15	2007-07-01	JS1301	蒋叶山	1102	2007-07-04	
17				16	2007-07-12	JS1202	萧三元	2106	2007-07-15	
18										
19										

关键知识点讲解

MATCH 函数

函数用途

返回在指定方式下与指定数值匹配的数组中元素的相应位置。如果需要找出匹配元素的位置而不是匹配元素本身，则应该应用 MATCH 函数而不是 LOOKUP 函数。

函数语法

MATCH(lookup_value,lookup_array,match_type)

lookup_value：为需要在数据表中查找的数值。

● lookup_value 为需要在 lookup_array 中查找的数值。例如要在电话簿中查找某人的电话号码，则应该将姓名作为查找值，但实际上需要的是电话号码。

● lookup_value 可以为数值（数字、文本或逻辑值）或对数字、文本或逻辑值的单元格引用。

lookup_array：可能包含所要查找的数值的连续单元格区域。lookup_array 应为数组或数组引用。

match_type：为数字−1、0 或 1。Match_type 指明 Microsoft Excel 如何在 lookup_array 中查找 lookup_value。

● 如果 match_type 为 1，MATCH 函数查找小于或等于 lookup_value 的最大数值。lookup_array 必须按升序排列：…、−2、−1、0、1、2、…、A–Z、FALSE、TRUE。

● 如果 match_type 为 0，MATCH 函数查找等于 lookup_value 的第一个数值。lookup_array 可以按任何顺序排列。

● 如果 match_type 为−1，MATCH 函数查找大于或等于 lookup_value 的最小数值。lookup_array 必须按降序排列：TRUE、FALSE、Z–A、…、2、1、0、−1、−2、…，等等。

● 如果省略 match_type，则假设为 1。

函数说明

● MATCH 函数返回 lookup_array 中目标值的位置，而不是数值本身。例如 MATCH("b",{"a","b","c"},0)返回 2，即 "b" 在数组{"a","b","c"}中的相应位置。

● 查找文本值时，MATCH 函数不区分大小写字母。

● 如果 MATCH 函数查找不成功，则返回错误值 "#N/A"。

● 如果 match_type 为 0 且 lookup_value 为文本，lookup_value 可以包含通配符、星号（﹡）和问号（？）。星号可以匹配任何字符序列，问号可以匹配单个字符。

函数简单示例

	A	B
1	Bananas	25
2	Oranges	38
3	Apples	40
4	Pears	41

公　式	说明（结果）
=MATCH(39,B1:B4,1)	由于此处无正确的匹配，所以返回数据区域 B1:B4 中最接近的下一个值(38)的位置（2）
=MATCH(41,B2:B4,0)	数据区域 B2:B4 单元格区域中 41 的位置（3）
=MATCH(40,B1:B4,−1)	由于数据区域 B1:B4 单元格区域不是按降序排列，所以返回错误值（#N/A）

本例公式说明

本例中的公式为：

```
=MATCH(B2,F2:F17,0)
```

其各个参数值指定 MATCH 函数查找数据"F2:F17"中"B2"的位置。

6.3.2　设置表格格式

简单的具备查询功能的表格已经创建好了，但是并不美观，接下来需要对表格格式进一步地美化。

Step 1　调整列宽

适当地调整表格各列的列宽，使单元格的内容能够完全显示出来。

Step 2　调整行高

适当地调整表格各行的行高。

Step 3　填充背景色和设置字体颜色

①选中 D1:J1 单元格区域，填充背景色为"深红"，并设置字体颜色为"白色"。

②选中 D2:J17 单元格区域，在右键菜单中单击"设置单元格格式"打开"单元格格式"对话框，然后切换到"图案"选项卡。

③在"单元格底纹"的"颜色"面板中选择"黄色"。

④单击"图案"右侧的下箭头按钮 ▾，在弹出的调色板中选择"75%灰色"。

⑤再次单击"图案"右侧的下箭头按钮 ▾，在弹出的调色板中选择"白色"。单击"确定"按钮。

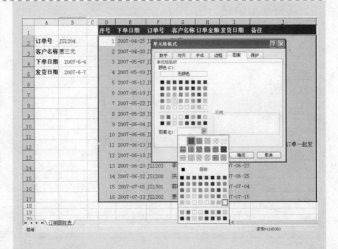

Step 4 设置表格边框

①选中 A2:B5 单元格区域，然后设置表格边框。

②选中 D1:J17 单元格区域，然后设置表格边框。

效果如图所示。

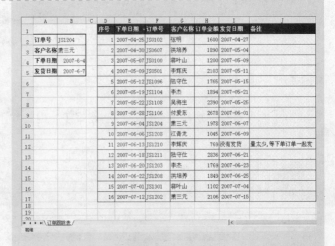

Step 5 隐藏网格线

参阅 1.3 节 Step15 隐藏网格线。美化后的表格效果如图所示。

第 **7** 章 单店数据管理与销售分析

最伟大的业绩来源于对每个销售环节的用心和琐碎管理。对终端的维护与管理，无异于足球场上的临门一脚。所以近来无数管理专家都提出了"赢在终端"、"决胜终端"的口号。对于企业而言，终端其实就是各种独立的门店，它们既担负着最前沿的销售任务，也是企业在市场中的风向标。它们在将产品传递给最终消费者的同时，也为企业带回现金、顾客反馈、竞争产品信息与市场动态。因此单店的数据管理与销售分析工作在整个市场与销售环节中有着举足轻重的地位。

7.1 进销存系统管理

案例背景

当门店规模日益增大，进出货物数量繁多时，进销存的管理工作量也会随之增大。原有的手工操作耗时费力，又不能保证数据的正确性，因此迫切需要实现计算机的信息化管理。但是如果购买进销存软件又要花费较大的经济投入，且不一定适合自己业务的流程管理。此时应用 Excel 制作一个简单的进销存系统，实现对数据的录入、查询、打印等的处理，比起传统的方法可以节省大量的人力物力资源，又可以缩短业务处理的时间，加强对物资安全的管理，因而具有很强的实用性和经济性。

关键技术点

要实现本案例中的功能，读者应当掌握以下 Excel 技术点。

- 插入定义名称
- 数据有效性　　　New!
- 条件格式的高级应用　　　New!
- SUMIF 函数的应用
- MOD 函数的应用　　New!

最终效果展示

日期	单据编号	类别	名称	数量	单价	金额	备注
2006-6-25	BQ000101	女式衣服	OPS713-1	66	23.9	1577.4	
2006-6-25	BQ000102	女式衣服	OPS713-2	68	2.68	182.24	
2006-6-25	BQ000103	女式衣服	OPS713-3	60	3.7	222	
2006-6-25	BQ000104	女式衣服	OPS713-4	57	6.9	393.3	
2006-6-25	BQ000105	女式衣服	OPS713-5	7	21.25	148.75	
2006-6-25	BQ000106	女式衣服	OTS701-3	64	28.56	1827.84	
2006-6-25	BQ000107	女式衣服	OTS702-3	58	14.33	831.14	
2006-6-25	BQ000108	女式衣服	OTS703-3	23	13.02	299.46	
2006-6-25	BQ000109	女式衣服	OTS710-3	66	2.04	134.64	
2006-6-25	BQ000110	女式衣服	OTS711-3	12	26.72	320.64	
2006-6-25	BQ000111	女式衣服	OTS720-3	11	30.13	331.43	
2006-6-25	BQ000112	女式衣服	AST500-1	12	7.46	89.52	
2006-6-25	BQ000113	女式衣服	AST500-2	41	18.56	760.96	
2006-6-25	BQ000114	女式衣服	AST500-3	53	17.87	947.11	
2006-6-25	BQ000115	女式衣服	AST500-4	32	5.79	185.28	
2006-6-25	BQ000116	女式衣服	AST500-5	18	5.41	97.38	
2006-6-25	BQ000117	女式衣服	AST500-6	44	9.62	423.28	
2006-6-25	BQ000118	女式衣服	JBS010-1	56	20.11	1126.16	
2006-6-25	BQ000119	女式衣服	JBS010-2	38	19.32	734.16	
2006-6-25	BQ000120	女式衣服	JBS010-3	66	27.96	1845.36	
2006-6-25	BQ000121	男式衣服	BCR001-1	25	142	3550	
2006-6-25	BQ000122	男式衣服	BCR001-2	26	252	6552	
2006-6-25	BQ000123	男式衣服	BCR001-4	13	50	650	
2006-6-25	BQ000124	男式衣服	BW001-2	51	25.02	1276.02	
2006-6-25	BQ000125	男式衣服	BW001-1	58	32.57	1889.06	
2006-6-25	BQ000126	男式衣服	BW001-3	57	120	6840	
2006-6-25	BQ000127	男式衣服	BW005-1	46	21	966	
2006-6-25	BQ000128	男式衣服	BW005-1	4	28.75	115	
2006-6-25	BQ000129	男式衣服	BW010-2	40	28.88	1155.2	
2006-6-25	BQ000130	男式衣服	BW020-3	2	11.06	22.12	

入库记录

日期	单据编号	类别	名称	销售类型	促销员	数量	单价	金额	备注
2006-7-1	BL000101	女鞋	S001	正常品销售	黄蓉	2	14.13	28.26	
2006-7-1	BL000102	女式衣服	JBS010-2	团购	黄蓉	10	19.32	193.2	
2006-7-2	BL000103	女鞋	S002	正常品销售	张颖	5	24.31	121.55	
2006-7-2	BL000104	女式衣服	JBS010-3	团购	张颖	10	27.96	279.6	
2006-7-3	BL000105	男鞋	SH200	正常品销售	黄蓉	1	20.62	20.62	
2006-7-3	BL000106	女鞋	S004	正常品销售	张颖	1	16.02	16.02	
2006-7-4	BL000107	其它配件	OP012	正常品销售	张颖	1	19.4	19.4	
2006-7-4	BL000108	女鞋	S005	正常品销售	黄蓉	1	29.16	29.16	
2006-7-5	BL000109	男式衣服	BCR001-1	正常品销售	张颖	1	142	142	
2006-7-5	BL000110	女鞋	S007	正常品销售	张颖	1	34.92	34.92	
2006-7-6	BL000111	男式衣服	BW005-1	正常品销售	张颖	1	21.62	21.62	
2006-7-6	BL000112	女鞋	S009	正常品销售	黄蓉	1	8.61	8.61	
2006-7-7	BL000113	其它配件	XS003	正常品销售	黄蓉	1	11.04	11.04	
2006-7-7	BL000114	女鞋	S010	正常品销售	张颖	1	27.79	27.79	
2006-7-8	BL000115	男式衣服	BW020-3	正常品销售	张颖	1	11.06	11.06	
2006-7-8	BL000116	女鞋	S011	正常品销售	黄蓉	1	7.73	7.73	
2006-7-9	BL000117	男鞋	SH800	促销品销售	黄蓉	1	3000	3000	
2006-7-9	BL000118	女式衣服	OPS713-3	正常品销售	张颖	4	3.7	14.8	
2006-7-10	BL000119	女式衣服	OPS713-1	正常品销售	黄蓉	2	23.9	47.8	
2006-7-10	BL000120	女鞋	S012	正常品销售	张颖	2	8.44	16.88	
2006-7-11	BL000121	女式衣服	OPS713-4	正常品销售	黄蓉	10	6.9	69	
2006-7-11	BL000122	男鞋	SH100	正常品销售	张颖	1	20.36	20.36	
2006-7-12	BL000123	女鞋	S003	正常品销售	黄蓉	1	2.08	2.08	
2006-7-12	BL000124	男鞋	SH300	正常品销售	张颖	1	12.16	12.16	
2006-7-13	BL000125	男鞋	SH400	正常品销售	黄蓉	1	26.09	26.09	
2006-7-13	BL000126	男鞋	SH500	正常品销售	张颖	1	21.43	21.43	
2006-7-14	BL000127	男鞋	SH600	正常品销售	黄蓉	1	300	300	
2006-7-14	BL000128	男鞋	SH700	促销品销售	张颖	1	200	200	
2006-7-15	BL000129	其它配件	WS010	促销品销售	黄蓉	1	9900	9900	
2006-7-15	BL000130	男鞋	SH900	促销品销售	张颖	2	500	1000	
2006-7-16	BL000131	男式衣服	BW001-2	正常品销售	张颖	1	25.02	25.02	
2006-7-16	BL000132	其它配件	WS020	正常品销售	张颖	1	4000	4000	
2006-7-17	BL000133	女式衣服	OPS713-2	正常品销售	张颖	2	2.68	5.36	
2006-7-17	BL000134	其它配件	OP010	促销品销售	黄蓉	1	3500	3500	
2006-7-18	BL000135	女式衣服	OPS713-5	正常品销售	黄蓉	1	21.25	21.25	
2006-7-18	BL000136	其它配件	XS001	正常品销售	黄蓉	1	19.65	19.65	
2006-7-19	BL000137	女式衣服	OTS701-3	正常品销售	张颖	2	28.56	57.12	
2006-7-19	BL000138	其它配件	XS002	正常品销售	张颖	1	25.92	25.92	
2006-7-20	BL000139	女式衣服	OTS702-3	正常品销售	黄蓉	10	14.33	143.3	
2006-7-20	BL000140	男式衣服	BCR001-2	正常品销售	张颖	1	252	252	
2006-7-21	BL000141	女式衣服	OTS703-3	正常品销售	黄蓉	1	13.02	13.02	
2006-7-21	BL000142	男式衣服	BCR001-4	正常品销售	黄蓉	1	50	50	
2006-7-22	BL000143	女式衣服	OTS710-3	正常品销售	张颖	2	2.04	4.08	
2006-7-22	BL000144	男式衣服	BW001-1	正常品销售	黄蓉	1	32.57	32.57	
2006-7-23	BL000145	女式衣服	OTS711-3	促销品销售	张颖	1	26.72	26.72	
2006-7-23	BL000146	男式衣服	BW001-3	正常品销售	张颖	5	120	600	
2006-7-24	BL000147	女式衣服	OTS720-3	促销品销售	黄蓉	4	30.13	120.52	
2006-7-24	BL000148	男式衣服	BW005-1	正常品销售	黄蓉	5	21.62	108.1	
2006-7-25	BL000149	女式衣服	AST500-1	促销品销售	张颖	2	7.46	14.92	
2006-7-25	BL000150	男式衣服	BW010-2	正常品销售	黄蓉	1	28.88	28.88	
2006-7-26	BL000151	女式衣服	AST500-2	促销品销售	黄蓉	2	18.56	37.12	
2006-7-27	BL000152	女式衣服	AST500-3	促销品销售	张颖	10	17.87	178.7	
2006-7-28	BL000153	女式衣服	AST500-4	促销品销售	黄蓉	1	5.79	5.79	
2006-7-29	BL000154	女式衣服	AST500-5	促销品销售	张颖	1	5.41	5.41	
2006-7-30	BL000155	女式衣服	AST500-6	促销品销售	黄蓉	1	9.62	9.62	
2006-7-31	BL000156	女式衣服	JBS010-1	促销品销售	张颖	1	20.11	20.11	

销售记录

类别	名称	结余数量	平均单价	结余金额
女式衣服	OPS713-1	64	23.9	1529.6
女式衣服	OPS713-2	66	2.68	176.88
女式衣服	OPS713-3	56	3.7	207.2
女式衣服	OPS713-4	47	6.9	324.3
女式衣服	OPS713-5	6	21.25	127.5
女式衣服	OTS701-3	62	28.56	1770.72
女式衣服	OTS702-3	48	14.33	687.84
女式衣服	OTS703-3	22	13.02	286.44
女式衣服	OTS710-3	64	2.04	130.56
女式衣服	OTS711-3	11	26.72	293.92
女式衣服	OTS720-3	7	30.13	210.91
女式衣服	AST500-1	10	7.46	74.6
女式衣服	AST500-2	39	18.56	723.84
女式衣服	AST500-3	43	17.87	768.41
女式衣服	AST500-4	31	5.79	179.49
女式衣服	AST500-5	17	5.41	91.97
女式衣服	AST500-6	43	9.62	413.66
女式衣服	JBS010-1	55	20.11	1106.05
女式衣服	JBS010-2	28	19.32	540.96
女式衣服	JBS010-3	56	27.96	1565.76
男式衣服	BCR001-1	24	142	3408
男式衣服	BCR001-2	25	252	6300
男式衣服	BCR001-4	12	50	600
男式衣服	BW001-2	50	25.02	1251
男式衣服	BW001-1	57	32.57	1856.49
男式衣服	BW001-3	52	120	6240
男式衣服	BW005-1	44	21.62	951.28
男式衣服	BW005-1	44	21.62	951.28
男式衣服	BW010-2	39	28.88	1126.32
男式衣服	BW020-3	1	11.06	11.06
女鞋	S001	17	14.13	240.21
女鞋	S002	12	24.31	291.72
女鞋	S003	23	2.08	47.84
女鞋	S004	16	16.02	256.32
女鞋	S005	17	29.16	495.72
女鞋	S007	27	34.92	942.84
女鞋	S009	10	8.61	86.1
女鞋	S010	64	27.79	1778.56
女鞋	S011	43	7.73	332.39
女鞋	S012	66	8.44	557.04
男鞋	SH100	51	20.36	1038.36
男鞋	SH200	20	20.62	412.4
男鞋	SH300	63	12.16	766.08
男鞋	SH400	54	26.09	1408.86
男鞋	SH500	50	21.43	1071.5
男鞋	SH600	4	300	1200
男鞋	SH700	8	200	1600
男鞋	SH800	1	3000	3000
男鞋	SH900	3	500	1500
其它配件	WS010	1	9900	9900
其它配件	WS020	3	4000	12000
其它配件	OP010	5	3500	17500
其它配件	OP012	48	19.4	931.2
其它配件	XS001	34	19.65	668.1
其它配件	XS002	9	25.92	233.28
其它配件	XS003	28	11.04	309.12

库存汇总表

示例文件

光盘\本书示例文件\第 7 章\商品进销存管理系统.xls

7.1.1 创建基本资料表

Step 1 创建工作簿、重命名工作表

创建工作簿"商品进销存管理系统.xls",然后分别将工作表重命名为"基本资料"、"入库记录"和"销售记录"。

Step 2 插入工作表

单击菜单"插入"→"工作表",在"销售记录"之前插入新的工作表Sheet4,然后将 Sheet4 工作表重命名为"库存汇总表"。

将"库存汇总表"往右拖曳

Step 3 移动工作表

单击"库存汇总表"标签,按住鼠标不放,此时光标变为形状,向右拖曳"库存汇总表"至"销售记录"工作表的右边,然后松开鼠标即可。

Step 4 输入原始数据

①切换至"基本资料"工作表,输入表格数据,并调整单元格格式。设置字号为"10",并设置文本居中显示。

②选中 A1:E1 和 H1:H7 单元格区域,设置字形为"加粗"。

③选中 A2:A21 单元格区域,然后设置表格边框。

	A	B	C	D	E	F	G	H
1	女式衣服	男式衣服	女鞋	男鞋	其它配件			正常品销售
2	OPS713-1	BCR001-1	S001	SH100	WS010			促销品销售
3	OPS713-2	BCR001-2	S002	SH200	WS020			团购
4	OPS713-3	BCR001-4	S003	SH300	OP010			
5	OPS713-4	BW001-2	S004	SH400	OP012			
6	OPS713-5	BW001-1	S005	SH500	XS001			张颖
7	OTS701-3	BW001-3	S007	SH600	XS002			黄春
8	OTS702-3	BW005-1	S009	SH700	XS003			
9	OTS703-3	BW005-1	S010	SH800				
10	OTS710-3	BW010-2	S011	SH900				
11	OTS711-3	BW020-3	S012					
12	OTS720-3							
13	AST500-1							
14	AST500-2							
15	AST500-3							
16	AST500-4							
17	AST500-5							
18	AST500-6							
19	JBS010-1							
20	JBS010-2							
21	JBS010-3							
22								

Step 5 插入定义名称

参阅 3.2.2 小节"1."中的 Step5，使用"名称框"快捷地插入定义名称。

①选中要命名的 A1:E1 单元格区域，单击"编辑栏"左侧的"名称框"。

②输入要定义的名称"Type"。

③按<Enter>键确认，完成名称的定义。

④使用同样的操作方法选中 A2 单元格，定义名称为"pName1"。

⑤选中 H1:H3 单元格区域，定义名称为"Dept"。

⑥选中 H6:H7 单元格区域，定义名称为"name"。

7.1.2 创建入库记录表

Step 1 创建列表

参阅 2.2.1 小节 Step3 创建列表。

①选中"入库记录"工作表的 A1:H1 单元格区域，在菜单"数据"→"列表"→"创建列表"。

②在弹出的"创建列表"对话框中勾选"列表有标题"复选框，然后单击"确定"按钮。

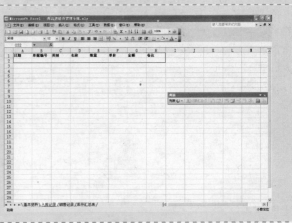

Step 2 输入列表中的标题

①选中 A1 单元格，输入"日期"后按"Tab"键可以接着选中 B1 单元格，输入"单据编号"后按"Tab"键。

②采用类似的方法在 A1:H1 单元格区域中输入列表中的标题。

Step 3 调整字号和列宽

调整字号为"10"，并适当地调整表格的列宽。

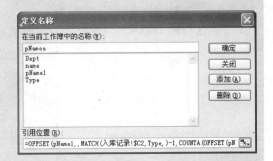

Step 4 插入 pNamea 定义名称

参阅 3.2.2 小节 "1." 中的 Step5。

①单击菜单 "插入" → "名称" → "定义"。

②在弹出的 "定义名称" 对话框中的 "在当前工作簿中的名称" 文本框中输入要定义的名称 "pNamea"。

③在 "引用位置" 文本框中输入以下公式：

```
=OFFSET(pName1,,MATCH(入库记录!$C2,
Type,)-1,COUNTA(OFFSET(pName1,,MATC
H(入库记录!$C2,Type,)- 1,65535)))
```

单击 "添加" 按钮，然后单击 "确定" 按钮。

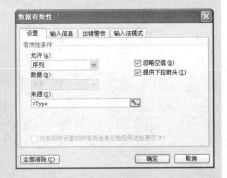

Step 5 利用数据有效性制定下拉列表框

①选中 C2 单元格，单击菜单 "数据" → "有效性" 打开 "数据有效性" 对话框。

②切换到 "设置" 选项卡，单击 "允许" 右侧的下箭头按钮，在下拉列表中选择 "序列" 选项，在 "来源" 文本框中输入序列的来源 "=Type"，然后单击 "确定" 按钮。

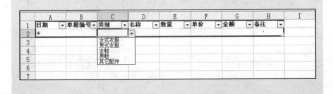

此时单击 C2 单元格，在 C2 单元格内的右边会显示一个下拉箭头，单击它就会出现下拉列表框，在下拉列表中选取类别 "女士衣服"，单元格中就会输入该类别。

技巧 注意中英文输入法

在设置数据有效性时，在输入 "来源" 文本框中的引用内容时，应选择英文方式下的 "="，而不要选择中文方式下的 "="。

Step 6 利用数据有效性实现多级下拉列表框的嵌套

①选中 D2 单元格，单击菜单"数据"→"有效性"打开"数据有效性"对话框。

②切换到"设置"选项卡，单击"允许"右侧的下箭头按钮，在下拉列表中选择"序列"选项，在"来源"文本框中输入序列的来源"=pNamea"，然后单击"确定"按钮。

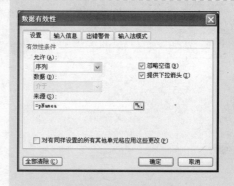

此时单击 D2 单元格右边的下拉箭头，弹出的下拉列表即为 C2 单元格"女士衣服"类别下的所有名称，选取"OPS713-1"，单元格中就会输入该名称。

Step 7 输入原始数据

在 A2:B57、C2:D57 和 E2:F57 等单元格区域使用填充柄和数据的有效性快捷地输入原始数据。

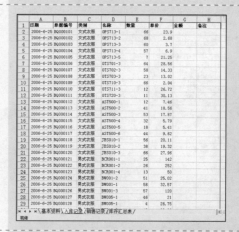

Step 8 计算"金额"

选中 G2 单元格，在编辑栏中输入以下公式，按<Enter>键确认。
=F2*E2

Step 9 填充公式

选中 G2 单元格，向下拖曳该单元格右下角的填充柄至 G57 单元格，然后松开鼠标即可完成公式的填充。

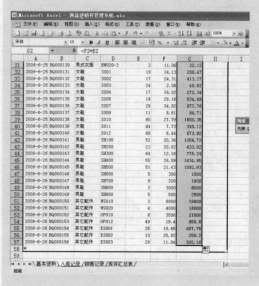

Step 10 计算"汇总"

①单击"列表"工具栏中的 <u>Σ 切换汇总行</u> 按钮选择添加汇总行,此时在插入行的下方会显示汇总行。

②单击 G59 单元格,在 G59 单元格的右边会显示一个下拉箭头,单击它就会出现下拉列表,然后在下拉列表中选取类别"求和"。

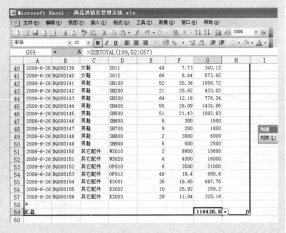

此时 G59 单元格内会自动地插入以下公式:

`= SUBTOTAL(109,G2:G57)`

并显示 G2:G57 单元格区域的汇总求和的值。

技巧 利用 Excel 数据有效性定制下拉列表框

在使用 Excel 的过程中经常需要录入大量的数据,对有些重复输入的数据往往还要注意数据格式的有效性。如果每个数据都通过键盘来输入,则非常浪费时间和精力。而利用 Excel 的数据有效性功能,可以提高数据输入的速度和准确性。

例如要输入一个公司员工信息,员工所属部门一般不多,输入的过程中会重复输入这几个部门的名称。如果把几个部门名称集合到一个下拉列表框中,输入时只要做一个选择操作即可,这样可以大大地简化操作,并节约时间。其实这可以通过数据有效性功能来实现,具体方法如下。

单击菜单"数据"→"有效性"打开"数据有效性"对话框,切换到"设置"选项卡。单击"允许"右侧的下箭头按钮,在列表中选择"序列"选项,在"来源"文本框中输入序列的各部门名称(如质检部、人事部、财务处、开发部、市场部等),各个部门之间以英文格式的逗号隔开,然后单击"确定"按钮。

这样设置之后再回到工作表中,点击"所属部门"列的任何一个单元格都会在右边显示一个下拉箭头,点击它就会出现下拉列表框。

选择其中的一个选项,相应的部门名称就会输入到单元格中,显得非常方便,而且输入准确不易出错。当鼠标单击其他的任何一个单元格时,该单元格的下拉箭头就会消失,并不影响操作界面。

Step 11 条件格式的高级应用

参阅 5.1.2 小节 "1." 中的 Step12 设置条件格式。

①选中 A2:H58 单元格区域，单击菜单 "格式" → "条件格式" 弹出 "条件格式" 对话框。

②单击 "条件 1" 组合框左边文本框右侧的下箭头按钮，选择 "公式"，然后在右侧的文本框中输入 "=MOD(ROW(), 2)=1"。

③单击 "格式" 按钮，在弹出的 "单元格格式" 对话框中切换到 "图案" 选项卡，在 "单元格底纹" 的 "颜色" 的调色板中选择 "黄色"，然后单击 "确定" 按钮返回 "条件格式" 对话框。

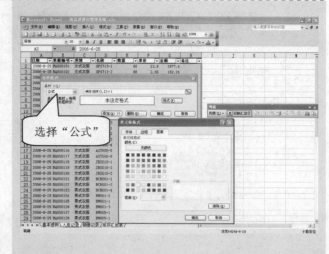

选择 "公式"

④在 "条件格式" 对话框中，单击 "添加" 按钮，在该对话框中就会增加 "条件 2" 组合框。

⑤单击 "条件 2" 组合框左边文本框右侧的下箭头按钮，选择 "公式"，然后在右侧的文本框中输入 " =MOD(ROW(),2)=0"。

⑥单击 "条件 2" 组合框中的 "格式" 按钮，在弹出的 "单元格格式" 对话框中切换到 "图案" 选项卡，在 "单元格底纹" 的 "颜色" 的调色板中选择 "绿色"，然后单击 "确定" 按钮返回 "条件格式" 对话框。

⑦在 "条件格式" 对话框中单击 "确定" 按钮，此时整个工作表即利用条件格式功能实现了数据表的间格底纹效果。

Step 12 设置单元格格式

①选中 A1:I1 单元格区域，填充背景色为"灰色 – 25%"。

②选中 A1:H58 单元格区域，然后设置表格边框。

关键知识点讲解

MOD 函数

函数用途

返回两数相除的余数。结果的正负号与除数相同。

函数语法

MOD(number，divisor)

number：为被除数。

divisor：为除数。

函数说明

● 如果 divisor 为零，MOD 函数则返回错误值"#DIV/0!"。

● MOD 函数可以借用 INT 函数来表示:

MOD(n,d)=n–d*INT(n/d)

函数简单示例

公 式	说明（结果）
=MOD(3,2)	3/2 的余数（1）
=MOD(–3,2)	– 3/2 的余数，符号与除数相同（1）
=MOD(3,–2)	3/ – 2 的余数，符号与除数相同（ – 1）
=MOD(–3,–2)	– 3/ – 2 的余数，符号与除数相同（ – 1）

本例公式说明

本例中的公式为:

`=MOD(ROW(),2)=1`

其各个参数值指定 MOD 函数返回该单元格所在的行号除以 2 后的余数是否等于 1，如果等于 1 则返回逻辑值 TRUE。

7.1.3 创建销售记录表

"入库记录"工作表创建好了，接下来需要创建"销售记录"工作表。由于两个工作表的格式基本相同，所以很多步骤类似。

Step 1 创建列表

参阅 2.2.1 小节 Step3 创建列表。

①选中"入库记录"工作表的 A1:H1 单元格区域，在菜单"数据"→"列表"上单击"创建列表"。

②在弹出的"创建列表"对话框中勾选"列表有标题"复选框，然后单击"确定"按钮。

Step 2 输入列表中的标题

选中 A1 单元格，输入"日期"后按"Tab"键可以接着选中 B1 单元格，输入"单据编号"后按"Tab"键。

采用类似的方法在"销售记录"工作表中的 A1:J1 单元格区域输入列表中的标题。

Step 3 调整字号和列宽

参阅 1.1.1 小节 Step10 调整字号为"10"。

参阅 1.1.1 小节 Step7 适当地调整表格的列宽。

Step 4 插入 pNameb 定义名称

参阅 3.2.2 小节 "1." 中的 Step5。

①单击菜单"插入"→"名称"→"定义"。

②在弹出的"定义名称"对话框中的"在当前工作簿中的名称"文本框中输入要定义的名称"pNameb"。

③在"引用位置"文本框中输入"=OFFSET(pName1,,MATCH(销售记录!$C2,Type,)−1,COUNTA(OFFSET(pName1,,MATCH(销售记录!$C2,Type,)− 1,65535)))"，单击"添加"按钮，然后单击"确定"按钮。

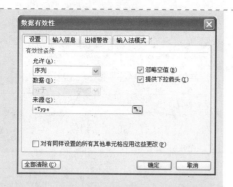

Step 5 利用数据有效性制定下拉列表框

①选中 C2 单元格，单击菜单"数据"→"有效性"打开"数据有效性"对话框。

②切换到"设置"选项卡，单击"允许"右侧的下箭头按钮，在下拉列表中选择"序列"选项，在"来源"文本框中输入序列的来源"=Type"，然后单击"确定"按钮。

此时单击 C2 单元格，在 C2 单元格的右边会显示一个下拉箭头，单击它就会出现下拉列表，然后在下拉列表中选取类别"女鞋"，单元格中就会输入该类别。

选择"女鞋"

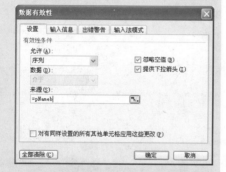

Step 6 利用数据有效性实现多级下拉列表框的嵌套

①选中 D2 单元格，单击菜单"数据"→"有效性"打开"数据有效性"对话框。

②切换到"设置"选项卡，单击"允许"右侧的下箭头按钮，在下拉列表中选择"序列"选项，在"来源"文本框中输入序列的来源"=pNameb"，然后单击"确定"按钮。

此时单击 D2 单元格右边的下拉箭头，弹出的下拉列表即为 C2 单元格"女鞋"类别下的所有名称，然后选取"S001"，单元格中就会输入该名称。

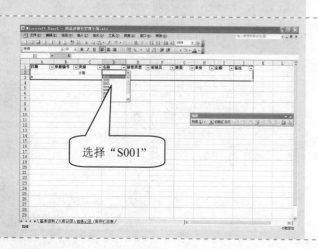

选择"S001"

Step 7 设定其他列的数据有效性

①选中 E2 单元格，单击菜单"数据"→"有效性"打开"数据有效性"对话框，切换到"设置"选项卡。在"序列"下"来源"文本框中输入"=Dept"，然后单击"确定"按钮。

②单击 E2 单元格右边的下拉箭头，然后选取"正常品销售"。

③选中 F2 单元格，单击菜单"数据"→"有效性"打开"数据有效性"对话框，切换到"设置"选项卡。在"序列"下"来源"文本框中输入"=name"，然后单击"确定"按钮。

④单击 F2 单元格右边的下拉箭头，然后选取"黄蓉"。

Step 8 输入原始数据

在 A2:B57、C2:F57 和 G2:G57 等单元格区域利用填充柄和数据的有效性快捷地输入原始数据。

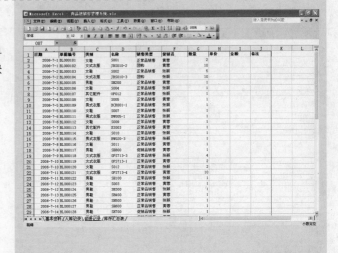

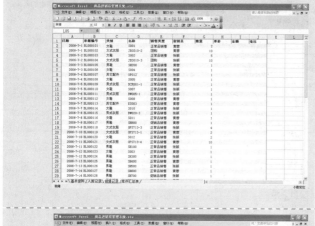

Step 9　条件格式的高级应用

参阅 7.1.2 小节 Step11，选中 A2:J57 单元格区域，然后设置条件格式。

此时整个工作表即利用条件格式功能实现了数据表的间格底纹效果。

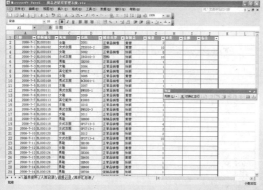

Step 10　设置单元格格式

选中 A1:J1 单元格区域，填充背景色为"灰色－50％"。

设置字体颜色。参阅 1.1.2 小节 Step11，选中 A1:J57 单元格区域，然后设置表格边框。

"销售记录"工作表的内容有些栏目需要使用下一小节"库存汇总表"工作表中的相关数据。所以我们先进入下一小节"库存汇总表"的创建。

7.1.4　创建库存汇总表

本小节要在前面 3 个工作表的基础上创建"库存汇总表"工作表，先切换至该工作表。

Step

Step 1　输入表格标题

在 A1:E1 单元格中分别输入表格各个字段的标题内容，然后设置字形为"加粗"，填充背景色为"灰色－25％"。

Step 2 复制、粘贴单元格区域

①切换至"入库记录"工作表，选中 C2:D57 单元格区域，按<Ctrl+C>组合键复制。

②切换至"库存汇总表"工作表中，选择 A2 单元格，然后按<Ctrl+V>组合键粘贴。

此时再 A2:B57 单元格区域就会快捷地输入内容，并且应用条件格式。

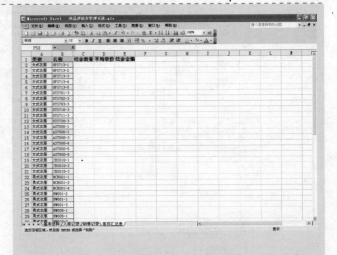

Step 3 计算"结余数量"

选中 C2 单元格，在编辑栏输入以下公式：

`=SUMIF(入库记录!$D$2:$D$96,库存汇总表!B2,入库记录!$E$2:$E$95)-SUMIF(销售记录!$D$2:$D$145,库存汇总表!B2,销售记录!$G$2:$G$145)`

按<Enter>键确认。

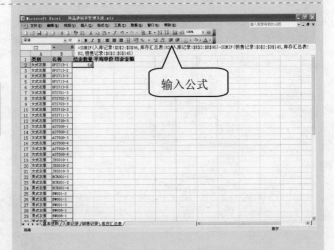

参阅 2.4.1 小节 Step7，向下拖曳 C2 单元格右下角的填充柄至 C57 单元格，松开鼠标，完成公式的填充。

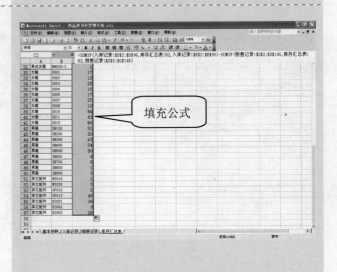

Step 4 计算平均单价

选中 D2 单元格，在编辑栏中输入以下公式：

=ROUND(SUMIF(入库记录!$D$2:$D$96,库存汇总表!B2,入库记录!$G$2:$G$96)/SUMIF(入库记录!$D$2:$D$96,库存汇总表!B2,入库记录!$E$2:$E$96),2)

按<Enter>键确认。

参阅 2.4.1 小节 Step7，向下拖曳 D2 单元格右下角的填充柄至 D57 单元格，然后松开鼠标即可完成公式的填充。

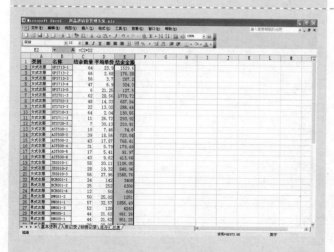

Step 5 计算"结余金额"

选中 E2 单元格，在编辑栏中输入以下公式：

=C2*D2

按<Enter>键确认。

参阅 2.4.1 小节 Step7，向下拖曳 E2 单元格右下角的填充柄至 E57 单元格，然后松开鼠标即可完成公式的填充。

Step 6　插入定义名称

参阅 3.2.2 小节 "1." 中的 Step5，使用 "名称框" 快捷地插入定义名称。

①选中要命名的 B1:E57 单元格区域，然后单击 "编辑栏" 左侧的 "名称框"。

②输入要定义的名称 "stock"。

③按<Enter>键确认，完成名称的定义。

Step 7　条件格式的高级应用

参阅 7.1.2 小节 Step11 设置条件格式。

选中 A2:B57 单元格区域，单击菜单 "格式" → "条件格式" 弹出 "条件格式" 对话框。

由于 A2:B57 单元格区域已经含有了条件格式，所以在弹出的 "条件格式" 对话框中无需再设置，直接单击 "确定" 按钮。

此时整个工作表即利用条件格式功能实现了数据表的间格底纹效果。

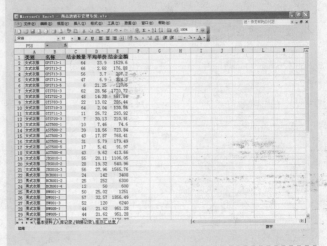

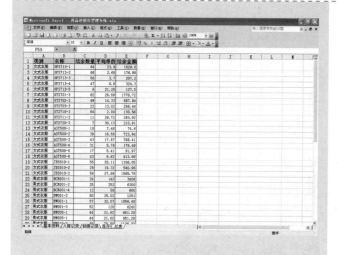

Step 8 设置单元格格式

选中 C2:E57 单元格区域，设置字号为 "10"。

选中 A1:E57 单元格区域，设置表格边框。

至此 "库存汇总表" 创建完毕。

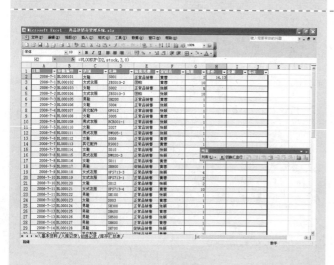

Step 9 编制 "销售记录" 工作表的单价公式

切换至 "销售记录" 工作表，选中 H2 单元格，在编辑栏中输入以下公式：
=VLOOKUP(D2,stock,3,0)
按<Enter>键确认。

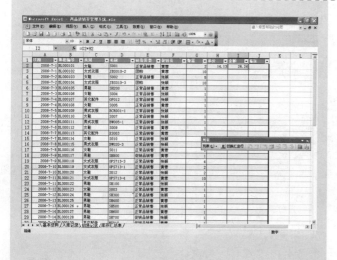

Step 10 计算 "金额"

在 "销售记录" 工作表中选中 I2 单元格，在编辑栏中输入以下公式：
=G2*H2
按<Enter>键确认。

Step 11 批量填充公式

参阅 2.4.1 小节 Step7，选中 H2:I2 单元格区域，向下拖曳 I2 单元格右下角的填充柄至 I57 单元格，然后松开鼠标即可完成公式的填充。

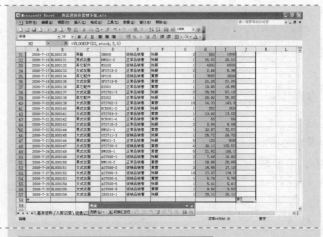

Step 12 设定"数量"列的数据有效性

①选中 G2:G57 单元格区域，单击菜单"数据"→"有效性"打开"数据有效性"对话框，切换到"设置"选项卡。

②单击"允许"右侧的下箭头按钮，在下拉列表中选择"自定义"选项，在"公式"文本框中输入"=G2<=VLOOKUP (D2,stock,2,0)"。

③切换到"出错警告"选项卡，单击"样式"右侧的下箭头按钮，在下拉列表中选择"停止"选项，在"错误信息"文本框中输入"库存余额不足"，然后单击"确定"按钮。

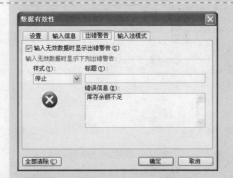

至此"销售记录"工作表创建完毕。

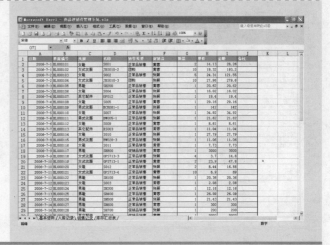

技巧 **数据有效性验证**

应用 Microsoft Excel 中的数据有效性验证可以定义要在单元格中输入的数据类型。例如限制用户只能输入从 A 到 F 的字母，此时即可设置数据有效性验证，以避免用户输入无效的数据或者允许输入无效数据，但在结束输入后进行检查。还可以提供信息，以定义期望在单元格中输入的内容，帮助用户改正错误的指令。

如果输入的数据不符合要求，Excel 将显示一条消息，其中包含提供的指令。

当所设计的表单或工作表要被用户输入数据（例如预算表单或支出报表）时，数据有效性验证尤为有用。

（1）可以验证的数据类型

Excel 可以为单元格指定以下类型的有效数据。

数值：指定单元格中的条目必须是整数或小数。可以设置最小值或最大值，将某个数值或范围排除在外，或者使用公式计算数值是否有效。

日期和时间：设置最小值或最大值，将某些日期或时间排除在外，或者使用公式计算日期或时间是否有效。

长度：限制单元格中可以输入的字符个数，或者要求至少输入的字符个数。

值列表：为单元格创建一个选项列表（例如小、中、大），只允许在单元格中输入这些值。用户单击单元格时将显示一个下拉箭头，从而使用户可以轻松地在列表中进行选择。

（2）可以显示的消息类型

对于所验证的每个单元格，都可以显示两类不同的消息：一类是用户输入数据之前显示的消息，另一类是用户尝试输入不符合要求的数据时显示的消息。

输入消息：一旦用户单击已经过验证的单元格便会显示此类消息。可以通过输入消息来提供有关要在单元格中输入的数据类型的指令。

错误消息：仅当用户输入无效数据并按下<Enter>键时才会显示此类消息。可以从以下 3 类错误消息中进行选择。

● 信息消息：此类消息不阻止输入无效数据。除所提供的文本外，它还包含一个消息图标、一个"确定"按钮（用于在单元格中输入无效数据）和一个"取消"按钮（用于恢复单元格中的前一个值）。

● 警告消息：此类消息不阻止输入无效数据。它包含提供的文本、警告图标和 3 个按钮："是"用于在单元格中输入无效数据，"否"用于返回单元格进一步进行编辑，"取消"用于恢复单元格的前一个值。

● 停止消息：此类消息不允许输入无效数据。它包含提供的文本、停止图标和两个按钮："重试"用于返回单元格进一步进行编辑，"取消"用于恢复单元格的前一个值。须注意不能将此类消息作为一种安全措施：虽然用户无法通过键入和按<Enter>键输入无效数据，但是他们可以通过复制和粘贴或者在单元格中填写数据的方式来通过验证。

如果未指定任何信息，Excel 则会标记用户输入的数据是否有效，以便以后进行检查，但用户输入的数据无效时它不会通知用户。

（3）检查工作表中的无效内容

用户可能在其中输入了无效数据后，Excel 将不符合条件的所有数据画上红色圆圈，以便于查找工作表中的错误。要实现此目的，可以单击工具栏"公式审核"上的"圈释无效数据"按钮和"清除无效数据标识圈"按钮。

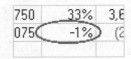

因为单元格中的值不符合标准，所以用圆圈标记。

更正单元格中的数据后圆圈将消失。

7.2　畅销商品与滞销商品分析

案例背景

为了有效地利用卖场空间，提高商品周转率和经营效益，我们要定期对滞销商品做淘汰工作。同时每导入一批新商品，原则上应相应地淘汰一批滞销品。商品淘汰是指有库存的滞销品、质量有问题的商品的清退出场以及无库存商品的微机上的淘汰。

关键技术点

要实现本案例中的功能，读者应当掌握以下 Excel 技术点。

- SMALL 函数　　　New!
- LARGE 函数　　　New!

最终效果展示

	A	B	C	D	E	F	G	H	I	J
1	商品编码	总销售数量	总销售金额	销售利润	畅滞销比率	销售状态		名次	品名	销售额
2	OPS713-1	32	1248	312	4.206%	一般		1	OPS713-5	2596
3	OPS713-2	35	1365	341.25	4.601%	一般		1	AST500-1	2596
4	OPS713-3	48	1872	468	6.310%	畅销		3	AST500-3	2339
5	OPS713-4	46	1794	448.5	6.047%	畅销		4	AST500-2	2332
6	OPS713-5	64	2596	748.8	8.736%	畅销		5	AST500-4	1936
7	OTS701-3	53	1537	384.25	6.624%	畅销		6	OPS713-3	1872
8	OTS702-3	44	1276	319	5.499%	畅销		7	OPS713-4	1794
9	OTS703-3	41	1189	297.25	5.125%	畅销		8	JBS010-1	1711
10	OTS710-3	33	957	239.25	4.125%	一般		9	JBS010-2	1652
11	OTS711-3	25	725	181.25	3.125%	一般		10	OTS701-3	1537
12	OTS720-3	20	580	145	2.500%	滞销		11	OPS713-2	1365
13	AST500-1	59	2596	778.8	8.282%	畅销		12	OTS702-3	1276
14	AST500-2	53	2332	583	7.138%	畅销		13	OPS713-1	1248
15	AST500-3	55	2339	584.75	7.355%	畅销		14	OTS703-3	1189
16	AST500-4	44	1936	484	5.926%	畅销		15	AST500-5	1029
17	AST500-5	21	1029	257.25	2.896%	一般		16	OTS710-3	957
18	AST500-6	7	343	85.75	0.965%	滞销		17	JBS010-3	944
19	JBS010-1	29	1711	427.75	4.187%	一般		18	OTS711-3	725
20	JBS010-2	28	1652	413	4.043%	一般		19	OTS720-3	580
21	JBS010-3	16	944	236	2.310%	滞销		20	AST500-6	343
22	总计	753	30021	7734.85						

示例文件

光盘\本书示例文件\第 7 章\单店销售分析.xls

7.2.1 创建门店月销售报表

Step 1 创建工作簿、重命名工作表

创建工作簿"单店销售分析.xls",然后分别将工作表重命名为"门店月销售报表"、"畅滞销分析"并删除多余的工作表。

Step 2 输入表格标题

切换至"门店月销售报表"工作表,在 A1:M1 单元格区域输入表格标题。

Step 3 输入原始数据

①在 A2:F94 单元格区域输入原始数据,并适当地调整 A 列的列宽。

②选中 E、F 列,对其设置"小数位数"为"2"的数值格式。

Step 4 编制"折扣率"公式

①选中 G2 单元格,在编辑栏中输入以下公式,按<Enter>键确认。

`=(E2-F2)/E2`

②选中 G2 单元格,移动光标到该单元格的右下角,向下拖曳填充柄至 G94 单元格,然后松开鼠标即可完成公式的填充。

③选中 G 列,设置"小数位数"为"0"的百分比格式。

Step 5 输入"数量"

在 H2:H94 单元格区域输入"数量"的原始数据。

Step 6 编制"金额"和"折扣额"公式

①选中 I2 单元格，在编辑栏中输入以下公式，按<Enter>键确认。

`=F2*H2`

②选中 J2 单元格，在编辑栏中输入以下公式，按<Enter>键确认。

`=G5*I5`

③选中 I2:J2 单元格区域，移动光标到 J2 单元格的右下角，向下拖曳填充柄至 J94 单元格，然后松开鼠标即可完成公式的填充。

④选中 I 列和 J 列，设置"小数位数"为"2"的数值格式。

Step 7 输入"销售员"的名字

按<Ctrl>键同时选中同一个销售员"郑浩"所在的单元格 K2、K35、K37、K39、K58、K60、K62、K88、K90 和 K92，输入名字"郑浩"，可以按<Ctrl+Enter>组合键输入。

使用同样的操作方法，在 K3:K94 单元格区域输入其他"销售员"的名字。

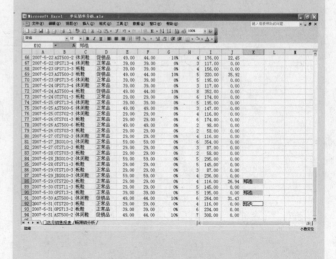

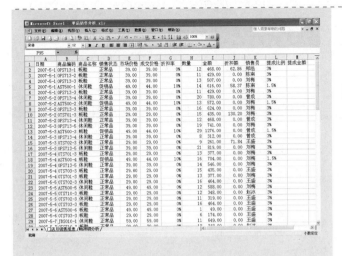

Step 8 编制"提成比例"公式

①选中 L2 单元格,在编辑栏中输入以下公式,按<Enter>键确认。

=IF(D2="正常品","3%","1.5%")

②选中 L2 单元格,移动光标到该单元格的右下角,向下拖曳填充柄至 L94 单元格,然后松开鼠标即可完成公式的填充。

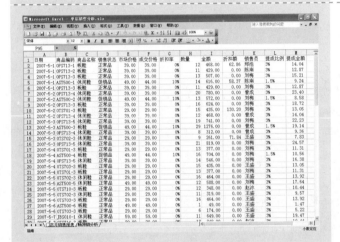

Step 9 编制"提成金额"公式

①选中 M2 单元格,在编辑栏输入以下公式,按<Enter>键确认。

=I2*L2

②选中 M2 单元格,移动光标到该单元格的右下角,向下拖曳填充柄至 M94 单元格,然后松开鼠标即可完成公式的填充。

③选中 M 列,设置"小数位数"为"2"的数值格式。

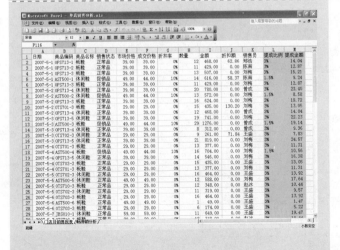

Step 10 设置背景色

选中 L1:M94 单元格区域,设置背景色为"灰色－25%"。

Step 11 设置字号、文本居中和表格边框

选中 A1 单元格，按<Ctrl+A>组合键以选中 A1:M94 单元格区域，然后设置字号为"10"，文本居中显示，并设置表格边框。

7.2.2 创建畅滞销分析表

Step 1 输入表格标题

①进入"畅滞销分析"工作表。
②在 A1:F1 和 H1:J1 单元格区域输入表格标题。

Step 2 输入原始数据

在 A2:D21 单元格区域输入原始数据。

Step 3 编制"总计"公式

①选中 A22 单元格，输入"总计"。
②选中 B22 单元格，在编辑栏中输入以下公式，按<Enter>键确认。

`=SUM(B2:B21)`

③选中 B22 单元格，移动光标到该单元格的右下角，向右拖曳填充柄至 D22 单元格，然后松开鼠标即可完成公式的填充。

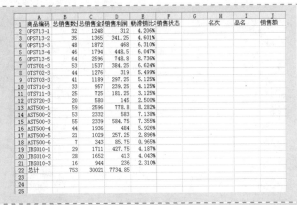

Step 4 编制"畅滞销比率"公式

①选中 E2 单元格，在编辑栏中输入以下公式，按<Enter>键确认。

`=D2/$D$22*0.2+B2/$B$22*0.8`

②选中 E2 单元格，移动光标到该单元格的右下角，向下拖曳填充柄至 E21 单元格，然后松开鼠标即可完成公式的填充。

③设置"小数位数"为"3"的百分比格式。

Step 5 编制"销售状态"公式

①选中 F2 单元格，在编辑栏中输入以下公式，按<Enter>键确认。

`=IF(E2>5%,"畅 销",IF(E2>2.5%,"一般","滞销"))`

②选中 F2 单元格，移动光标到该单元格的右下角，向下拖曳填充柄至 F21 单元格，然后松开鼠标即可完成公式的填充。

Step 6 编制"名次"公式

①选中 H2 单元格，在编辑栏中输入以下公式：

`=SMALL(RANK($C$2:$C$21,$C$2:$C$21),ROW()-1)`

按<Ctrl+Shift+Enter>组合键输入数组公式。

②选中 H2 单元格，移动光标到该单元格的右下角，向下拖曳填充柄至 H21 单元格，然后松开鼠标即可完成公式的填充。

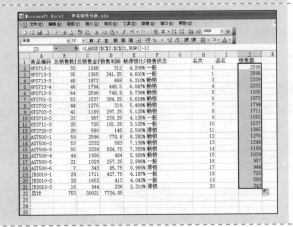

Step 7 计算"销售额"

①选中 J2 单元格，在编辑栏中输入以下公式：

`=LARGE($C$2:$C$21,ROW()-1)`

按<Enter>键确认。

②选中 J2 单元格，移动光标到该单元格的右下角，向下拖曳填充柄至 J21 单元格，完成公式的填充。

Step 8 编制显示"品名"公式

①选中 I2 单元格，在编辑栏中输入以下公式：

`=INDEX($A:$A,SMALL(IF($C$2:$C$21=$J2,ROW($C$2:$C$21)),COUNTIF($H$2:$H2,$H2)))`

按<Ctrl+Shift+Enter>组合键输入数组公式。

②选中 I2 单元格，移动光标到该单元格的右下角，向下拖曳填充柄至 I21 单元格，完成公式的填充。

Step 9 调整单元格格式

①适当地调整表格的行高和列宽。

②选中 A1 单元格，按<Ctrl+A>组合键以选中 A1:J22 单元格区域，然后设置字号为"10"，并设置文本居中显示。

③分别给 A1:F22 和 H1:J21 单元格区域设置表格边框。

关键知识点讲解

1. SMALL 函数

函数用途

返回数据集中第 k 个最小值。使用此函数可以返回数据集中特定位置上的数值。

函数语法

SMALL(array,k)

array：为需要找到第 k 个最小值的数组或数字型数据区域。

k：为返回的数据在数组或数据区域里的位置（从小到大）。

函数说明

● 如果 array 为空，SMALL 函数则返回错误值"#NUM!"。

● 如果 k≤0 或 k 超过了数据点个数，SMALL 函数则返回错误值"#NUM!"。

● 如果 n 为数组中的数据点个数，SMALL(array,1)则等于最小值，SMALL(array,n)则等于最大值。

函数简单示例

	A	B
1	数据	数据
2	12	11
3	15	14
4	11	8
5	17	3
6	23	7
7	19	12
8	21	54
9	14	8
10	17	23

公　　式	说明（结果）
=SMALL(A2:A10,4)	第 1 列中第 4 个最小值（15）
=SMALL(B2:B10,2)	第 2 列中第 2 个最小值（7）

本例公式说明

本例中的数组公式为：

```
H2=SMALL(RANK($C$2:$C$21,$C$2:$C$21),ROW()-1)
```

参阅 3.2.2 小节 "2." 中的数组公式，参阅 2.3.1 小节中介绍的 RANK 函数，RANK($C$2:$C$21,$C$2:$C$21)其各个参数值指定 RANK 函数返回 C2:C21 该单元格区域中的每个单元格数值。在 C2:C21 单元格区域内按照降序排位的位数，其值为：13；11；6；7；1；10；12；14；16；18；19；1；4；3；5；15；20；8；9；17。那么该数组公式可以简化为：

```
H2=SMALL(13; 11; 6; 7; 1; 10; 12; 14; 16; 18; 19; 1; 4; 3; 5; 15; 20; 8; 9; 17,1)
```

所以 SMALL 函数返回此列中的第一个最小值，结果为 1。

2. LARGE 函数

函数用途

返回数据集中第 k 个最大值。使用此函数可以根据相对标准来选择数值。例如可以使用 LARGE 函数得到第一名、第二名或第三名的得分。

函数语法

LARGE(array,k)

array：为需要从中选择第 k 个最大值的数组或数据区域。

k：为返回值在数组或数据单元格区域中的位置（从大到小排）。

函数说明

● 如果数组为空，LARGE 函数则返回错误值 "#NUM!"。

● 如果 k ≤ 0 或 k 大于数据点的个数，LARGE 函数则返回错误值 "#NUM!"。

● 如果区域中数据点的个数为 n，LARGE(array,1) 函数则返回最大值，LARGE(array,n) 函数则返回最小值。

函数简单示例

	A	B
1	数据	数据
2	5	6
3	8	2
4	1	3
5	7	16
6	11	9

公　式	说明（结果）
=LARGE(A2:B6,3)	上面数据中第 3 个最大值（9）
=LARGE(A2:B6,7)	上面数据中第 7 个最大值（5）

本例公式说明

本例中的公式为：

J2=LARGE($C$2:$C$21,ROW()-1)

因为 J2 处于第 2 行，则 ROW（）–1＝1，因此其各个参数值指定 LARGE 函数返回 C2:C21 单元格区域中第 1 个最大值。

7.3　营业员销售提成统计与分析

案例背景

在专卖店的管理中为了调动营业员的工作极积性，必须有一个完善的考核及奖励机制，让各个营业员之间展开公平的销售竞争。但一个专卖店一个月的销售数据是非常庞大的，在本节中我们将举例说明如何快速地统计营业员的销售提成，并分析各个营业员的销售业绩。

关键技术点

要实现本案例中的功能，读者应当掌握以下 Excel 技术点。

- 复制工作表　　　　New!
- 自定义图表　　　　New!

最终效果展示

销售员	销售金额	提成金额
陈南	5613	129.45
刘梅	12146	300.36
王盛	4519	135.57
曾成	4851	110.55
赵冰	957	28.71
郑浩	1828	54.84
总计	29914	759.48

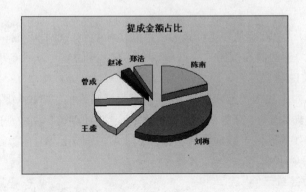

示例文件

光盘\本书示例文件\第 7 章\销售提成统计分析.xls

7.3.1　复制工作表

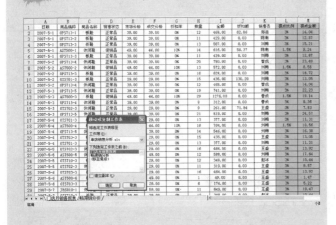

Step 1　复制工作簿

①打开在 7.2.1 小节中创建的"单店销售分析"工作簿，右键单击"门店月销售报表"工作表标签，从弹出的快捷菜单中选择"移动或复制工作表"弹出"移动或复制工作表"对话框。

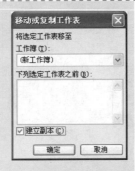

②在"将选定工作表移至工作簿"中单击右侧的下箭头按钮，在弹出的下拉列表中选择"（新工作簿）"，勾选"建立副本"复选框，然后单击"确定"按钮。

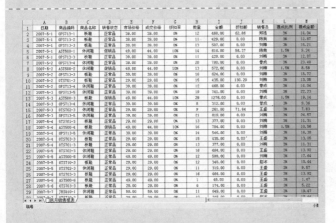

此时即可新建一个 Book1 工作簿，其中含有"门店月销售报表"工作表。

Step 2　保存工作簿

①单击菜单"文件"→"保存"，参阅 1.1.1 小节 Step2，保存文件名为"销售提成统计分析"。

②参阅 4.4.2 小节 Step1 至 Step2 新建工作表，并将工作表重命名为"营业员销售提成统计分析"，然后移动该工作表至"门店月销售报表"工作表的右侧。

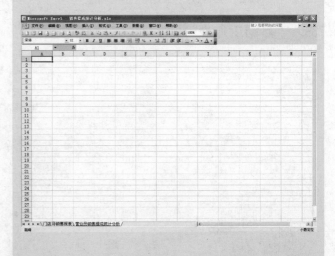

Step 3　插入定义名称

①参阅 3.2.2 小节"1."中的 Step6 下方的"活力小贴士"，使用"名称框"快捷地定义名称。切换至"门店月销售报表"工作表，选中 I2:I94 单元格区域，在"名称框"中输入名称"money"，然后按 <Enter> 键确认。

②选中单元格区域 K2:K94，定义名称"name"。

③选中单元格区域 M2:M94，定义名称"ticheng"。

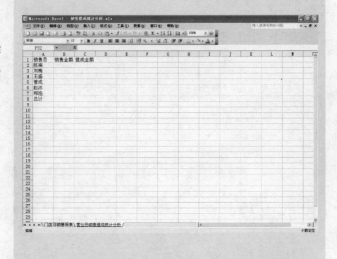

Step 4　输入表格标题

在"营业员销售提成统计分析"工作表的 A1:C 1 单元格区域输入表格列标题。

在 A2:A7 单元格区域输入"销售员"的名字，在 A8 单元格输入"总计"。

Step 5 计算"销售金额"和"提成金额"

①单击选中 B2 单元格，在编辑栏中输入以下公式，按<Enter>键确认。

=SUMIF(name,A2,money)

②单击选中 C2 单元格，在编辑栏中输入以下公式，按<Enter>键确认。

=SUMIF(name,A2,ticheng)

③参阅 2.4.1 小节 Step7，拖动 B2:C2 单元格区域右下角的填充柄向下填充至 B7:C7 单元格区域，然后松开填充柄。

Step 6 计算"总计"

①选中 B8 单元格，在编辑栏中输入以下公式，按<Enter>键确认。

=SUM(B2:B7)

②参阅 2.4.1 小节 Step7，拖动 B8 单元格右下角的填充柄向右填充至 C8 单元格，然后松开填充柄。

Step 7 设置单元格格式

①设置字号为"10"。
②适当地调整表格的行高。
③设置文本居中显示。
④设置表格边框。

7.3.2 绘制分离型三维饼图

参阅 5.2.1 小节中的"3."绘制分离型三维饼图。

Step

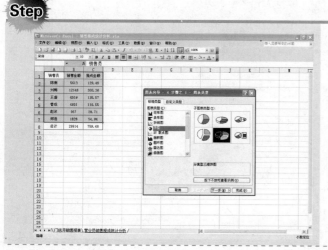

Step 1 选择图表类型

选中 A7:C7 单元格区域，单击"常用"工具栏中的"图表向导"按钮 弹出"图表向导—4 步骤之 1—图表类型"对话框，在"图表类型"列表框中选择"饼图"，在"子图表类型"中选择"分离型三维饼图"，然后单击"下一步"按钮。

Step 2 选择图表源数据

在弹出的"图表向导—4 步骤之 2—图表源数据"对话框中由于已经选择了图表源所在的单元格区域，所以在这个对话框中不用再选择数据区域，直接单击"下一步"按钮。

Step 3 配置"图表选项"

①在弹出的"图表向导—4 步骤之 3—图表选项"对话框中切换到"图例"选项卡，取消勾选"显示图例"复选框。

②切换到"数据标志"选项卡，在"数据标签包括"组合框中勾选"类别名称"复选框，然后单击"下一步"按钮。

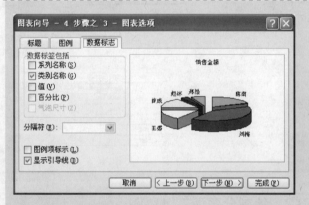

Step 4 设置"图表位置"

在弹出的"图表向导—4 步骤之 4—图表位置"对话框中选择默认的"作为其中的对象插入"。

最后单击"完成"按钮。

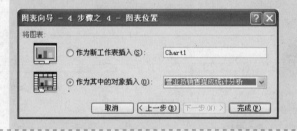

这样一张简单的分离型三维饼图就绘制好了。

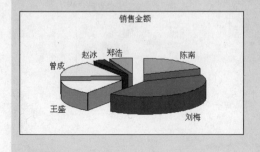

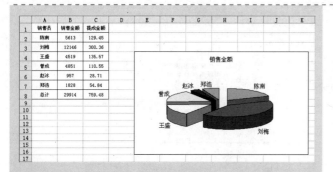

Step 5 拖曳分离型三维饼图至适当位置

新建的分离型三维饼图可能会覆盖住含有数据的单元格区域，为此可以在图表区单击，按住鼠标左键不放拖曳分离型三维饼图至合适的位置，然后松开鼠标即可。

Step 6 调整分离型三维饼图的大小

参阅 4.4.4 小节 Step3。

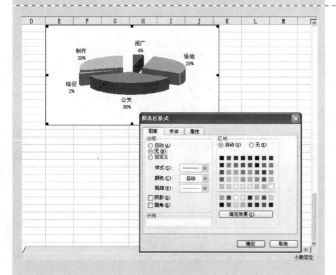

Step 7 调整图表区格式

参阅 6.1.3 小节 Step1，双击分离型三维饼图的图表区弹出"图表区格式"对话框。

①在该对话框中单击"图案"选项卡，在"边框"组合框中单击"无"，然后单击"区域"组合框中的"填充效果"按钮弹出"填充效果"对话框。

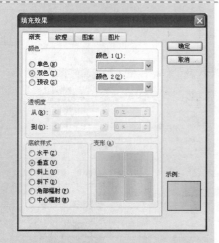

②勾选"颜色"组合框中的"双色"单选按钮。单击"颜色 1"右侧的下箭头按钮，选中第 6 行第 8 列的"冰蓝"；单击"颜色 2"右侧的下箭头按钮，选中第 4 行第 8 列的"灰色－25%"。

③勾选"底纹样式"组合框中的"垂直"单选按钮。

④在"变形"列表框中单击左上方的变形方式。

在"示例"中可以预览设置"填充效果"后的效果。

⑤单击"确定"按钮完成"填充效果"对话框的设置返回"图表区格式"对话框。

在"示例"中可以预览设置"边框"和"填充效果"后的整体效果。

Step 8 图表区"字体"设置

在"图表区格式"对话框中切换到"字体"选项卡。

①在"字体"列表框中选择"宋体"。

②在"字形"列表框中选择"加粗"。

③在"字号"文本框中输入"10"。

④单击"颜色"右侧的下箭头按钮，然后选择"蓝色"。

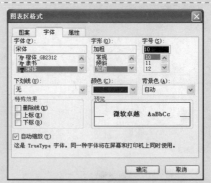

⑤单击"确定"按钮，图表区格式即设置完成。

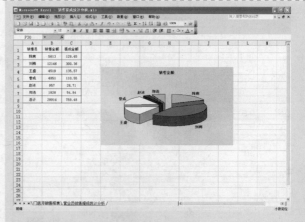

Step 9 调整图表标题内容和格式

①单击图表标题，拖动鼠标选中"销售金额"，然后输入"提成金额占比"。

②双击图表标题弹出"图表标题格式"对话框，切换到"字体"选项卡。

在"字体"列表框中选择"宋体"；在"字形"列表框中选择"加粗"；在"字号"文本框中输入"12"；在"颜色"列表框中单击右侧的下箭头按钮，然后选择"蓝色"。

最后单击"确定"按钮。

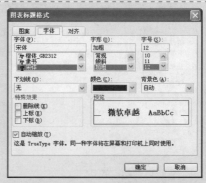

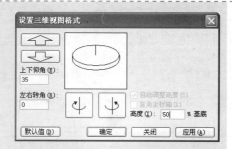

Step 10 设置三维视图格式

参阅 4.4.4 小节 Step5 设置三维视图格式。

右键单击三维饼图的图表区，从弹出的快捷菜单中选择"设置三维视图格式"弹出"设置三维视图格式"对话框。

在该对话框中，在"上下仰角"的文本框中输入"35"，在"高度"文本框中输入"50"，在预览区可以预览效果。

最后单击"确定"按钮。

至此分离型三维饼图制作完成。

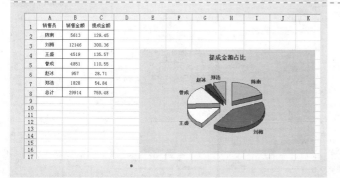

Step 11 隐藏网格线

参阅 1.3 节 Step15 隐藏网格线。

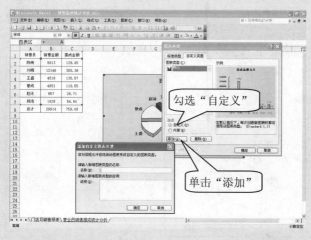

Step 12 自定义图表类型

①右键单击三维饼图的图表区，从弹出的快捷菜单中选择"图表类型"弹出"图表类型"对话框，切换到"自定义类型"选项卡。

②勾选"选自"组合框中的"自定义"单选按钮，然后单击"添加"按钮弹出"添加自定义图表类型"对话框。

③在该对话框的"名称"文本框中输入"蓝色分离型三维饼图"，在"说明"文本框中输入对该图表类型的描述，如"蓝色，仰角35"，然后单击"确定"按钮。

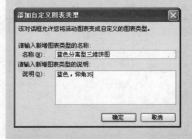

此时"图表类型"对话框中的"自定义类型"中即添加了这款分离型三维饼图，然后单击"确定"按钮。

此时即可将修改后的图表格式设置成自定义的图表类型，这样在以后作图时就可以重复使用这个漂亮的格式。

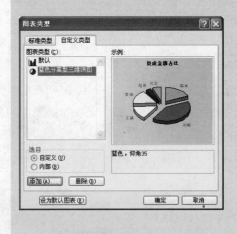

技巧 重复使用自定义类型

单击"常用"工具栏中的"图表向导"按钮 弹出"图表向导—4步骤之1—图表类型"对话框，切换到"自定义类型"选项卡，勾选"选自"组合框中的"自定义"单选按钮，然后在"图表类型"列表框中选择自定义的"蓝色分离型三维饼图"，即可在绘制图表时快速地重复使用这个漂亮的格式。

7.4 月份对商品销售的影响

案例背景

旺季做销量，淡季做品牌。企业应充分地利用好市场的需求进行企业资源的配置，不要只注重旺季的销售，而忽视了淡季的推广。品牌的美誉度和忠诚度不是一朝一夕铸就的，这需要平时点滴培养。在旺季没有时间和精力做的工作，可以在淡季充分地利用人力资源进行诸如服务等的推广活动，而它产生的效应仅仅靠广告是达不到的。

关键技术点

要实现本案例中的功能，读者应当掌握以下 Excel 技术点。

● 制作数据点折线图　　　New!

最终效果展示

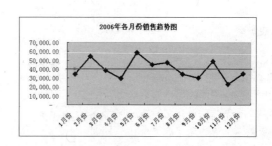

月份	销售总额
1月份	34,516.00
2月份	54,612.00
3月份	38,714.00
4月份	29,645.00
5月份	58,641.00
6月份	45,213.00
7月份	47,315.00
8月份	34,231.00
9月份	29,876.00
10月份	48,675.00
11月份	23,142.00
12月份	34,561.00
平均月销售	39,928.42

示例文件

光盘\本书示例文件\第 7 章\月份对商品销售的影响.xls

7.4.1 创建月份对商品销售的影响表

Step

Step 1 创建工作簿、重命名工作表

参阅 1.2 节 Step1 与 Step2 创建工作簿"月份对商品销售的影响.xls"，然后将工作表重命名为"月份对商品销售的影响"并删除多余的工作表。

Step 2 创建"月份对商品销售的影响"工作表

输入原始数据，创建"月份对商品销售的影响"工作表。

Step 3 设置单元格格式

①设置字号为"10"。
②设置字形为"加粗"。
③适当地调整表格的列宽和行高。
④设置"小数位数"为"2"的数值格式。
⑤设置表格边框。

7.4.2 绘制数据点折线图

Step 1 选择图表类型

选中 A13:B13 单元格区域，单击"常用"工具栏中的"图表向导"按钮 弹出"图表向导—4 步骤之 1—图表类型"对话框，在"图表类型"列表框中选择"折线图"，在"子图表类型"中选择"数据点折线图"，然后单击"下一步"按钮。

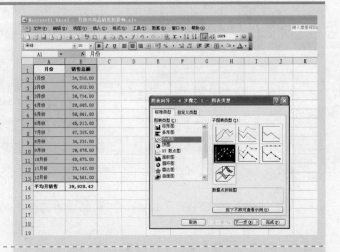

Step 2 选择图表源数据

在弹出的"图表向导—4 步骤之 2—图表源数据"对话框中由于已经选择了图表源所在的单元格区域，所以在这个对话框中不用再选择数据区域，直接单击"下一步"按钮。

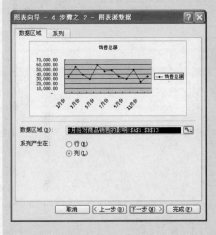

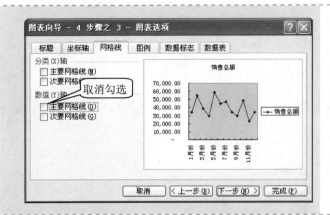

Step 3 配置"图表选项"

①在弹出的"图表向导—4 步骤之 3—图表选项"对话框中切换到"网格线"选项卡，然后取消勾选"数值（y）轴"组合框中的"主要网格线"复选框。

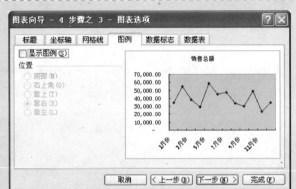

②切换到"图例"选项卡，取消勾选"显示图例"复选框，然后单击"完成"按钮。

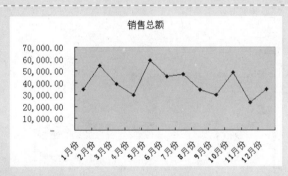

这样一张简单的数据点折线图就创建好了。

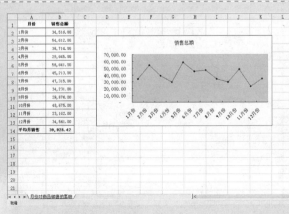

Step 4 拖曳数据点折线图至适当的位置

新建的数据点折线图可能会覆盖住含有数据的单元格区域，为此可以在图表区单击，按住鼠标左键不放拖曳数据点折线图至合适的位置，然后松开鼠标即可。

Step 5 调整数据点折线图的大小

参阅 4.4.4 小节 Step3。

Step 6 调整"数据系列格式"

双击图表区的任何一条蓝色折线，此时所有的蓝色折线均被选中，并弹出"数据系列格式"对话框，切换到"图案"选项卡。在"线形"组合框中的"粗细"下拉列表中选择第 4 种，然后单击"确定"按钮。

Step 7 调整图表标题内容和格式

①单击图表标题，拖动鼠标选中"销售金额"，然后输入"2006 年各月份销售趋势图"。

②单击"格式"工具栏中的"加粗"按钮设置图表标题加粗。

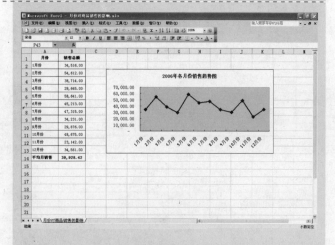

Step 8 添加源数据的系列

①右键单击图表区，在弹出的快捷菜单中选择"源数据"弹出"源数据"对话框，切换到"系列"选项卡。

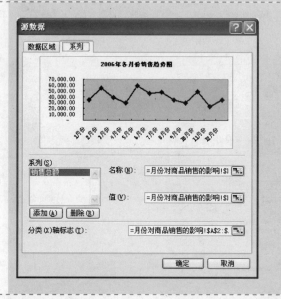

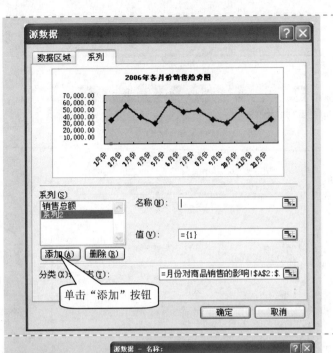

单击"系列"列表框下方的"添加"按钮，在"系列"列表框中添加了"系列2"。

②单击"名称"文本框右侧的"折叠"按钮。

弹出"源数据 – 名称:"选项框。

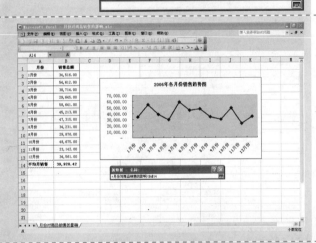

拖动鼠标选择源数据所在的 A14 单元格。

这时在"源数据 – 名称:"文本框中会出现"=月份对商品销售的影响!$A$14"。

数据源区域确定后，单击"源数据 – 名称:"选项框右侧的"展开"按钮返回"源数据 – 名称:"对话框中。

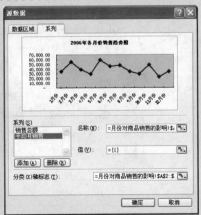

③在该对话框中单击"值"文本框右侧的"折叠"按钮。

弹出"源数据－数值:"选项框。

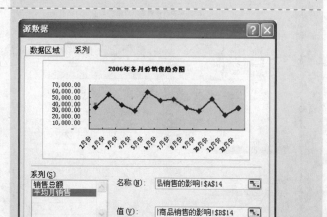

④拖动鼠标选择源数据所在的 B14 单元格。

这时在"源数据－数值:"文本框中会出现"=月份对商品销售的影响!$B$14"。

⑤数据源区域确定后，单击"源数据－数值:"选项框右侧的"展开"按钮返回"源数据"对话框中。

最后单击"确定"按钮。

此时在绘图区内会出现一个粉红色的方点。将光标移近此方点会出现"系列'平均月销售'引用'1 月份'数值: 39,928.42"的字样。

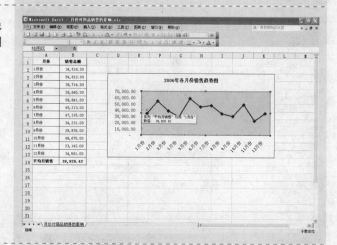

Step 9 绘制散点图

右键单击此方点，在弹出的快捷菜单中选择"图表类型"。

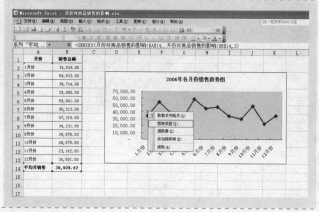

弹出"图表类型"对话框,切换到"标准类型"选项卡,在"图表类型"列表框中选择"XY 散点图",在"子图表类型"中选择"散点图",然后单击"确定"按钮。

Step 10 设置"数据系列格式"

①双击绘图区内的粉红色方点弹出"数据系列格式"对话框,切换到"误差线 X"选项卡。

②在"误差量"下方的"自定义"组合框内,在"+"文本框里输入"={12}",在"-"文本框里输入"={2}"。

最后单击"确定"按钮。

此时"平均月销售误差线"就绘制好了。下面简单地修改它的格式。

Step 11 修改误差线格式

①双击此误差线弹出"误差线格式"对话框,切换到"图案"选项卡。

②在"线条"下方的"自定义"组合框内,单击"样式"右侧的下箭头按钮,选择第一种线条样式;单击"颜色"右侧的下箭头按钮,选择"红色";单击"粗细"右侧的下箭头按钮,选择第 3 种粗细样式。

最后单击"确定"按钮。

此时一条美观的误差线即绘制完毕。

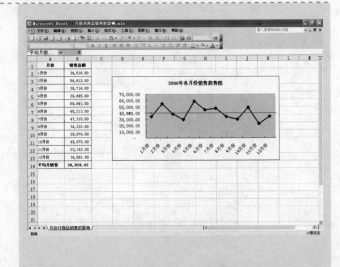

Step 12 隐藏网格线

参阅 1.3 节 Step15 隐藏网格线。至此数据点折线图绘制完毕，效果如右图所示。

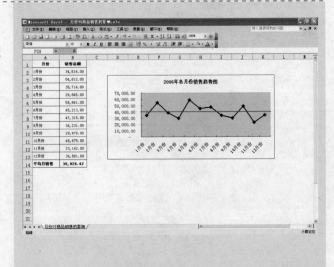

第 **8** 章　零售业市场调查分析

　　没有调查就没有发言权。市场调查作为企业制定决策的重要依据，正逐步地被越来越多的企业所重视。企业开发一个新产品需要市场调查，企业运作一个新市场也需要市场调查，企业在经营的过程中遇到了新问题同样需要市场调查。如果没有市场调查，企业就不能充分地认识产品，找不到市场机会，弄不清销路重点。如果没有市场调查，企业决策者制定决策就会失去依据，决策就会出现失误。

　　本章我们将从消费者的角度出发，对比不同的消费群体进行消费行为分析；在购买影响因素上，将从品牌、产品性价比等方面阐述消费者的消费行为特征；在面对诸多厂商实施广告大战的同时，针对不同的消费者获知产品渠道以及购买渠道特征等诸多方面进行分析，从而为厂商提供有关渠道方面的信息。

8.1 调查对象特征分析

案例背景

诸多厂商为了获得更大的市场利润，在销售的过程中会展开市场推广、宣传渠道和价格战等攻势。然而厂商的推广活动在很大程度上仅仅是从主观意志出发，往往会忽略市场的决定性因素——消费者。本节我们将通过对消费者使用数码相机的情况进行调查，分析数码相机消费者的性别占比、年龄分布及购买力等。

关键技术点

要实现本案例中的功能，读者应当掌握以下 Excel 技术点。

- 圆环图 New!
- 分离型三维饼图
- SUMPRODUCT 数组函数的应用
- 堆积条形图 New!

最终效果展示

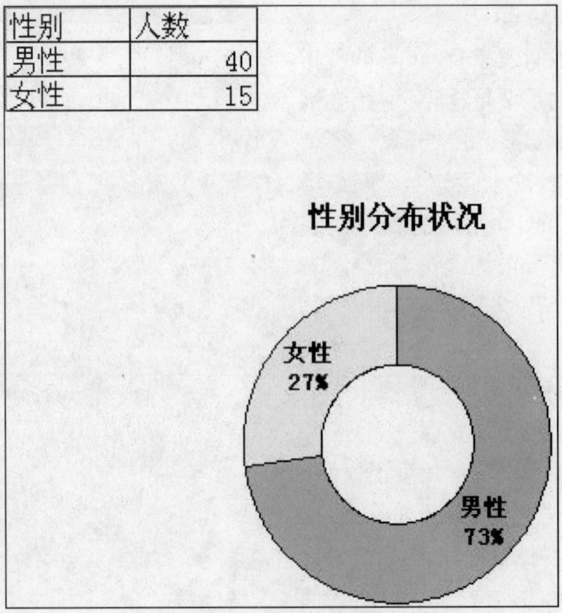
性别 人数
男性 40
女性 15
性别分布状况
女性 27%
男性 73%

性别分布分析

年龄	人数
20岁以下	5
21-30岁	37
31-40岁	10
41岁以上	3

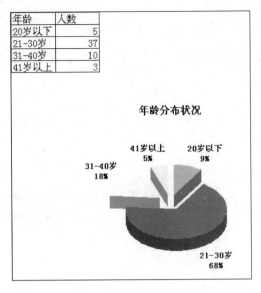

年龄分布分析

区域	月收入
长宁	3000-4000
徐汇	5000-6000
徐汇	6000以上
徐汇	6000以上
闸北	3000-4000
徐汇	5000-6000
徐汇	6000以上
徐汇	5000-6000
闸北	5000-6000
闸北	3000-4000
闸北	4000-5000
长宁	3000-4000
长宁	2000-3000
松江	2000以下
松江	2000以下
嘉定	2000以下
杨浦	2000-3000
嘉定	3000-4000
嘉定	2000以下
普陀	2000-3000
普陀	2000以下
闵行	3000-4000
松江	2000-3000
松江	2000以下
金山	2000-3000
闵行	2000-3000
闵行	3000-4000
金山	2000-3000
浦东	4000-5000
浦东	5000-6000
浦东	5000-6000
杨浦	3000-4000
杨浦	2000-3000
黄浦	2000-3000
黄浦	3000-4000
黄浦	3000-4000
松江	2000以下
徐汇	6000以上
金山	2000以下
金山	2000以下
普陀	2000-3000

区域	2000以下	2000-3000	3000-4000	4000-5000	5000-6000	6000以上	综合购买力	平均购买力
松江	3	2	0	0	0	0	7	1.40
金山	2	2	0	0	0	0	6	1.50
嘉定	2	0	1	0	0	0	5	1.67
普陀	1	2	0	0	0	0	5	1.67
杨浦	0	2	1	0	0	0	7	2.33
长宁	0	1	2	0	0	0	8	2.67
黄浦	0	1	2	0	0	0	8	2.67
闵行	0	0	3	0	0	0	9	3.00
闸北	0	0	2	1	1	0	15	3.75
浦东	0	0	0	1	2	0	14	4.67
徐汇	0	0	0	0	3	4	39	5.57

各区域平均购买力

消费购买力分析

示例文件

光盘\本书示例文件\第 8 章\调查对象特征分析.xls

8.1.1　绘制圆环图

Step 1　创建工作簿、重命名工作表

　　参阅 1.2 节 Step1 与 Step2 创建工作簿"调查对象特征分析.xls"，然后分别将工作表重命名为"性别分布分析"、"年龄分布分析"和"消费者购买力分析"。

Step 2　输入原始数据并设置单元格格式

　　在 A1:B3 单元格区域内输入原始数据，然后设置表格边框。

	A	B	C
1	性别	人数	
2	男性	40	
3	女性	15	
4			
5			

Step 3　选择图表类型

　　选中 A1:B3 单元格区域，单击"常用"工具栏中的"图表向导"按钮 弹出"图表向导—4 步骤之 1—图表类型"对话框，在左侧的"图表类型"列表框中选择"圆环图"，在右侧的"子图表类型"中选择默认的"圆环图"，然后单击"下一步"按钮。

Step 4 选择图表源数据

　　①在弹出的"图表向导—4 步骤之 2—图表源数据"对话框中由于在 Step3 中已经选择了图表源所在的单元格区域，所以在这个对话框中不用再选择数据区域。

　　②在"系列产生在"组合框中勾选"列"单选按钮，然后单击"下一步"按钮。

Step 5 配置"图表选项"

　　①在弹出的"图表向导—4 步骤之 3—图表选项"对话框中单击"标题"选项卡，然后在"图表标题"文本框中输入图表名称"性别分布状况"。

　　②切换到"图例"选项卡，取消勾选"显示图例"复选框。

　　③切换到"数据标志"选项卡，在"数据标签包括"组合框中勾选"类别名称"和"百分比"复选框。

　　④单击"完成"按钮，这样一张简单的圆环图就绘制好了。

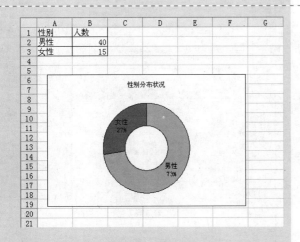

Step 6 拖曳圆环图至适当的位置

　　在图表区单击，按住鼠标左键不放拖曳圆环图至合适的位置，然后松开鼠标即可。

Step 7 调整圆环图的大小

　　参阅 4.4.4 小节 Step3 调整圆环图的大小。

Step 8 调整数据点格式

①单击数据系列区选中所有系列的数据点。

单击"女性"数据点选中"女性"数据点。

双击"女性"数据点弹出"数据点格式"对话框。

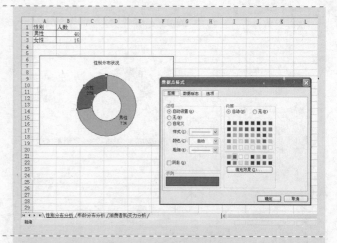

②在"数据点格式"对话框中单击"图案"选项卡在"内部"调色板中选择"浅绿"，然后单击"确定"按钮。

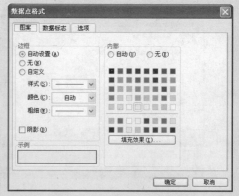

此时"女性"数据点的颜色就会被修改为"浅绿"。

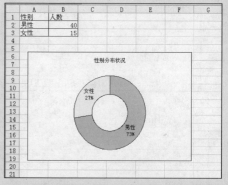

Step 9 调整图表区格式

①双击圆环图的图表区弹出"图表区格式"对话框。

②在该对话框中单击"图案"选项卡，然后在"边框"组合框中单击"无"。

③切换至"字体"选项卡，在"字形"列表框中选择"加粗"。

最后单击"确定"按钮。

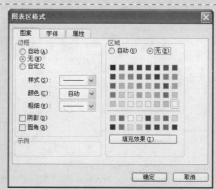

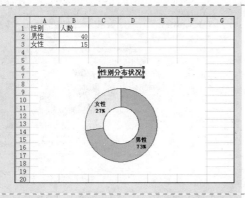

Step 10　调整图表标题格式

单击图表标题，设置其字号为"12"。

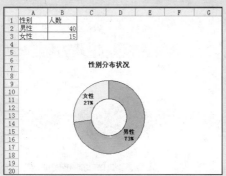

Step 11　隐藏网格线

参阅 1.3 节 Step15 隐藏网格线。

8.1.2　绘制分离型三维饼图

参阅 5.2.1 小节中的 "3." 绘制分离型三维饼图。

Step 1　输入原始数据并设置单元格格式

①切换到 "年龄分布分析" 工作表。

②在 A1:B5 单元格区域输入原始数据，然后设置表格边框。

Step 2 选择图表类型

选中 A1:B5 单元格区域，单击"常用"工具栏中的"图表向导"按钮 弹出"图表向导—4 步骤之 1—图表类型"对话框，在左侧的"图表类型"列表框中选择"饼图"，在右侧的"子图表类型"中选择默认的"分离型三维饼图"，然后单击"下一步"按钮。

Step 3 选择图表源数据

在弹出的"图表向导—4 步骤之 2—图表源数据"对话框中由于在 Step2 中已经选择了图表源所在的单元格区域，所以在这个对话框中不用再选择数据区域。

在"系列产生在"组合框中勾选"列"单选按钮，然后单击"下一步"按钮。

Step 4 配置"图表选项"

①在弹出的"图表向导—4 步骤之 3—图表选项"对话框中单击"标题"选项卡，然后在"图表标题"文本框中输入图表标题"年龄分布状况"。

②切换到"图例"选项卡，取消勾选"显示图例"复选框。

③切换到"数据标志"选项卡，在"数据标签包括"组合框中勾选"类别名称"和"百分比"两个复选框。

④单击"完成"按钮，一张简单的分离型三维饼图就绘制好了。

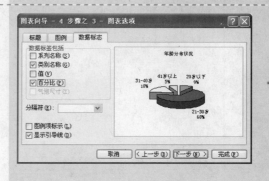

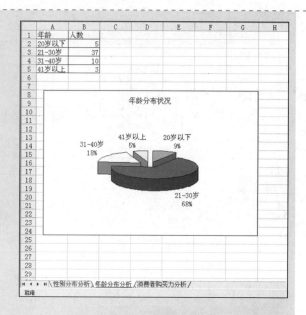

Step 5 拖曳分离型三维饼图至适当的位置

在图表区单击，按住鼠标左键不放拖曳分离型三维饼图至合适的位置，然后松开鼠标即可。

Step 6 调整分离型三维饼图的大小

参阅 4.4.4 小节 Step3 调整三维饼图的大小。

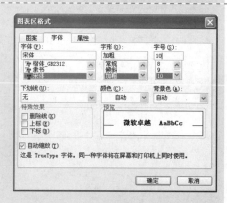

Step 7 调整图表区格式

①双击分离型三维饼图的图表区弹出"图表区格式"对话框。

②单击"图案"选项卡，在"边框"组合框中单击"无"。

③切换至"字体"选项卡，在"字形"的列表框中选择"加粗"，在"字号"文本框中输入"10"。单击"确定"按钮。

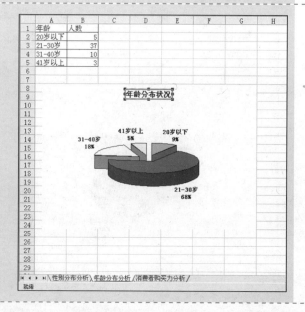

Step 8 调整图表标题格式

单击图表标题，设置其字号为"12"。

Step 9 设置数据系列格式

参阅 4.2.2 小节 "2." 中的 Step1 设置 "数据系列格式"。

①双击图表中的任意一个系列弹出 "数据系列格式" 对话框。

②在 "数据系列格式" 对话框中切换到 "图案" 选项卡，然后在 "边框" 组合框中单击 "无"。单击 "确定" 按钮。

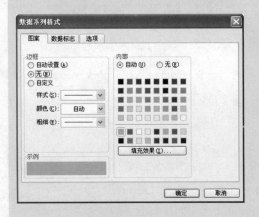

Step 10 设置三维视图格式

参阅 4.4.4 小节 Step5 设置三维视图格式。

右键单击三维饼图的图表区，从弹出的快捷菜单中选择 "设置三维视图格式" 弹出 "设置三维视图格式" 对话框。在该对话框中，在 "上下仰角" 文本框中输入 "35"，然后单击 "确定" 按钮。

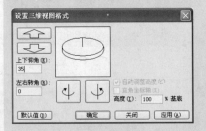

Step 11 隐藏网格线

参阅 1.3 节 Step15 隐藏网格线。至此分离型三维饼图即绘制完毕，效果如图所示。

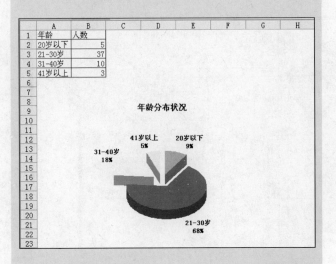

8.1.3 绘制堆积条形图

Step 1 输入原始数据并设置单元格格式

①切换到"消费者购买力分析"工作表。

②在 A1:B42 单元格区域输入原始数据，并调整文本字号，表格的行高、列宽，然后设置表格边框。

Step 2 输入标题

在 D2:D13 单元格区域输入表格行标题的各个字段，在 E2:L2 单元格区域输入表格列标题的各个字段。

Step 3 分区域统计

①选中 E3 单元格，在编辑栏中输入以下公式，按<Enter>键确认。
`=SUMPRODUCT(($A$2:$A$42=$D3)*($B$2:$B$42=E$2))`

②参阅 2.4.1 小节 Step7，向右拖曳 E3 单元格右下角的填充柄至 J3 单元格，再向下拖曳 J3 单元格右下角的填充柄至 J13 单元格，完成公式的填充。

Step 4 计算"综合购买力"

①选中 K3 单元格，在编辑栏中输入以下公式，按<Enter>键确认。
`=E3*1+F3*2+G3*3+H3*4+I3*5+J3*6`

②拖曳 K3 单元格右下角的填充柄向下填充至 K13 单元格，完成公式的填充。

Step 5 计算"平均购买力"

①选中 L3 单元格，在编辑栏中输入以下公式，按<Enter>键确认。

`=K3/SUM(E3:J3)`

②拖曳 L3 单元格右下角的填充柄向下填充至 L13 单元格，完成公式的填充。

Step 6 设置单元格格式

①选中 D2:L2 和 D3:D13 单元格区域，设置字形为"加粗"，填充背景色为"灰色－25%"。

②选中 L3:L13 单元格区域，参阅 2.4.1 小节 Step4，设置"小数位数"为"2"的数值格式。

③选中 D2:L13 单元格区域，设置字号为"10"，文本居中显示，然后设置表格边框。

Step 7 选择图表类型

选中 D3:D13 单元格区域，按<Ctrl>键的同时选中 L3:L13 单元格区域，单击"常用"工具栏中的"图表向导"按钮，弹出"图表向导—4 步骤之 1—图表类型"对话框，在左侧的"图表类型"列表框中选择"条形图"，在右侧的"子图表类型"中选择默认的"堆积条形图"，然后单击"下一步"按钮。

Step 8 选择图表源数据

在弹出的"图表向导—4 步骤之 2—图表源数据"对话框中由于在 Step7 中已经选择了图表源所在的单元格区域，所以在这个对话框中不用再选择数据区域。

在"系列产生在"组合框中勾选"列"单选按钮，然后单击"下一步"按钮。

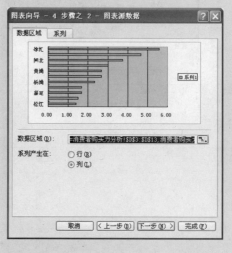

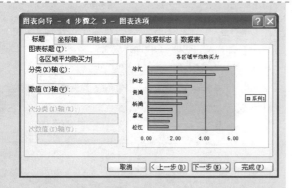

Step 9 配置"图表选项"

①在弹出的"图表向导—4 步骤之 3—图表选项"对话框中单击"标题"选项卡,然后在"图表标题"文本框中输入图表标题"各区域平均购买力"。

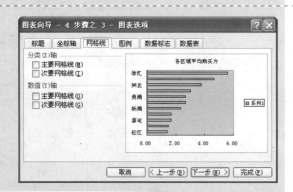

②切换到"网格线"选项卡,取消勾选"数值(y)轴"组合框中的"主要网格线"复选框。

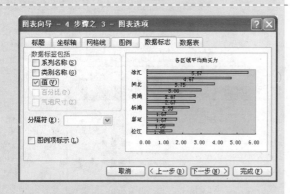

③切换到"图例"选项卡,取消勾选"显示图例"复选框。

④切换到"数据标志"选项卡,在"数据标签包括"组合框中勾选"值"复选框。

⑤单击"完成"按钮,一张简单的堆积条形图就创建好了。

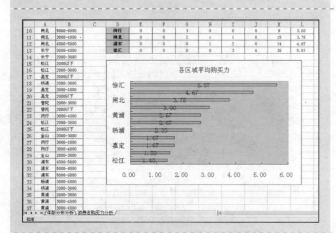

Step 10 拖曳堆积条形图至适当的位置

在图表区单击,按住鼠标左键不放拖曳堆积条形图至合适的位置,然后松开鼠标即可。

Step 11 调整堆积条形图的大小

参阅 4.4.4 小节 Step3 调整堆积条形图的大小。

Step 12　调整图表区格式

参阅 6.1.3 小节 Step1，双击堆积条形图的图表区弹出"图表区格式"对话框。

①在该对话框中单击"图案"选项卡，在"边框"组合框中单击"无"，然后单击"区域"组合框中的"填充效果"按钮弹出"填充效果"对话框。

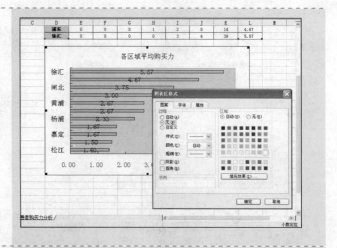

②在"渐变"选项卡中勾选"颜色"组合框中的"预设"单选按钮，然后在"预设颜色"下拉列表中选择"极目远眺"。

③勾选"底纹样式"组合框中的"水平"单选按钮。

④在"变形"列表框中单击左上方的变形方式。

在"示例"中可以预览设置"填充效果"后的效果。

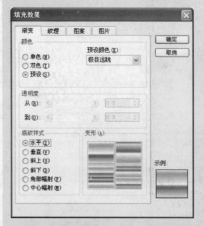

⑤单击"确定"按钮完成"填充效果"对话框的设置，返回"图表区格式"对话框。

在"示例"中可以预览设置"边框"和"填充效果"后的整体效果。

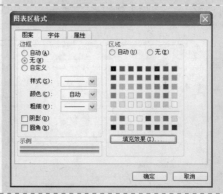

最后单击"确定"按钮，至此图表区格式设置完毕。

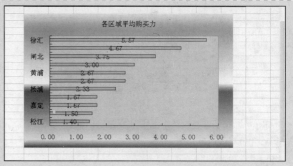

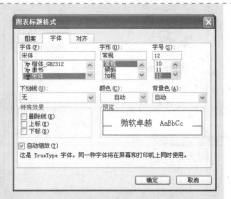

Step 13　调整图表标题格式

　　双击图表标题弹出"图表标题"对话框，切换到"字体"选项卡。
　　①在"字体"列表框中选择"宋体"。
　　②在"字形"列表框中选择"常规"。
　　③在"字号"文本框中输入"12"。
　　④单击"确定"按钮。

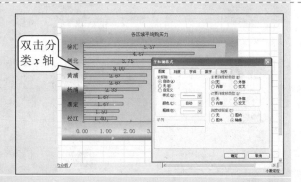

Step 14　调整坐标轴 x 轴格式

　　①在条形图中，x 轴和 y 轴与传统习惯相反。双击分类（x）轴，它在条形图中为纵轴，随即弹出"坐标轴格式"对话框。

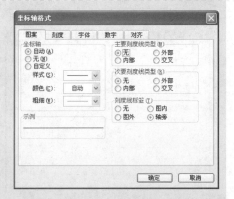

　　②在"坐标轴格式"对话框中切换到"图案"选项卡，然后在"主要刻度线类型"组合框中单击"无"。

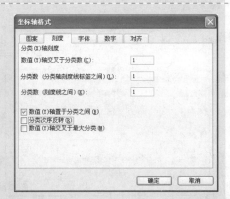

　　③在"坐标轴格式"对话框中切换到"刻度"选项卡，在"分类（x）轴刻度"列标框中的"分类数（分类轴刻度线标签之间）"文本框中填写"1"。

④切换到"字体"选项卡。

在"字体"的列表框中选择"Arial"。

在"字形"的列表框中选择"加粗"。

在"字号"的文本框中输入"10"。

最后单击"确定"按钮。

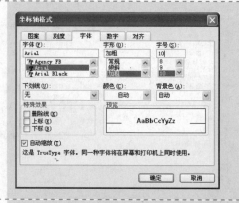

Step 15 调整坐标轴 y 轴格式

①双击取值（y）轴，它在条形图中为横轴，随即弹出"坐标轴格式"对话框。

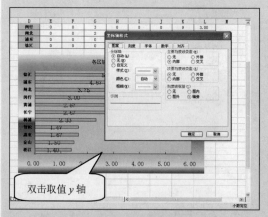

②在"坐标轴格式"对话框中切换到"图案"选项卡，然后在"主要刻度线类型"组合框中单击"外部"。

③切换到"字体"选项卡。

在"字体"列表框中选择"Arial"。

在"字形"列表框中选择"加粗"。

在"字号"文本框中输入"10"。

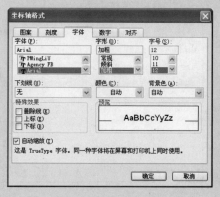

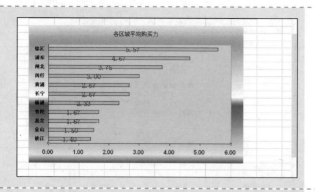

最后单击"确定"按钮，此时坐标轴格式设置完毕。接下来设置绘图区格式。

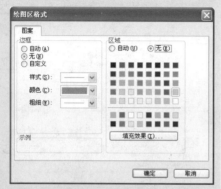

Step 16 设置绘图区格式

双击堆积条形图的绘图区弹出"绘图区格式"对话框。在"图案"选项卡中，分别在"边框"和"区域"组合框中单击"无"，然后单击"确定"按钮。

Step 17 调整"数据系列格式"

双击图表区的任何一个数据系列，此时所有的数据系列均被选中，随即弹出"数据系列格式"对话框。

①在该对话框中单击"图案"选项卡，在"边框"组合框中单击"无"，然后单击"内部"组合中的"填充效果"按钮弹出"填充效果"对话框。

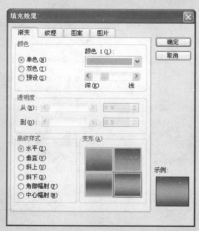

②在"渐变"选项卡中，在"变形"列表框中单击右下方的变形方式。

在"示例"中可以预览设置"填充效果"后的效果。

③单击"确定"按钮完成"填充效果"对话框的设置，返回"数据系列格式"对话框。

在"示例"中可以预览设置"边框"和"填充效果"后的效果。

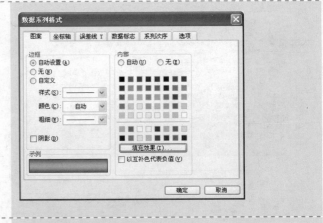

④单击"确定"按钮，数据系列格式即设置完毕。

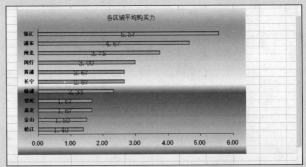

Step 18 设置数据标志字体样式和大小

双击任意一个数据标志，此时所有的数据标志都会被选中，四周会出现很多的黑色句柄，并弹出"数据标志格式"对话框。

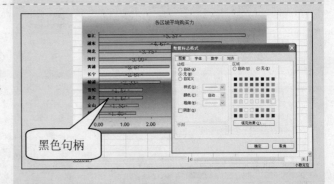

①在"数据标志格式"对话框中切换到"图案"选项卡。分别在"边框"和"区域"组合框中单击"无"。

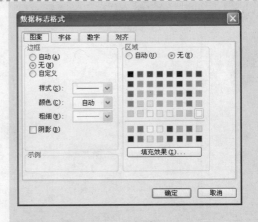

②切换到"字体"选项卡。
在"字体"列表框中选择"Arial"。
在"字形"列表框中选择"加粗"。
在"字号"文本框中输入"10"。

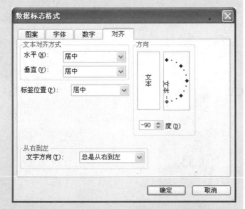

③切换到"对齐"选项卡。
在"方向"文本框中输入"-90"。
在"从右到左"组合框中的"文字方向"下拉列表中选择"总是从右到左"。
最后单击"确定"按钮。

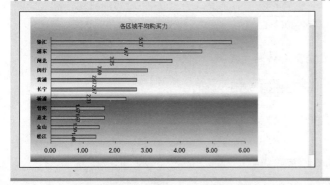

Step 19 隐藏网格线

参阅 1.3 节 Step15 隐藏网格线。
至此一张非常美观的堆积条形图就绘制好了。

8.2 消费者购买行为分析

案例背景

消费者购买行为分为消费者的行为习惯和消费者的购买力两种情况，通常可直接反映出产品或服务的市场表现。通过对消费者的行为习惯进行分析，掌握影响消费人为的因素，对于市场细分、选择目标市场及定位能提供准确的理论依据。而消费者的购买力，主要是指消费者购买商品的能力。本节将举例分析不同区域消费者的购买能力。

关键技术点

要实现本案例中的功能，读者应当掌握以下 Excel 技术点。

- 三维堆积条形图　　　New!
- 簇状条形图　　　　　New!

最终效果展示

产品价格	收入2000元以下	收入为2000-5000元
1500以下	15%	2%
1500-3000元	25%	15%
3000-4000元	8%	20%
4000-5000元	2%	7%

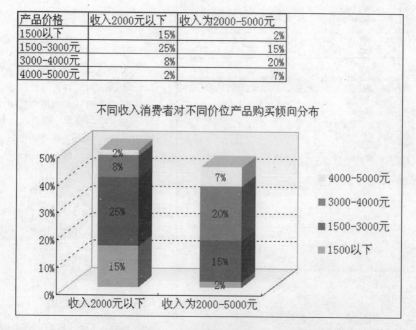

不同收入消费群体购买力特征分析

性别	人数	品牌知名度	商场规模	交能便利	商品质量	商品价格
男性	14	0.87	0.32	0.51	0.62	0.15
女性	18	0.45	0.44	0.25	0.29	0.63

项目	男性	女性
品牌知名度	-12.18	8.1
商场规模	-4.48	7.92
交能便利	-7.14	4.5
商品质量	-8.68	5.22
价格购买倾向	-2.1	11.34

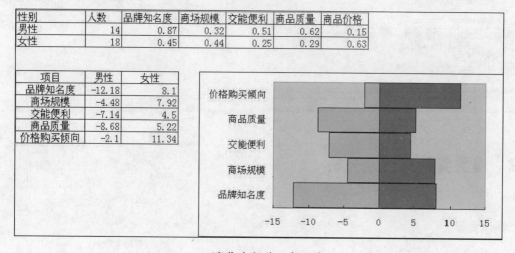

消费者行为习惯分析

示例文件

光盘\本书示例文件\第 8 章\消费者购买行为分析.xls

8.2.1 绘制三维堆积柱形图

Step 1 创建工作簿、重命名工作表

参阅 1.2 节 Step1 与 Step2 创建工作簿"消费者购买行为分析.xls",然后分别重命名工作表为"不同收入消费群体购买力特征分析"和"消费者行为习惯分析",并删除多余的工作表。

Step 2 输入原始数据并设置单元格格式

①切换至"不同收入消费群体购买力特征分析"工作表,在 A1:C5 单元格区域输入原始数据。

②选中 A1:C5 单元格区域,单击菜单"格式"→"列"→"最适合的列宽"以调整表格列宽。

③参阅 1.1.2 小节 Step11 设置表格边框。

Step 3 选择图表类型

选中 A1:C5 单元格区域,单击"常用"工具栏中的"图表向导"按钮 弹出"图表向导—4 步骤之 1—图表类型"对话框,在左侧的"图表类型"列表框中选择"柱形图",在右侧的"子图表类型"中选择"三维堆积柱形图",然后单击"下一步"按钮。

Step 4 选择图表源数据

在弹出的"图表向导—4 步骤之 2—图表源数据"对话框中由于已经选择了图表源所在的单元格区域，所以在这个对话框中不用再选择数据区域。

在"系列产生在"组合框中勾选"行"单选按钮，然后单击"下一步"按钮。

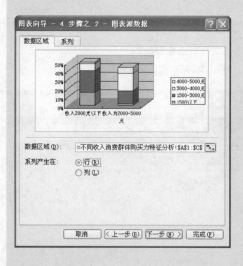

Step 5 配置"图表选项"

①在弹出的"图表向导—4 步骤之 3—图表选项"对话框中单击"标题"选项卡，在"图表标题"文本框中输入图表标题"不同收入消费者对不同价位产品购买倾向分布"。

②切换到"数据标志"选项卡，在"数据标签包括"组合框中勾选"值"复选框。

③单击"完成"按钮，一张简单的三维堆积柱形图就创建好了。

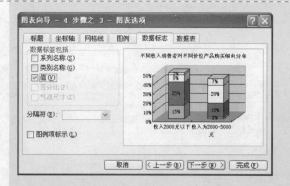

Step 6 拖曳三维堆积柱形图至适当的位置

新建的三维堆积柱形图可能会覆盖住含有数据的单元格区域，为此可以在图表区单击，按住鼠标左键不放拖曳三维堆积柱形图至合适的位置，然后松开鼠标即可。

Step 7 调整三维堆积柱形图的大小

参阅 4.4.4 小节 Step3 调整三维堆积柱形图的大小。

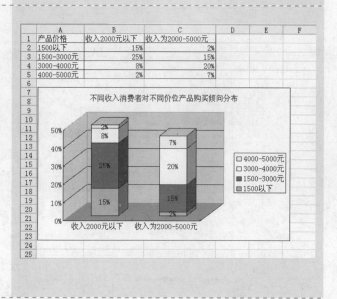

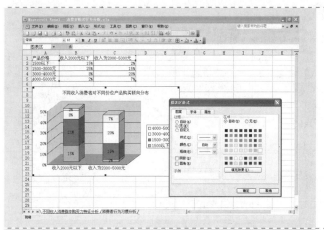

Step 8 调整图表区格式

①双击三维堆积柱形图的图表区弹出"图表区格式"对话框。

②单击"图案"选项卡，在"边框"组合框中单击"无"。

③切换至"字体"选项卡，在"字形"列表框中选择"常规"，在"字号"文本框中输入"12"。

最后单击"确定"按钮。

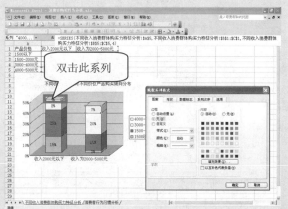

Step 9 设置数据系列格式

参阅 4.2.2 小节"2."中的 Step1 调整"数据系列格式"。

①双击"收入 2000 元以下"中的系列"3000-4000 元"弹出"数据系列格式"对话框，切换到"图案"选项卡，在"边框"组合框中单击"无"，然后单击"确定"按钮。

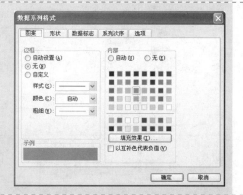

②双击"收入 2000 元以下"中的系列"1500-3000 元"弹出"数据系列格式"对话框，切换到"图案"选项卡，在"边框"组合框中单击"无"，在"内部"调色板中选择 "海绿"，然后单击"确定"按钮。

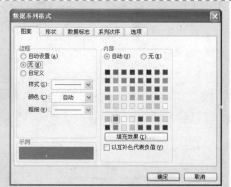

③双击"收入 2000 元以下"中的系列"4000-5000 元"弹出"数据系列格式"对话框，切换到"图案"选项卡，在"边框"组合框中单击"无"，然后单击"确定"按钮。

④双击"收入 2000 元以下"中的系列"4000~5000 元"弹出"数据系列格式"对话框，切换到"图案"选项卡，在"边框"组合框中单击"无"，然后单击"确定"按钮。

至此"数据系列格式"调整完毕。

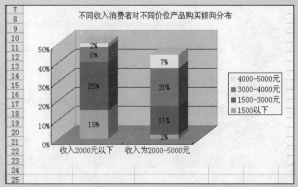

Step 10 设置背景墙格式

双击背景墙弹出"背景墙格式"对话框。

①在该对话框中切换到"图案"选项卡，然后单击"区域"组合框中的"填充效果"按钮弹出"填充效果"对话框。

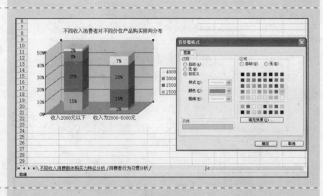

②勾选"颜色"组合框中的"双色"单选按钮。单击"颜色 1"右侧的下箭头按钮，选中"浅黄"；单击"颜色 2"右侧的下箭头按钮，选择"白色"。

③单击"底纹样式"组合框中的"水平"单选按钮。

④在"变形"列表框中单击左上方的变形方式。

在"示例"中可以预览设置"填充效果"后的效果。

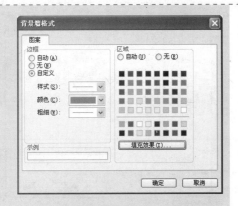

⑤单击"确定"按钮完成"填充效果"对话框的设置，返回"背景墙格式"对话框。

在"示例"中可以预览设置"边框"和"填充效果"后的整体效果。

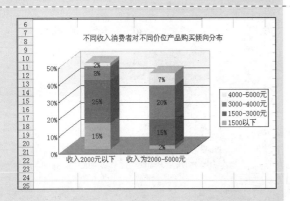

最后单击"确定"按钮，背景墙格式设置完毕。

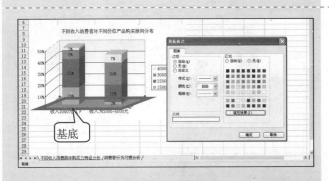

Step 11 设置基底格式

双击三维堆积柱形图的基底弹出"基底格式"对话框。

在"图案"选项卡中参阅在 Step10 中设置背景墙格式的方法，设置成完全相同的渐变效果。

最后后单击"确定"按钮。

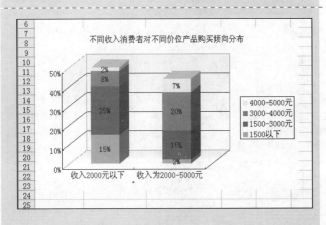

由于基底与背景墙设置成了完全相同的渐变效果，因此在三维堆积柱形图中这两者能够很好地融合在一起，非常美观。

Step 12 调整网格线

①双击任意一条数值轴中的主要网格线弹出"网格线格式"对话框。

②在"图案"选项卡中勾选"线条"组合框中的"自定义"单选按钮。

③单击"样式"右侧的下箭头按钮，然后选择第3种样式。

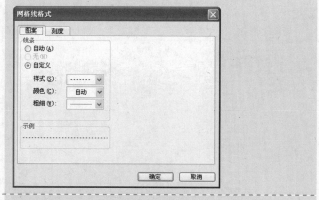

最后单击"确定"按钮，效果如图所示。

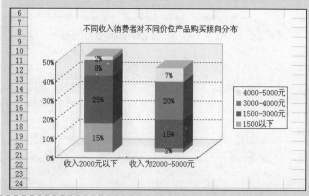

Step 13 调整图例格式

①双击图例弹出"图例格式"对话框，切换到"图案"选项卡，在"边框"组合框中单击"无"，然后单击"确定"按钮。

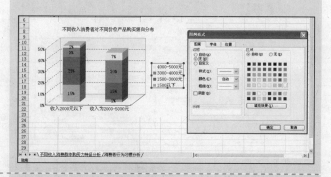

②拖动"图例"四周的控制点以调整"图例"的大小。

③选中"图例"并拖动"图例"，以调整"图例"的位置。

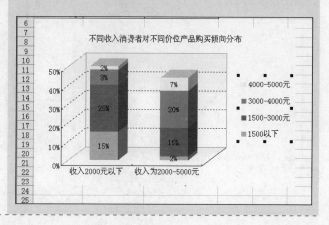

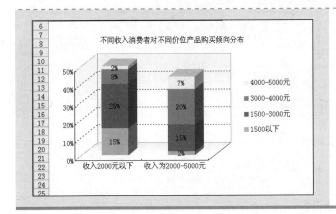

Step 14 隐藏网格线

参阅 1.3 节 Step15 隐藏网格线。

至此三维堆积柱形图绘制完毕,效果如图所示。

8.2.2 绘制簇状条形图

	A	B	C	D	E	F	G	H
1	性别	人数	品牌知名度	商场规模	交能便利	商品质量	商品价格	
2	男性	14	0.87	0.32	0.51	0.62	0.15	
3	女性	18	0.45	0.44	0.25	0.29	0.63	
4								
5								
6	项目	男性	女性					
7	品牌知名度							
8	商场规模							
9	交能便利							
10	商品质量							
11	格购买倾向							
12								

Step 1 输入原始数据

①切换至"消费者行为习惯分析"工作表,在 A1:G3 单元格区域输入原始数据。

②在 A6:C6 单元格区域输入表格列标题,在 A7:A11 单元格区域输入表格行标题。

	A	B	C	D	E	F	G	H
1	性别	人数	品牌知名度	商场规模	交能便利	商品质量	商品价格	
2	男性	14	0.87	0.32	0.51	0.62	0.15	
3	女性	18	0.45	0.44	0.25	0.29	0.63	
4								
5								
6	项目	男性	女性					
7	品牌知名度	-12.18	8.1					
8	商场规模	-4.48	7.92					
9	交能便利	-7.14	4.5					
10	商品质量	-8.68	5.22					
11	格购买倾向	-2.1	11.34					
12								

▶▶|\不同收入消费群体购买实力特征分析\消费者行为习惯分析/

就绪

Step 2 输入公式

①在 B7 单元格中输入以下公式。

=B2*C2*-1

②在 B8 单元格中输入以下公式。

=B2*D2*-1

③在 B9 单元格中输入以下公式。

=B2*E2*-1

④在 B10 单元格中输入以下公式。

=B2*F2*-1

⑤在 B11 单元格中输入以下公式。

=B2*G2*-1

⑥在 C7 单元格中输入以下公式。

=B3*C3

⑦在 C8 单元格中输入以下公式。

=B3*D3

⑧在 C9 单元格中输入以下公式。

=B3*E3

⑨在 C10 单元格中输入以下公式。

=B3*F3

⑩在 C11 单元格中输入以下公式。

=B3*G3

Step 3 设置单元格格式

①选中 A:G 列，单击菜单"格式"→
"列"→"最适合的列宽"以调整表格列
宽。

②设置 A1:G3 和 A6:C11 单元格区域
表格边框。

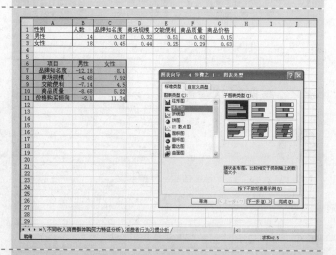

Step 4 选择图表类型

选中 A6:C11 单元格区域，单击"常
用"工具栏中的"图表向导"按钮 弹
出"图表向导—4 步骤之 1—图表类型"
对话框，在左侧的"图表类型"列表框中
选择"条形图"，在右侧的"子图表类型"
中选择"簇状条形图"，然后单击"下一
步"按钮。

Step 5 选择图表源数据

在弹出的"图表向导—4 步骤之 2—
图表源数据"对话框中由于在 Step 4 中已
经选择了图表源所在的单元格区域，所以
在这个对话框中不用再选择数据区域。

在"系列产生在"组合框中勾选"列"
单选按钮，然后单击"下一步"按钮。

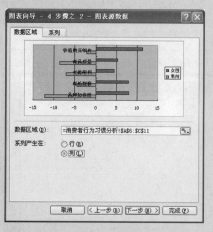

Step 6 配置"图表选项"

在弹出的"图表向导—4 步骤之 3—
图表选项"对话框中切换到"图例"选项
卡，取消勾选"显示图例"复选框。单击
"完成"按钮，一张简单的簇状条形图就
创建好了。

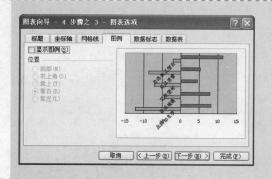

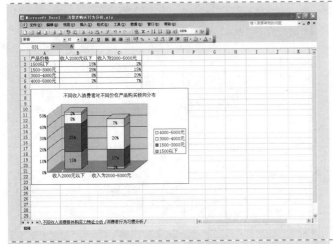

Step 7 拖曳簇状条形图至适当的位置

新建的簇状条形图可能会覆盖住含有数据的单元格区域，为此可以在图表区单击，按住鼠标左键不放拖曳簇状条形图至合适的位置，然后松开鼠标即可。

Step 8 调整簇状条形图的大小

参阅 4.4.4 小节 Step3 调整簇状条形图的大小。

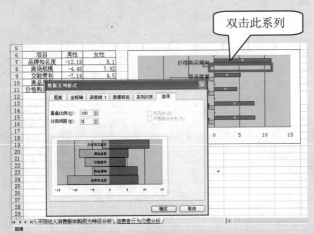

Step 9 设置数据系列格式

参阅 4.2.2 小节 "2." 中的 Step1 调整 "数据系列格式"。

双击 "女性" 中的系列 "价格购买倾向" 弹出 "数据系列格式" 对话框，切换到 "选项" 选项卡，在 "重叠比例" 文本框中输入 "100"，在 "分类间距" 文本框中输入 "0"，然后单击 "确定" 按钮。

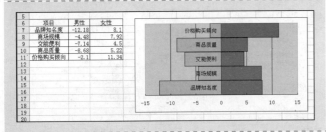

至此 "数据系列格式" 调整完毕。

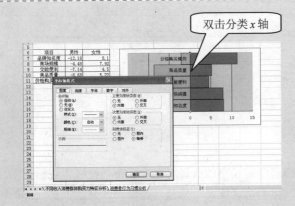

Step 10 调整坐标轴格式

①在条形图中，x 轴和 y 轴与传统习惯相反。双击分类（x）轴，它在条形图中为纵轴，随即弹出 "坐标轴格式" 对话框。

②在"坐标轴格式"对话框中切换到"图案"选项卡，然后在"刻度线标签"组合框中单击"图外"。

这样坐标轴就会在图外显示，显得更加清晰明了。

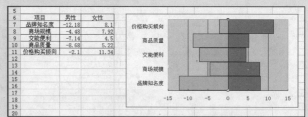

Step 11 清除网格线

①单击任意一条数值轴的主要网格线，此时所有的网格线均会被选中。
②按<Delete>键删除即可。

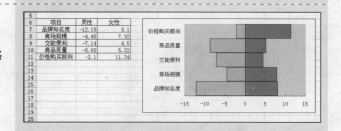

Step 12 隐藏工作表的网格线

参阅 1.3 节 Step15 隐藏网格线。
至此簇状条形图绘制完毕，效果如图所示。

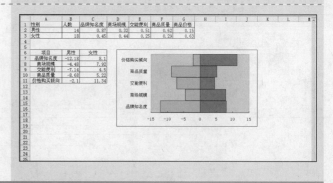

8.3 消费者渠道选择分析

案例背景

在消费者购买行为中，分析消费者购买产品时对渠道的选择可以发现市场机会，进行市场定位与分割。同时通过调查各区域商圈饱和度，分析该区域是否为富足型城市，是否拥有成熟的消费习惯，还可以反映该区域市场竞争的情况，以及是否有足够的发展空间。

关键技术点

要实现本案例中的功能，读者应当掌握以下 Excel 技术点。

- 三维堆积条形图
- 带深度的柱形图　　　New!

最终效果展示

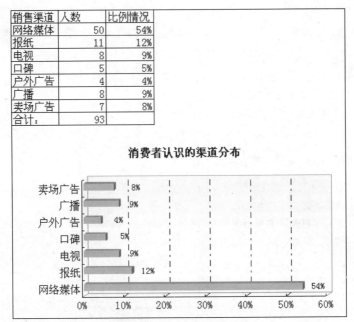

销售渠道	人数	比例情况
网络媒体	50	54%
报纸	11	12%
电视	8	9%
口碑	5	5%
户外广告	4	4%
广播	8	9%
卖场广告	7	8%
合计：	93	

消费者渠道选择偏好分析

城市	乐购	易初莲花	世纪联华	家乐福	欧尚	大润发	合计
下城区	1	1	2	2	1	1	8
上城区	1	0	3	4	0	4	12
余杭区	3	3	1	3	1	2	13
拱墅区	1	2	0	2	0	1	6
西湖区	1	5	2	8	0	5	21
合计：	7	11	8	19	2	13	60

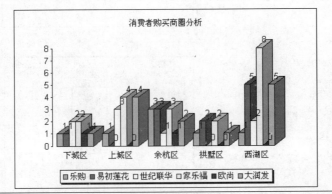

消费者购买商圈分析

示例文件

光盘\本书示例文件\第 8 章\消费者渠道选择分析.xls

8.3.1　绘制三维堆积条形图

Step 1　创建工作簿、重命名工作表

　　参阅 1.2 节 Step1 与 Step2 创建工作簿"消费者渠道选择分析.xls"，然后分别重命名工作表为"消费者渠道选择偏好分析"和"消费者购买商圈分析"，并删除多余的工作表。

Step 2　输入表格各个字段标题和原始数据

　　在 A1:C1 单元格区域输入表格列标题，在 A2:A9 单元格区域输入表格行标题，在 B2:B8 单元格区域输入原始数据。

Step 3　计算"合计"

　　选中 B9 单元格，在编辑栏中输入以下公式，按<Enter>键确认。
```
=SUM(B2:B8)
```

Step 4　计算"比例情况"

　　①选中 C2 单元格，在编辑栏中输入以下公式，按<Enter>键确认。
```
=B2/$B$9
```
　　②拖曳 C2 单元格右下角的填充柄向下填充至 C8 单元格，完成公式的填充。

	A	B	C	D	E
1	销售渠道	人数	比例情况		
2	网络媒体	50	54%		
3	报纸	11	12%		
4	电视	8	9%		
5	口碑	5	5%		
6	户外广告	4	4%		
7	广播	8	9%		
8	卖场广告	7	8%		
9	合计:	93			
10					
11					
12					

Step 5 设置单元格格式

①选中 C2:C8 单元格区域，设置"小数位数"为"0"的百分比格式。

②选中 A1:C9 单元格区域，然后设置表格边框。

Step 6 选择图表类型

选中 A1:A8 单元格区域，按<Ctrl>键同时选中 C1:C8 单元格区域，单击"常用"工具栏中的"图表向导"按钮 弹出"图表向导—4 步骤之 1—图表类型"对话框，在左侧的"图表类型"列表框中选择"条形图"，在右侧的"子图表类型"中选择"三维堆积条形图"，然后单击"下一步"按钮。

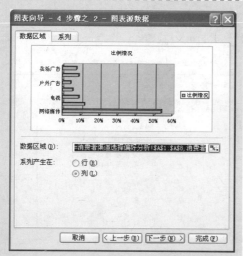

Step 7 选择图表源数据

在弹出的"图表向导—4 步骤之 2—图表源数据"对话框中由于在 Step6 中已经选择了图表源所在的单元格区域，所以在这个对话框中不用再选择数据区域，而直接单击"下一步"按钮。

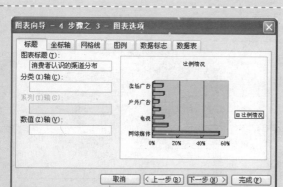

Step 8 配置"图表选项"

①在弹出的"图表向导—4 步骤之 3—图表选项"对话框中单击"标题"选项卡，然后在"图表标题"文本框中输入图表标题"消费者认识的渠道分布"。

②切换到"图例"选项卡，取消勾选"显示图例"复选框。

③切换到"数据标志"选项卡，在"数据标签包括"组合框中勾选"值"复选框，然后单击"完成"按钮，一张简单的三维堆积条形圆的创建好了。

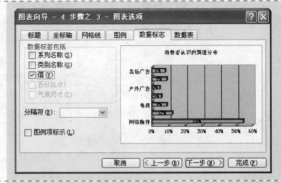

Step 9 拖曳堆积条形图至适当的位置

在图表区单击，按住鼠标左键不放拖曳三维堆积条形图至合适的位置，然后松开鼠标即可。

Step 10 调整三维堆积条形图的大小

参阅 4.4.4 小节 Step3 调整三维堆积条形图的大小。

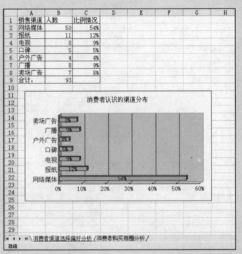

Step 11 调整图表区格式

参阅 6.1.3 小节 Step1，双击三维堆积条形图的图表区弹出"图表区格式"对话框，单击"图案"选项卡，在"边框"组合框中单击"无"，然后单击"确定"按钮。

Step 12 调整图表标题格式

单击图表标题，拖动鼠标选中"消费者认识的渠道分布"，然后单击"格式"工具栏中的"加粗"设置图表标题加粗。

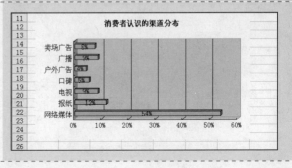

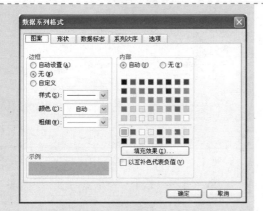

Step 13 调整数据系列格式

双击图表区的任何一个数据系列，此时所有的数据系列均会被选中，随即弹出"数据系列格式"对话框，切换到"图案"选项卡，在"边框"组合框中单击"无"，然后单击"确定"按钮。

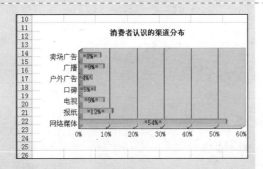

Step 14 设置数据标志字体样式和对齐方式

双击任意一个数据标志，此时所有的数据标志都会被选中，四周会出现很多的黑色句柄，并弹出"数据标志格式"对话框。

①在"数据标志格式"对话框中切换到"字体"选项卡，在"字号"列表框中输入"10"。

②切换到"对齐"选项卡，在"文本对齐方式"组合框中单击"水平"右侧的下箭头按钮，选择"靠右"；单击"垂直"右侧的下箭头按钮，选择"靠下"。最后单击"确定"按钮。

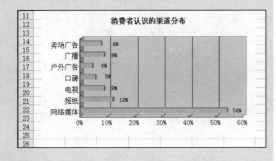

Step 15 拖曳数据标签

单击鼠标选中"卖场广告"数据标签"8%"，向右拖曳至"卖场广告"数据系列的右边，然后松开鼠标即可。

然后采用同样的方法拖曳其他的数据标签。

Step 16 设置背景墙格式

①双击背景墙弹出"背景墙格式"对话框。

②在该对话框中切换到"图案"选项卡，然后单击"区域"组合框中的"填充效果"按钮弹出"填充效果"对话框。

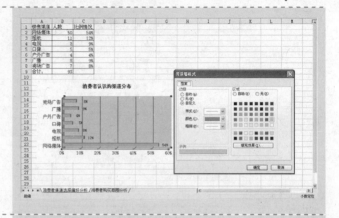

③勾选"颜色"组合框中的"双色"单选按钮。单击"颜色1"右侧的下箭头按钮，选择"浅黄"；单击"颜色2"右侧的下箭头按钮，选择"白色"。

④勾选"底纹样式"组合框中的"水平"单选按钮。

⑤在"变形"列表框中单击左上方的变形方式。

在"示例"中可以预览设置"填充效果"后的效果。

⑥单击"确定"按钮完成"填充效果"对话框的设置，返回"背景墙格式"对话框。

在"示例"中可以预览设置"边框"和"填充效果"后的整体效果。

最后单击"确定"按钮，背景墙格式设置完毕。

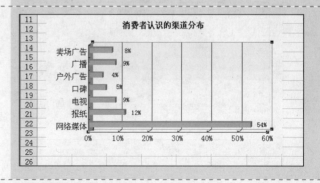

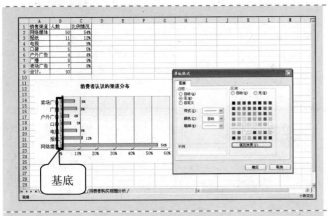

Step 17 设置基底格式

①双击三维堆积条形图的基底弹出"基底格式"对话框。

②在"图案"选项卡中参阅在Step16中设置背景墙格式的方法，设置成完全相同的渐变效果，然后单击"确定"按钮。

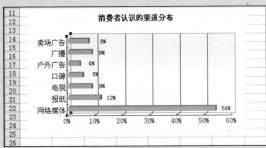

由于基底与背景墙设置了完全相同的渐变效果，因此在三维堆积条形图中这两者能够很好地融合在一起，非常美观。

Step 18 调整条形图的网格线

①双击任意一条堆积条形图的网格线弹出"网格线格式"对话框，切换到"图案"选项卡。

②在"线条"组合框的"自定义"中单击"样式"右侧的下箭头按钮，在弹出的列表框中选择第 4 种样式，然后单击"确定"按钮。

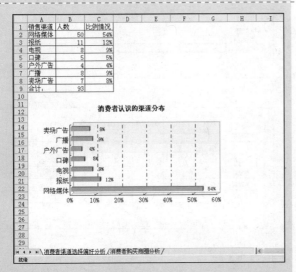

Step 19 隐藏网格线

参阅 1.3 节 Step15 隐藏网格线。

至此一张非常美观的三维堆积条形图就绘制好了。

8.3.2 绘制带深度的柱形图

Step

Step 1 输入表格各个字段标题和原始数据

在"消费者购买商圈分析"工作表中，在 A1:H1 单元格区域输入表格列标题，在 A2:A7 单元格区域输入表格行标题，在 B2:H6 单元格区域输入原始数据。

	A	B	C	D	E	F	G	H	I
1	城市	乐购	易初莲花	世纪联华	家乐福	欧尚	大润发	合计	
2	下城区	1	1	2	2	1	1	8	
3	上城区	1	0	3	4	0	4	12	
4	余杭区	3	3	1	3	1	2	13	
5	拱墅区	1	2	0	2	0	1	6	
6	西湖区	1	5	2	8	0	5	21	
7	合计:								

Step 2 计算"合计"

①选中 B7 单元格，在编辑栏中输入以下公式，按<Enter>键确认。

`=SUM(B2:B6)`

②拖动 B7 单元格右下角的填充柄向右填充至 H7 单元格，然后松开鼠标即可完成公式的填充。

	A	B	C	D	E	F	G	H	I
1	城市	乐购	易初莲花	世纪联华	家乐福	欧尚	大润发	合计	
2	下城区	1	1	2	2	1	1	8	
3	上城区	1	0	3	4	0	4	12	
4	余杭区	3	3	1	3	1	2	13	
5	拱墅区	1	2	0	2	0	1	6	
6	西湖区	1	5	2	8	0	5	21	
7	合计:	7	11	8	19	2	13	60	

Step 3 设置单元格格式

①选中 A1:A7 和 B1:H1 单元格区域，设置字形为"加粗"。

②选中 A1:H7 单元格区域，设置字体为"华文细黑"，字号为"10"，设置文本居中显示，设置表格边框。

③适当地调整表格的行高和列宽。

	A	B	C	D	E	F	G	H	I
1	**城市**	**乐购**	**易初莲花**	**世纪联华**	**家乐福**	**欧尚**	**大润发**	**合计**	
2	**下城区**	1	1	2	2	1	1	8	
3	**上城区**	1	0	3	4	0	4	12	
4	**余杭区**	3	3	1	3	1	2	13	
5	**拱墅区**	1	2	0	2	0	1	6	
6	**西湖区**	1	5	2	8	0	5	21	
7	**合计:**	7	11	8	19	2	13	60	

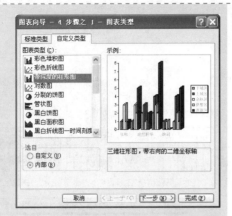

Step 4 选择图表类型

选中 A1:G6 单元格区域，单击"常用"工具栏中的"图表向导"按钮，弹出"图表向导—4 步骤之 1—图表类型"对话框，切换到"自定义类型"选项卡，在左侧的"图表类型"列表框中选择"带深度的柱形图"，然后单击"下一步"按钮。

Step 5 选择图表源数据

在弹出的"图表向导—4 步骤之 2—图表源数据"对话框中由于在 Step 4 中已经选择了图表源所在的单元格区域，所以在这个对话框中不用再选择数据区域。

在"系列产生在"组合框中勾选"列"单选按钮，然后单击"下一步"按钮。

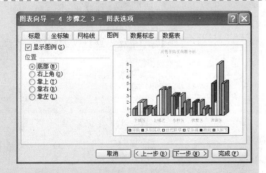

Step 6 配置"图表选项"

①在弹出的"图表向导—4 步骤之 3—图表选项"对话框中单击"标题"选项卡，然后在"图表标题"文本框中输入图表标题"消费者购买商圈分析"。

②切换到"图例"选项卡，在"位置"组合框中勾选"底部"。

③切换到"数据标志"选项卡，在"数据标签包括"组合框中勾选"值"复选框，最后单击"完成"按钮。

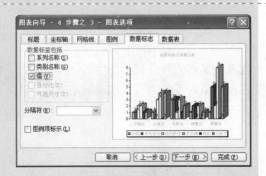

这样一张简单的带深度的柱形图就创建好了。

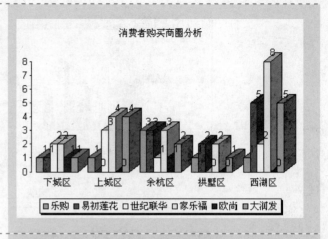

Step 7 拖曳带深度的柱形图至适当的位置

在图表区单击，按住鼠标左键不放拖曳带深度的柱形图至合适的位置，然后松开鼠标即可。

Step 8 隐藏网格线

参阅 1.3 节 Step15 隐藏网格线。至此一张美观的带深度的柱形图就绘制好了。

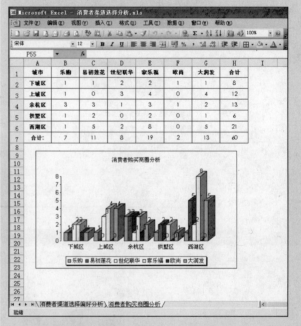

8.4 销售预测分析

案例背景

虽然通过对消费者的调查可以在一定程度上了解同行业其他品牌的各方面情况，但在分析竞争对手时仅有这些往往是不够的，还需要根据竞争对手的销售状况进行未来一段时间的销售预测分析，然后根据预测的结果调整企业未来的行销策略。

关键技术点

要实现本案例中的功能，读者应当掌握以下 Excel 技术点。

● GROWTH 数据分析函数　　　New!

最终效果展示

品牌	苏泊尔		爱仕达		非仕乐	
	实际销售	预计销售	实际销售	预计销售	实际销售	预计销售
1月	1023		818		716	
2月	1561		1246		1112	
3月	987		790		715	
4月	1056		845		892	
5月	2513		2010		1861	
6月	1642		1313		1150	
7月		1046.33		836.34		754.65
8月		1168.40		934.06		849.29
9月		1304.70		1043.21		955.80
10月		1456.90		1165.11		1075.67
11月		1626.86		1301.25		1210.57
12月		1816.65		1453.30		1362.39
合计	17201.85		13755.28		12654.36	
市场占有率	39%		32%		29%	

示例文件

光盘\本书示例文件\第 8 章\市场销售预测分析.xls

Step 1　创建工作簿、重命名工作表

　　参阅 1.2 节 Step1 与 Step2 创建工作簿 "市场销售预测分析.xls"，然后将工作表重命名为 "市场销售预测" 并删除多余的工作表。

Step 2　输入表格各个字段标题

　　在 A1:G2 单元格区域输入表格列标题，在 A3:A16 单元格区域输入表格行标题。

Step 3 输入原始数据

①在 B3:B8 单元格区域输入"苏泊尔"1 月至 6 月的"实际销售"量。

②在 D3:D8 单元格区域输入"爱仕达"1 月至 6 月的"实际销售"量。

③在 F3:F8 单元格区域输入"菲仕乐"1 月至 6 月的"实际销售"量。

Step 4 输入数组公式

①选中 C9:C14 单元格区域，在编辑栏中输入以下公式：

`=GROWTH(B3:B8)`

按<Ctrl+Shift+Enter>组合键输入数组公式。

②选中 E9:E14 单元格区域，在编辑栏中输入以下公式：

`=GROWTH(D3:D8)`

按<Ctrl+Shift+Enter>组合键输入数组公式。

③选中 G9:G14 单元格区域，在编辑栏中输入以下公式：

`=GROWTH(F3:F8)`

按<Ctrl+Shift+Enter>组合键输入数组公式。

Step 5 统计"合计"

①选中 B15:C15 单元格区域，设置格式为"合并及居中"，在编辑栏中输入以下公式：

`=SUM(B3:C14)`

②选中 B15:C15 单元格区域，然后向右拖曳 C15 右下角的填充柄至 G15 单元格完成公式的填充。

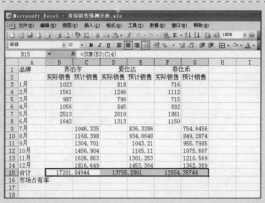

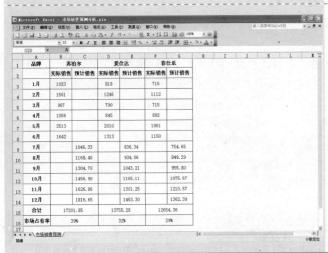

Step 6 计算"市场占有率"

①选中 B16:C16 单元格区域，设置格式为"合并及居中"，在编辑栏中输入以下公式：

=B15/(B15+D15+F15)

②选中 D16:E16 单元格区域，设置格式为"合并及居中"，在编辑栏中输入以下公式：

=D15/(B15+D15+F15)

③选中 F16:G16 单元格区域，设置格式为"合并及居中"，在编辑栏中输入以下公式：

=F15/(B15+D15+F15)

Step 7 设置单元格格式

①选中 A1:G2 和 A3:A16 单元格区域，设置字形为"加粗"。

②按<Ctrl>键同时选中 C9:C14、E9:E14、G9:G14 和 B15:G15 等单元格区域，参阅 2.4.1 小节 Step4，设置"小数位数"为"2"位的数值格式。

③选中 B16:G16 单元格区域，参阅 2.3.1 小节 Step5，设置"小数位数"为 0 位的百分比格式。

④适当地调整表格的行高和列宽。

⑤选中 A1:G16 单元格区域，设置文本居中显示，然后设置表格边框。

Step 8 隐藏网格线

参阅 1.3 节 Step15 隐藏网格线。

关键知识点讲解

函数应用：GROWTH 函数

函数用途

根据现有的数据预测指数增长值。根据现有的 x 值和 y 值，GROWTH 函数返回一组新的 x 值对应的 y 值。可以使用 GROWTH 工作表函数来拟合满足现有 x 值和 y 值的指数曲线。

函数语法

GROWTH(known_y's,known_x's,new_x's,const)

known_y's：满足指数回归拟合曲线 $y=b*m^x$ 的一组已知的 y 值。

● 如果数组 known_y's 在单独一列中，则 known_x's 的每一列被视为一个独立的变量。

● 如果数组 known_y's 在单独一行中，known_x's 的每一行则被视为一个独立的变量。

● 如果 known_x's 中的任何数为零或为负数，GROWTH 函数将返回错误值 "#NUM!"。

known_x's：满足指数回归拟合曲线 $y=b*m^x$ 的一组已知的 x 值，为可选参数。

● 数组 known_x's 可以包含一组或多组变量。如果只用到一个变量，那么只要 known_y's 和 known_x's 的维数相同，它们可以是任何形状的区域。如果用到多个变量，known_y's 则必须为向量（即必须为一行或一列的区域）。

● 如果省略 known_x's，则假设该数组为{1,2,3,...}，其大小与 known_y's 相同。

new_x's：为需要通过 GROWTH 函数返回的对应 y 值的一组新 x 值。

● new_x's 与 known_x's 一样，对每个独立变量必须包括单独的一列（或一行）。因此如果 known_y's 是单列的，known_x's 和 new_x's 则应该有同样的列数。如果 known_y's 是单行的，known_x's 和 new_x's 则应该有同样的行数。

● 如果省略 new_x's，则假设它和 known_x's 相同。

● 如果 known_x's 与 new_x's 都被省略,则假设它们为数组{1,2,3,...},其大小与 known_y's 相同。

const：为一个逻辑值，用于指定是否将常数 b 强制设为 1。

● 如果 const 为 TRUE 或省略，b 将按正常计算。

● 如果 const 为 FALSE，b 将设为 1，m 值将被调整以满足 $y=m^x$。

函数说明

● 对于返回结果为数组的公式，在选定正确的单元格个数后，必须以数组公式的形式输入。

● 当为参数（如 known_x's）输入数组常量时，应当使用逗号分隔同一行中的数据，用分号分隔不同行中的数据。

函数简单示例

	A	B	C
		B10	▾	fx	{=GROWTH(B2:B7,A2:A7)}
	A	B	C
1	月	值	
2	1	33,100	
3	2	47,300	
4	3	69,000	
5	4	102,000	
6	5	150,000	
7	6	220,000	
8			
9	公式（对应的值）		
10	32618.20377		
11	公式（预测的值）		
12	7	320196.7184	
13	8		

公　式	说明（结果）
B10 = {=GROWTH(B2:B7,A2:A7)}	显示与已知值对应的值（32618.20377）
B12={=GROWTH(B2:B7,A2:A7,A12:A13)}	如果指数趋势继续存在，那么将预测下个月的值（320196.7184）

本例公式说明

本例中的公式为：

```
=GROWTH(B3:B8)
```

其各个参数值指定 GROWTH 函数显示与已知值对应的值。

延伸阅读……

书 名：Excel 高效办公——人力资源与行政管理
书 号：17903

内容简介

本书以 Excel 在人力资源与行政管理中的具体应用为主线，按照人力资源管理者的日常工作特点谋篇布局，通过介绍典型应用案例，在讲解具体工作方法的同时，介绍相关的 Excel 常用功能。

全书共 6 章，分别介绍了人员招聘与录用、培训管理、薪酬福利管理、人事信息数据统计分析、职工社保管理以及 Excel 在行政管理中的应用等内容。

本书案例实用，步骤清晰。本书面向需要提高 Excel 应用水平的人力资源与行政管理人员，书中讲解的典型案例也非常适合职场人士学习，以提升电脑办公应用技能。

简要目录